非标准的建筑拆解书

江湖再见篇

赵劲松 林雅楠 著

广西师范大学出版社
· 桂林 ·

图书在版编目（CIP）数据

非标准的建筑拆解书. 江湖再见篇／赵劲松，林雅楠
著 . —桂林：广西师范大学出版社，2024.3
ISBN 978-7-5598-6705-6

Ⅰ . ①非… Ⅱ . ①赵… ②林… Ⅲ . ①建筑设计 Ⅳ . ① TU2

中国国家版本馆 CIP 数据核字 (2024) 第 011737 号

非标准的建筑拆解书（江湖再见篇）
FEIBIAOZHUN DE JIANZHU CHAIJIESHU（JIANGHUZAIJIAN PIAN）

出 品 人：刘广汉
策划编辑：高　巍
责任编辑：季　慧
助理编辑：马竹音
装帧设计：徐　豪　马韵蕾
广西师范大学出版社出版发行

(广西桂林市五里店路 9 号　　　邮政编码：541004)
(网址：http://www.bbtpress.com　　　　　　　　　　)
出版人：黄轩庄
全国新华书店经销
销售热线：021-65200318　021-31260822-898
凸版艺彩（东莞）印刷有限公司印刷
(东莞市望牛墩镇朱平沙科技三路 邮政编码：523000)
开本：889 mm×1 194 mm　　1/16
印张：23.75　　　　　　　字数：232 千
2024 年 3 月第 1 版　　　2024 年 3 月第 1 次印刷
定价：188.00 元

序

用简单的方法学习建筑

本书是将我们的微信公众号"非标准建筑工作室"中《拆房部队》栏目的部分内容重新编辑、整理的成果。我们在创办《拆房部队》栏目的时候就有一个愿望，希望能让学习建筑设计变得更简单。为什么会有这个想法呢？因为我认为建筑学本不是一门深奥的学问，然而又亲眼见到许多人学习建筑设计多年却不得其门而入。究其原因，很重要的一条是他们将建筑学想得过于复杂，感觉建筑学包罗万象，既有错综复杂的理论，又有神秘莫测的手法，在学习时不知该从何入手。

要解决这个问题，首先要将这件看似复杂的事情简单化。这个简单化的方法可以归纳为学习建筑的四项基本原则：信简单理论、持简单原则、用简单方法、简单的事用心做。

一、信简单理论

学习建筑不必过分在意复杂的理论，只需要懂一些显而易见的常理。其实，有关建筑设计的学习方法在两篇文章里就可以找到：一篇是《纪昌学射》，另一篇是《鲁班学艺》。前者讲了如何提高眼睛的功夫，这在建筑学习中就是提高审美能力和辨析能力。古语有云："观千剑而后识器。"要提高这两种能力只有多看、多练一条路。后者告诉我们如何提高手上的功夫，并详细讲解了学习建筑设计最有效的训练方法——将房子的模型拆三遍，再装三遍，然后把模型烧掉再造一遍。这两篇文章完全可以当作学习建筑设计的方法论。读懂了这两篇文章，并真的照着做了，建筑学入门一定没有问题。

建筑设计是一门功夫型学科，与烹饪、木匠、武功、语言类似，功夫型学科的共同特点就是要用不同的方式去做同一件事，通过不断重复练习来增强功力，提高境界。想练出好功夫，关键是练，而不是想。

二、持简单原则

通俗地讲，持简单原则就是学建筑时要多"背单词"，少"学语法"。学不会建筑设计与学不会英语的原因有相似之处。很多人学习英语花费了十几二十年，结果还是既不能说，又不能写，原因之一就是他们从学习英语的第一天起就被灌输了语法思维。

从语法思维开始学习语言至少有两个害处：一是重法不重练，以为掌握了方法就可以事半功倍，以一当十；二是从一开始就养成害怕犯错的习惯，因为从一入手就已经被灌输了所谓"正确"的观念，从此便失去了试错的勇气，所以在做到语法正确之前是不敢开口的。

学习建筑设计的学生也存在着类似的问题：一是学生总想听老师讲设计方法，而不愿意花时间反复地进行大量的高强度训练，以为熟读了建筑设计原理自然就能推导出优秀的方案，他们宁可花费大量时间去纠结"语法"，也不愿意下笨功夫去积累"单词"；二是不敢决断，无论构思还是形式，学生永远都在期待老师的认可而不相信自己的判断。因为在他们心里总是相信有一个正确的答案存在，所以在被认定正确之前是万万不敢轻举妄动的。

"从语法入手"和"从单词入手"体现出两种完全不同的学习心态。"从语法入手"的总体心态是"膜拜"，在仰望中战战兢兢地去靠近所谓的"正确"。而"从单词入手"则是"探索"，在不断试错中总结经验，摸索前行。对于学习语言和设计类学科而言，多背"单词"远比精通"语法"更重要，语法只有在掌握单词量足够的前提下才能更好地发挥纠正错误的作用。

三、用简单方法

学习设计最简单的方法就是多做设计。怎样才能做更多的设计，做更好的设计呢？简单的方法就是把分析案例变成做设计本身，就是要用设计思维而不是赏析思维看案例。

什么是设计思维？设计思维就是在看案例的时候把自己想象成设计者，而不是欣赏者或评论者。两者有什么区别？设计思维是从无到有的思维——如同演员一秒入戏，回到起点，设身处地地体会设计师当时面对的困境和采取的创造性措施。只有针对真实问题的答案才有意义。而赏析思维则是对已经形成的结果进行评判，常常是把设计结果当作建筑师天才的创作。脱离了问题去看答案，就失去了对现实条件的理解，也失去了自己灵活运用的可能。

在分析案例的学习中我们发现，尝试扮演设计师把项目重做一遍，是一种比较有效的训练方法。

四、简单的事用心做

功夫型学科还有一个特点，就是想要修行很简单，修成正果却很难。为什么呢？因为很多人在简单的训练中缺失了"用心"。

什么是"用心"？以劈柴为例，王维说"劈柴担水，无非妙道；行住坐卧，皆在道场"，就是说，人可以在日常生活中悟得佛道，没有必要非去寺院里体验青灯黄卷、暮鼓晨钟。劈劈柴就可以悟道，这看起来好像给想要参禅悟道的人找到了一条容易的途径，再也不必苦行苦修。其实这个"容易"是个假象。如果不"用心"，每天只是用力气重复地去劈，无论劈多少柴都是悟不了道的，只能成为一个熟练的樵夫。但如果加一个心法，比如，要求自己在劈柴时做到想劈哪条木纹就劈哪条木纹，想劈掉几毫米就劈掉几毫米，那么结果可能就会有所不同。这时，劈柴的重点已经不在劈柴本身了，而是通过劈柴去体会获得精准掌控力的方法。通过大量这样的练习，即使你不能得道，也会成为绝顶高手。这就是用心与不用心的差别。可见，悟道和劈柴并没有直接关系，只有用心劈柴，才可能悟道。劈柴是假，修心是真。一切方法都不过是"借假修真"。

学建筑很简单，真正学会却很难。不是难在方法，而是难在坚持和练习。所以，学习建筑要想真正见效，需要持之以恒地认真听、认真看、认真练。认真听，就是要相信简单的道理，并真切地体会；认真看，就是不轻易放过，看过的案例就要真看懂，看不懂就拆开看；认真练，就是懂了的道理就要用，并在反馈中不断修正。

2017年，我们创办了《拆房部队》栏目，用以实践我设想的这套简化的建筑设计学习方法。经过五年多的努力，我们已经拆解、推演了三百多个具有鲜明设计创新点的建筑作品，参与案例拆解的同学，无论是对建筑的认知能力还是设计能力都得到了很大提升。这些拆解的案例在公众号推出后得到了大家广泛的关注，很多人留言希望我们能将这些内容集结成书，《非标准的建筑拆解书》前三辑出版之后也得到了大家的广泛支持。

《非标准的建筑拆解书（江湖再见篇）》现已编辑完毕，在新书即将付梓之际，感谢天津大学建筑学院的历届领导和各位老师多年来对我们工作室的大力支持，感谢工作室小伙伴们的积极参与和持久投入，感谢广西师范大学出版社高巍总监、马竹音编辑、马韵蕾编辑及其同人对此书的精雕细刻，感谢关注"非标准建筑工作室"公众号的广大粉丝长久以来的陪伴和支持，感谢所有鼓励和帮助过我们的朋友！

天津大学建筑学院非标准建筑工作室　赵劲松

目　录

让 学 建 筑 更 简 单

撩到有钱甲方，我终于过上了『豆浆买两碗』的日子

图1

名　称：阿拉伯联合酋长国艾因市购物中心竞赛方案（图1）
设计师：SMA 建筑事务所
位　置：阿拉伯联合酋长国·艾因
分　类：商业建筑
标　签：购物街，模块化
面　积：129 000 ㎡

世界是公平的，你得到一些东西，就会失去一些东西。如果某天前方出现一个有钱的甲方，非得砸钱，拦都拦不住的那种，请千万记得接头暗号：豆浆买两碗。

阿拉伯联合酋长国艾因市打算将市中心一个不年久也没失修的购物中心改造一下。基地的可使用面积多达 90 000 m²，既有购物中心只占了不到 1/4 的面积（图 2、图 3）。

图 2

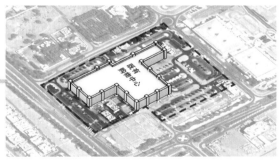

图 3

所以，现在的任务是改造扩建吗？少年，你还是见过的钱太少。都告诉你了，接头暗号是"豆浆买两碗"，缩写为"两"。商场当然也要搞两个，盖一个拆一个，改什么改？扩什么扩？全拆了新建（图 4）。

图 4

功能也比较明确，百货超市 16 000 m²、影剧院 13 000 m²、美术馆 6000 m²。但这些都不是重点，重点是甲方最近口味偏清淡，不喜欢奢侈华丽的大商厦，就喜欢南锣鼓巷那种自然、有个性的小店小铺。于是，甲方大手一挥：就那样的街头小店给我来 40 000 m²！

得嘞，听明白了吧？反正就是要一个以特色小商铺为主营业态的街区式商业区。街区式商业区倒无所谓，主要问题是这个体量跳跃有点儿大。一个特色小店能有多大？500 m² 最多了，还不可能每个都这么大（图 5）。而 16 000 m² 的百货超市，每层 5000 m² 的话还得盖 3 层，总不能搞个十几层的超市吧？你愿意，超市也不愿意（图 6 ~ 图 8）。美术馆稍微小点儿，每层也得 1000 多平方米吧（图 9 ~ 图 11）。电影院更不省心，不但面积大，层高还高呢（图 12 ~ 图 14）。所以，它们之间的体量关系是图 15 那样的。

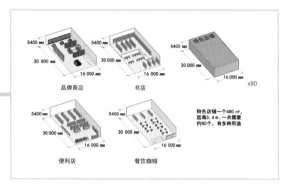

品牌商店　书店　特色店铺 ×80

便利店　餐饮咖啡

特色店铺一个480㎡，
层高5.4 m，一共需要
约80个，有多种用途

图 5

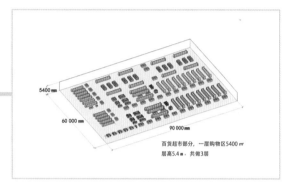

百货超市部分，一层购物区5400㎡
层高5.4 m，共做3层

图 6

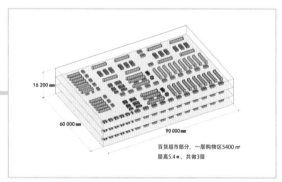

百货超市部分，一层购物区5400㎡
层高5.4 m，共做3层

图 7

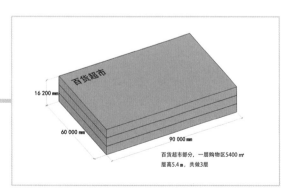

百货超市

百货超市部分，一层购物区5400㎡
层高5.4 m，共做3层

图 8

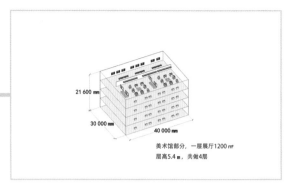

美术馆部分，一层展厅1200㎡
层高5.4 m，共做4层

图 9

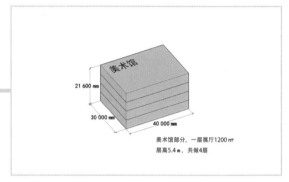

美术馆

美术馆部分，一层展厅1200㎡
层高5.4 m，共做4层

图 10

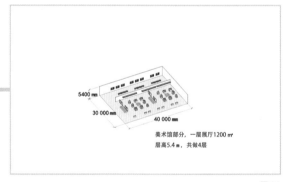

美术馆部分，一层展厅1200㎡
层高5.4 m，共做4层

图 11

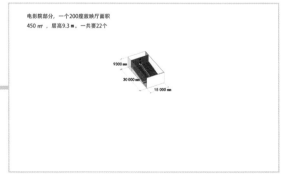

电影院部分，一个200座放映厅面积
450㎡，层高9.3 m。一共要22个

图 12

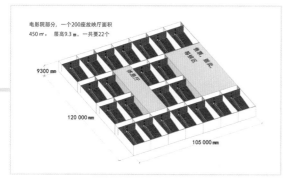

电影院部分，一个200座放映厅面积
450 ㎡，层高9.3 m。一共要22个

9300 mm

120 000 mm

105 000 mm

图 13

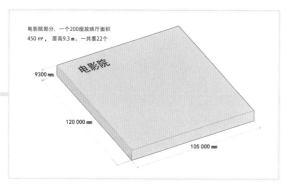

电影院部分，一个200座放映厅面积
450 ㎡，层高9.3 m。一共要22个

电影院

9300 mm

120 000 mm

105 000 mm

图 14

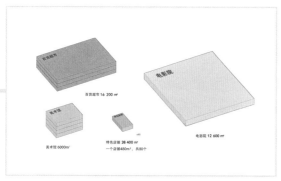

百货超市 16 200 ㎡

电影院

美术馆 6000㎡

特色店铺 38 400 ㎡
一个店铺480㎡，共80个

电影院 12 600 ㎡

图 15

不过，蚁人和绿巨人好歹都是一个公司的，合作不用买版权。最重要的是，怎么合作？也就是，怎么解决蚁人和绿巨人之间体量悬殊的问题？

先把建筑体块摆放到整个基地中。百货超市、美术馆和电影院放置于南侧，呼应停车场的主要人流方向（图 16、图 17）。小店铺整体放置于西侧，呼应主干道的人流方向（图 18、图 19）。

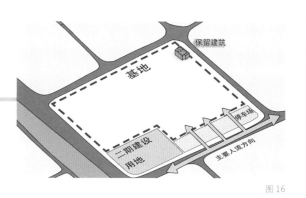

保留建筑

基地

二期建设
用地

停车场

主要人流方向

图 16

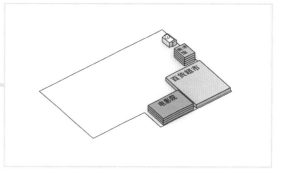

美术馆

百货超市

电影院

图 17

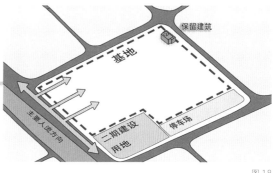

保留建筑

基地

主要人流方向

二期建设
用地

停车场

图 18

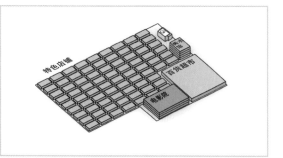

图 19

预料中的问题如期而至：体量相差太大，很不和谐。就算蚁人是主角，戏份多也没用，因为镜头只要切到浩克同学，斯科特同学就变成像素点，所以必须要统一体量。怎么统一？很简单：小的变大，大的变小。

1.小的变大
把小店铺体量变大的做法就是拼接，拿一个店铺当作标准店铺进行拼接。4个一组拼成一层，一共做两层（图 20 ～图 22）。

图 20

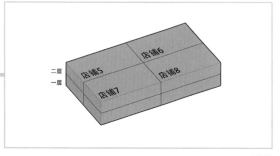

图 21

那么，问题又来了：二层的店铺怎么进去？通常方法有两种：一种是内部解决，在组团内部做楼梯和楼道（图 23 ～图 25），但这样肯定会牺牲部分商业面积（图 26）；另一种是加外挂楼梯，让顾客从外围上楼（图 27 ～图29），这样做交通虽然不会侵占商业面积，但总是上上下下也很讨厌——逛街又不是拉练。所以，进一步将多个带外廊交通的店铺组团连接形成天街，也就是立体街道系统（图 30）。

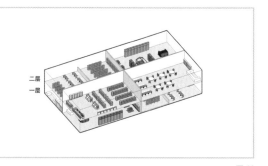

图 22

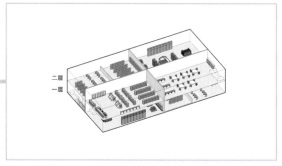

图 23

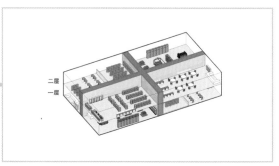

图 24

图 25

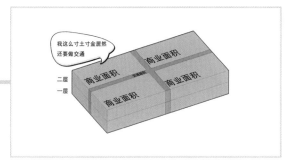

图 26

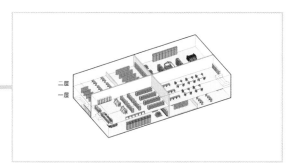

图 27

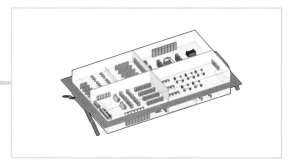

图 28

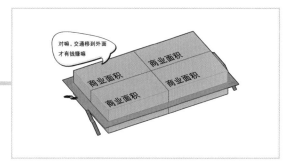

图 29

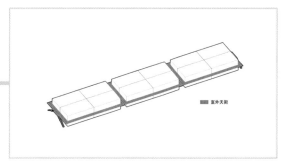

图 30

2. 大的变小

大的变小就是把电影院、百货超市、美术馆的体量变小，以单个小店铺体量为尺度，进行变化拼接，形成新的体量（图 31、图 32）。

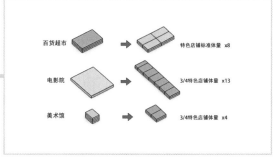

图 31

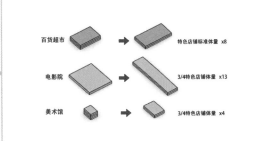

图 32

百货超市和美术馆都好说，变形也不影响正常使用。但是电影院变成了一个两层的细长条怎么用呢？决定电影院体量的主要是放映厅，因此，缩小规模将一个放映厅的高度控制在正常层高以内，顺着长条形体量"一"字排布（图33～图35）。统一体量后的各个功能块复位到场地（图36）。

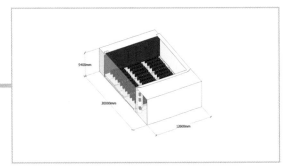

图 33

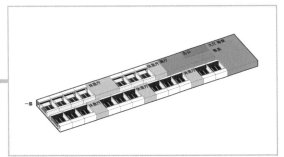

图 34

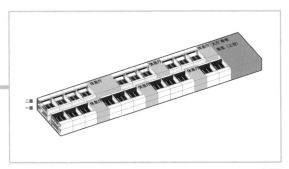

图 35

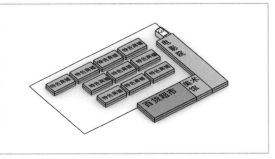

图 36

演员到位，接下来就看剧本怎么写了。说人话就是：怎么去规划这个商业街区呢？

通常街区式商业区的组织大概有两种模式：一种是"主街＋次街"，当然，主街和次街的组织形式可以有很多种，如鱼骨状（图37）、网格状（图38）；另一种是"街道＋广场"，就是以广场为重点营造街区，组织形式也有好几种，如散点式广场，没有主次区别（图39），还有放射式广场，以中央广场为核心向四周辐射小广场（图40）。

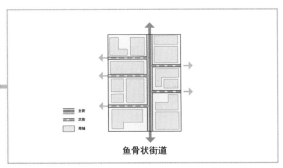

鱼骨状街道

图 37

网格状街道

图 38

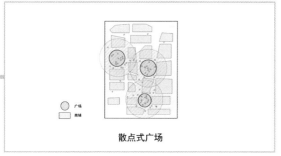

散点式广场

图 39

放射式广场

图 40

那么，问题又来了：哪种模式与文艺土豪的风格更相配呢？再文艺的土豪也是土豪，土豪全部都要。将模式一和模式二进行组合，选择用网格状街道加散点式分布的广场，也就是在街道交叉口设置广场，形成街道－广场一体化的街区式商业模式（图 41）。

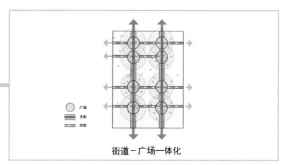

街道－广场一体化

图 41

接下来，把这种模式具体应用到场地上。首先，以小店铺组团的体量为尺度，划分场地（图 42），布置美术馆、百货超市和电影院（图 43），剩下的部分理论上可以全布置小店铺（图 44），但是，排布后发现红线内场地并没有被整分，而是空了两块零碎场地（图 45）。你当然可以选择忽略，直接将其规划成街道，作为特色商业街区与美术馆、电影院等休闲娱乐区的自然分隔。可别忘了这是"一个"项目，你分隔出去的不仅是百货超市、美术馆、电影院，很有可能还是设计费啊。谁也不能排除甲方心情一激动再找个建筑师来设计电影院、美术馆的可能吧？即使和设计过不去，也不能和设计费过不去呀。

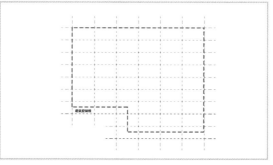

图 42

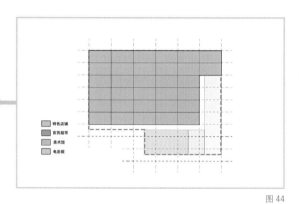

图 43

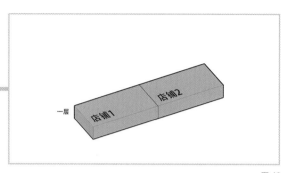

图 46

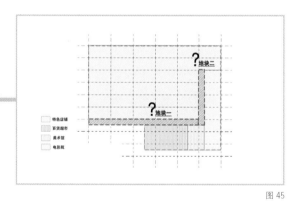

图 44

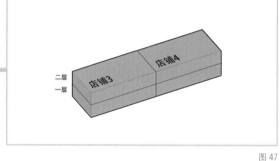

图 47

图 45

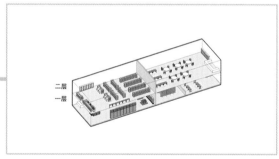

图 48

地块一是横向长条状，正好是特色店铺 1/2 的
体量，也就是可以将两个标准店铺布置为一组，
做两层（图 46 ~ 图 50）。

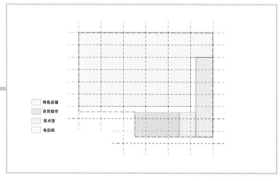

图 49

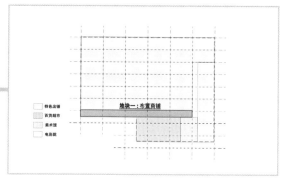

图 50

地块二是竖向长条状，是特色店铺 1/4 的体量，这就不太适合布置店铺了，但可以组织通高空间用于立体街道（图 51），然后根据道路 – 广场一体化的组织模式，先去掉 3 行体块作为主街道（图 52）。不过，这个主街的尺度有点过大了吧？30 多米是步行街扮演车行道吗？而且主街都这么宽了，广场得多大才能匹配？

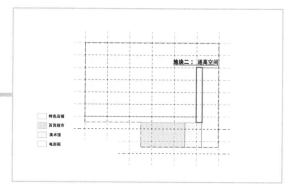

图 51

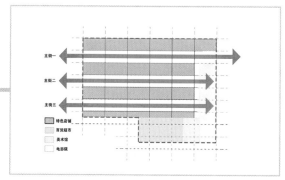

图 52

注意！前方"高能"操作！细分模块，转移体量，把"边"变成"角"（图 53）。建筑临街的部分就保持"边"的状态，场地内的部分全部把"边"变成"角"（图 54）。广场出现了，有没有（图 55、图 56）？再在模块的左右两边各退 3 m，形成次街（图 57）。至此，主街、次街、广场就齐活了（图 58）。对边角处的保留建筑做退让处理（图 59），特色街区部分的基本空间结构就成形了（图 60）。

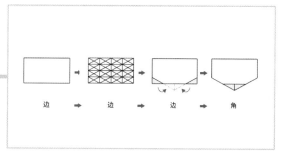

图 53

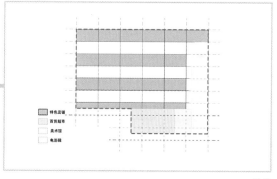

图 54

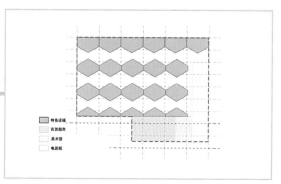

图 55

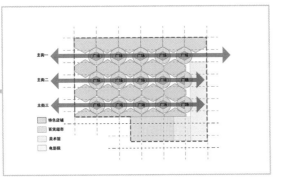

图 56

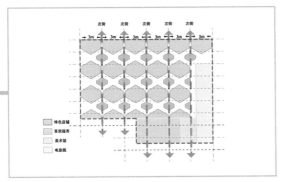

图 57

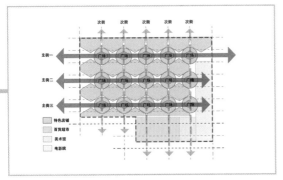

图 58

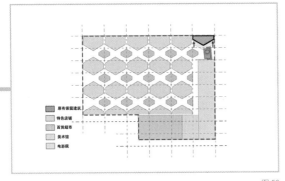

图 59

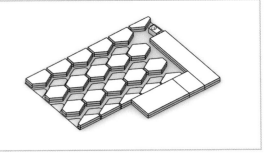

图 60

再依次对其他功能体块进行细节处理。斜切掉电影院端头一块体量，退让保留建筑（图 61、图 62）。对半切掉电影院对面的商铺组团，留出影院的疏散广场空间（图 63、图 64）。在地块中央位置留出入口广场（图 65、图 66），并将美术馆转移到广场末端，强化入口轴线（图 67、图 68）。同时，在广场尽端加坡道，使美术馆面向入口开放（图 69）。切掉百货超市旁边凸出来一块的商铺组团，形成连续的广场空间（图 70、图 71），顺着六边形组团模块设置二层天街（图 72）。在广场位置添加扶梯，使两层街道融为一体（图 73），在二层留出休息平台（图 74、图 75）。至此，这个街区式的商业综合体基本上完成了，再在立面上搞点儿花样就可以了（图 76）。

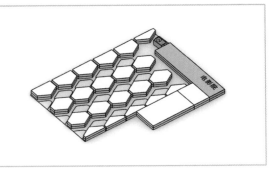

图 61

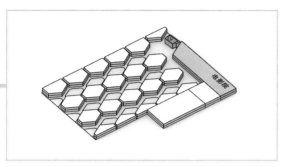

图 62

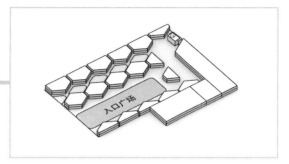

图 66

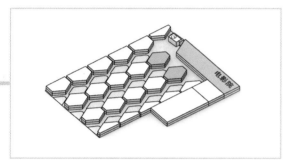

图 63

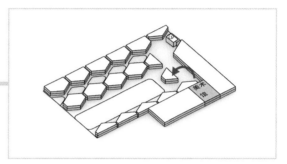

图 67

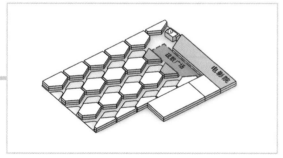

图 64

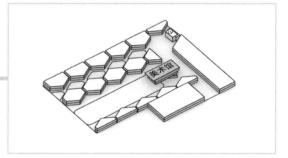

图 68

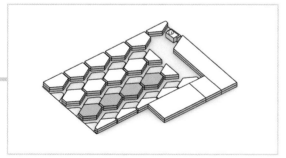

图 65

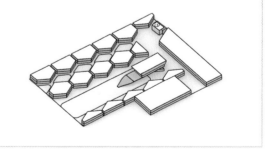

图 69

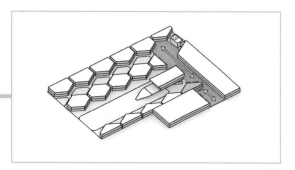

图 70

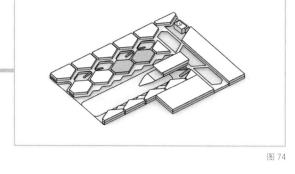

图 74

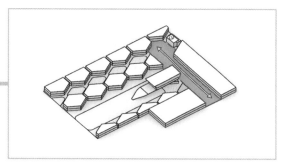

图 71

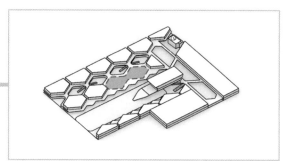

图 75

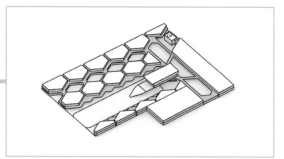

图 72

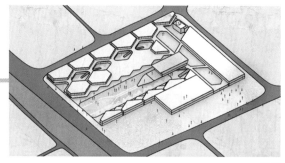

图 76

鉴于当地确实比较热，甲方也确实不差钱，所以在建筑外面再加个大壳子来遮阳。

那么，花钱的问题又来了：一个什么样的壳才能低调、奢华、有内涵地罩住这条近 10 万平方米的商业街呢（图 77）？

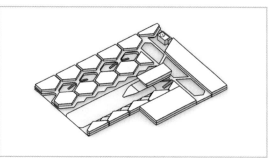

图 73

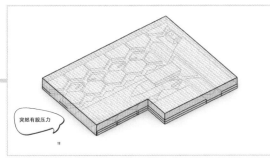

图 77

再次圈出"豆浆买两碗"的重点。既然里面空间使用了六边形模块，模块也得来两套，里一套外一套——模块化外壳应运而生。整个项目的建筑和规划都是以小商铺的体量作为基本模数进行组合划分的，那么外壳的模数当然也要继续参照小店铺体量了。我们可以把一个小店铺体量划分成三角形和菱形的组合（图78～图80），同时，场地也可以按照一个小店铺体量的整数倍和1/2平铺，因此，整个场地也可以看作三角形和菱形的组合（图81～图83）。所以，可以使用三角形和菱形作为平面参考设计外壳模块。在这里，建筑师选用了十字拱作为模块的原型进行变形，因为投影形状为正方形，可以很容易变为菱形（图84）。然后，将菱形十字拱进行切割，得到以三角形为投影的基本模块（图85、图86），最终根据需要得到3个基本模块（图87）。

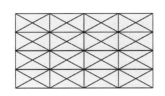

图 78

图 79

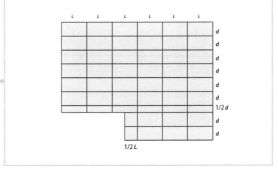

菱形　　　三角形1　　　三角形2

图 80

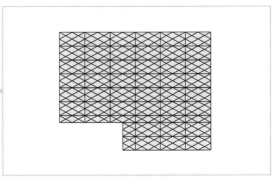

图 81

图 82

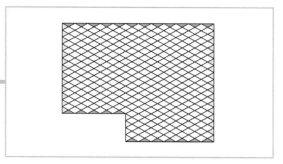

图 83

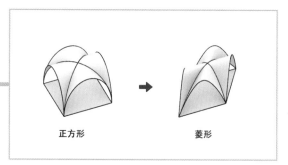

正方形 → 菱形

图 84

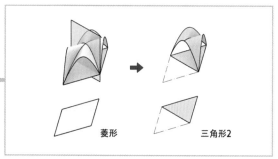

菱形 三角形2

图 85

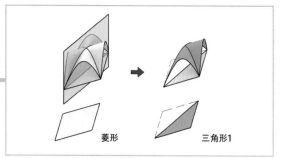

菱形 三角形1

图 86

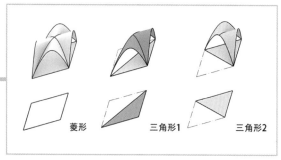

菱形 三角形1 三角形2

图 87

将它们组合放置在场地上。温馨提示：密集恐惧症患者慎入（图 88 ）。然后，露出广场和美术馆（图 89 ），这才算真正可以收工了（图 90 ）。

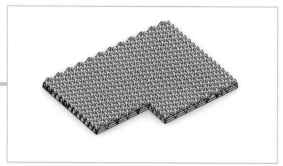

图 88

图 89

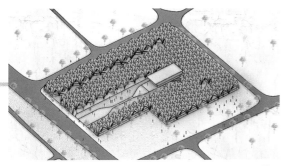

图 90

这就是墨西哥建筑事务所 SMA 设计的阿拉伯联合酋长国艾因市购物中心的竞赛方案，该方案也是本次国际竞赛的第二名（图 91 ~图 95）。

图 91

图 92

图 93

图 94

图 95

有钱的快乐就是这么朴实无华且枯燥。对于建筑师来说，"钱 + 模块"这个组合基本就是万能的。但悲伤的是，你没钱，你的甲方也没钱。

图片来源：

图 1、图 91 ~图 95 来自 https://www.designboom.com/architecture/sordo-madaleno-proposal-shopping-mall-refurbishment-uae-05-19-2020/，其余分析图为作者自绘。

END

建筑师的体面，都是被挤出来的

图 1

名　称：海牙音乐舞蹈中心竞赛方案（图 1）
设计师：Diller Scofidio+Renfro 建筑事务所，SO-IL 建筑事务所
位　置：荷兰·海牙
分　类：影剧院
标　签：功能复合，空间重叠
面　积：60 000 m²

至少在普通人眼里，建筑师大概可以算一个体面的职业。虽然大家基本上分不清楚建筑师、建造师、建筑工人以及地产开发人员，但都不妨碍他们在听到你是建筑师时，无比浮夸且不走心地敷衍一句"好厉害啊"，然后内心默默算计：到底是干什么的？买房子找他能便宜吗？毕竟，从他们爸妈那个年代开始，出现在荧幕里的建筑师就是这么个标准的社会精英形象了。

而现实却只有残忍，建筑师自嘲起得比鸡早，睡得比狗晚，干得比牛多，吃得比猪差。方便面都要吃不起了，还要什么体面？建筑师的体面，都是甲方的钱给的。只是，甲方的钱也不是大风刮来的，那都是龙卷风刮来的——吹完它就走，还留下一堆不知来自何方的妖孽让你善后。

荷兰海牙市打算建一个音乐舞蹈中心，基地就选在市中心一个不大不小的城市广场旁（图2）。

图2

这年头不怕甲方提要求，就怕甲方建"中心"。但凡项目名称带上"中心"两个字，基本就意味着这个项目没什么中心了——八竿子打得着打不着的功能都往里塞。就像这个看起来"柔弱甜美"的音乐舞蹈中心，你以为就是搭个场子给一群帅哥、美女唱歌跳舞的吗？唱歌跳舞是没错，但人家这个唱歌跳舞不但需要一所包括教学区、图书馆、舞蹈排练区等在内共约20 000 m² 的舞蹈专业艺术学校，还需要包括办公和排练区共约20 000 m² 的乐团工作区，以及同样需要办公和排练区共约120 000 m² 的舞团工作区。

当然，表演的舞台也是必不可少的。唱歌加跳舞，一个肯定不够用，两个似乎也紧张，三个没办法平均分，那就来四个好了：一个500人的小音乐厅约600 m²，一个1300人的大音乐厅约1500 m²，一个400人的小歌舞厅约900 m²，一个1000人的大歌舞厅约2400 m²。总结一下就是，这个音乐舞蹈中心包括一个学校、两个办公楼及四个剧场，至少60 000 m²的功能面积（图3）。

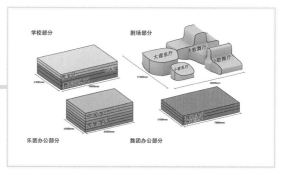

图3

而甲方给的基地有多大呢？不到 7000 m²，看着就放不下（图 4）。试着放一放，果然放不下（图 5）。

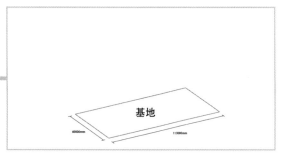

图 4

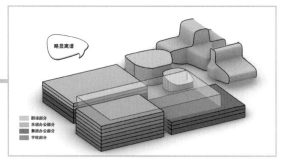

图 5

那就没办法了，这里先给结构师鞠一躬：又得麻烦您了，没办法，只能选择往上摞了。然后，可怕的事情发生了：就算把学校和办公区都举到天上，这块地也依然放不下 4 个剧场（图 6）。

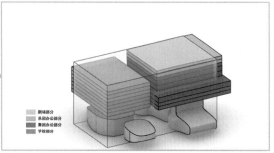

图 6

这种感觉就好像终于盼到喜欢的包打折，却发现打了折还是买不起。怎么办？尴尬得转身溜回家吗？不！有经验的购物狂都知道，这个时候你需要胆大、心细、脸皮厚。正所谓张嘴三分利，只要你不怕被轰出去，说不定就能搞个折上折，如愿以偿。比如，把 4 个剧院摆成两层还能放不下吗（图 7 ~ 图 9）？

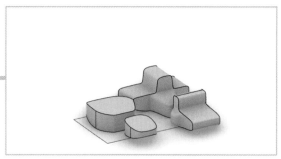

图 7

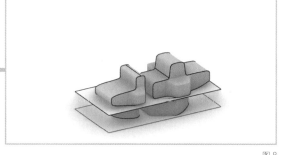

图 8

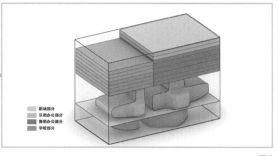

图 9

一切顺利，摞上去的剧场上方仿佛还有点儿空旷。本来面积就不够，坚决不能浪费每一平方米：将学校和办公部分下移，在剧场上方见缝插针、攻城略地（图10~图12）。

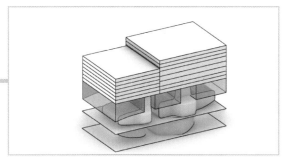

图10

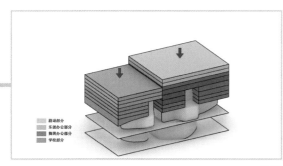

图例：
■ 剧场部分
■ 乐团办公部分
■ 舞团办公部分
■ 学校部分

图11

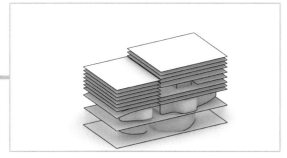

图12

到这里，问题已经全部解决了吗？是不是再做个立面加点细节就可以先收工后收钱了？某些练就火眼金睛的建筑师应该已经感受到了妖气。任务书上说共有4个剧场：1个600 m²的小音乐厅、1个1500 m²的大音乐厅、1个900 m²的小歌舞厅、1个2400 m²的大歌舞厅。所以，总共需要5400 m²的剧场空间吗？

当我们需要一个1000 m²的办公室时，预留一个1000 m²的空间或许够用。但当我们需要一个1000 m²的剧场时，则意味着你还需要配套设置前厅、休息厅、后台、排练厅、售票区、检票区……1个剧场配1套，4个剧场就是4套。除此之外，人们看完剧是不是还要来点商业活动？书店、餐厅、小卖部是不是要安排一下（图13）？

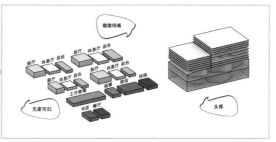

图13

先别紧张，试着往里塞塞看，反正肯定塞不下，就是为了让你死心（图14）。

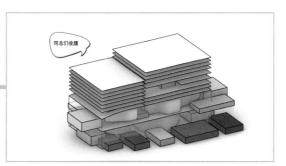

图14

除了这一堆拖家带口的，流线也是一团乱麻。从外面看，无论干什么都得经过剧场（图15）。

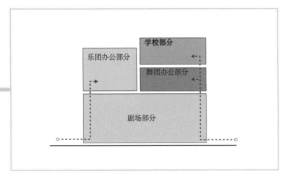

图15

从里面看，就更乱了。当4个剧场在水平面展开布置时，流线规整又明确，该去哪儿看戏就去哪儿看戏（图16）。但当4个剧场摞成两层，流线从平面流动变为垂直流动时，就会不可避免地发生穿插。去二层剧场的人必然要经过一层剧场，你能想象4个剧场同时演出的火爆场景吗？很可能这边都要演完了，那边还有人没找到入场口（图17）。除非给二层的两个剧场再分别设计一个独立的出入口（图18）。

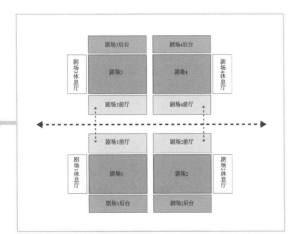

图16

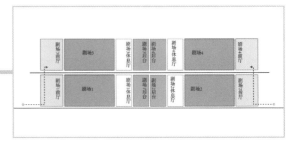

图17

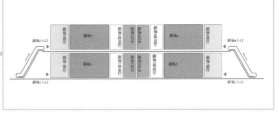

图18

独立出入口没问题，问题是，有地方放吗？本来面积问题就还没解决呢。

一个一个来，先看4个剧场的流线问题。流线问题的症结在于，没有一个起交通枢纽作用的前厅到4个剧场的距离均等——类似于水平布局时的十字路口或者中心广场（图19），可快速疏散巨大的瞬时人流。

图19

所以，这是明摆着欺负垂直布局的 4 个剧场没有十字路口、中心广场吗？体面的建筑师怎么可能随便被欺负？只要有十字，就能造个路口；只要有中心，就能建个广场！不就是设计个夹心饼干吗（图 20）？

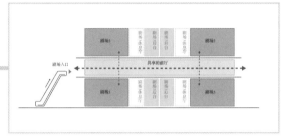

图 20

<u>画重点：在一层剧场与二层剧场之间插入共享前厅中心广场，并将这个夹层设置为剧场部分的主入口</u>（图 21 ~ 图 23）。

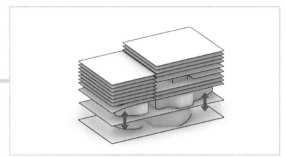

图 21

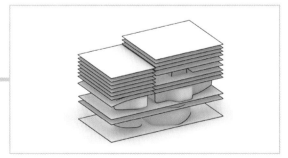

图 22

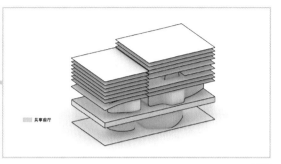

图 23

依据剧场形式调整形状，以获得最大的使用面积（图 24），设置扶梯直接从地面到达共享前厅（图 25）。

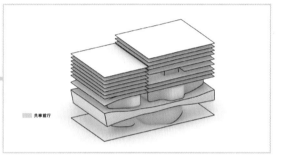

图 24

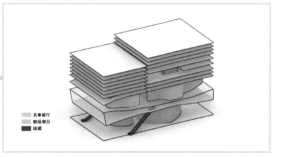

图 25

那么，问题来了：观众具体怎么从前厅到各个剧场内呢？这一部分的细节交通怎么排布呢（图26）？先卖个关子，一会儿再说。

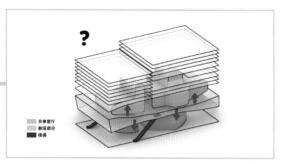

图 26

共享前厅的存在使剧场的流线从地面层抬升到了地面以上，办公部分和学校则可以通过在地面层的垂直交通到达。说白了，就是按功能设置单独入口，但前提是只有将共享前厅上移才能释放地面空间，其他功能的独立入口才能实现（图27）。

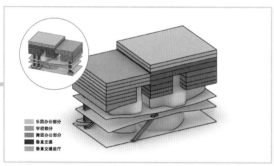

图 27

流线问题解决了，再来解决面积问题。这属于客观事实，如果不能扩大用地面积，那就只能缩小使用面积。很明显，我们现在只能选择后者。

方法其实也没得选，说到底都是功能重组，也就是把分散使用的相同功能集合到一起，当共享单车用，如后台。形势所迫，就请演员们辛苦一下，互相挤一挤，4个剧场共用一个后台（图28）。

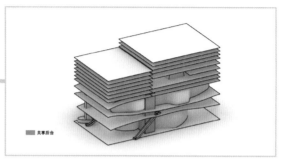

图 28

不仅如此，因为面积紧缺，肯定不可能去做中庭这种铺张浪费的功能，可这么大的建筑没有中庭也挺没有"排面"的。看这个后台，位置形状都像个中庭，那索性变成"兼职"中庭吧（图29）。

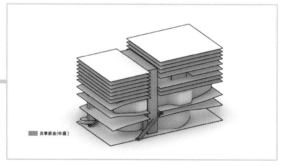

图 29

既然是中庭，就不能是传统意义上的封闭后台了。于是建筑师彻底放飞自我，直接将后台替换成了可移动的升降平台。也就是说，这个后台的本质就是电梯，还没有轿厢，既可以在演出时当作后台备演区，又可以当作运道具的货梯，还可以在没有演出时，为共享前厅提供临时演出或展览（图30～图32）。就问你服不服！

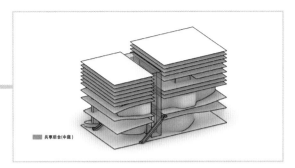

图 30

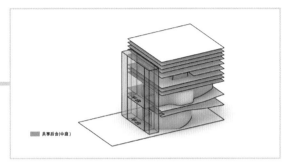

图 31

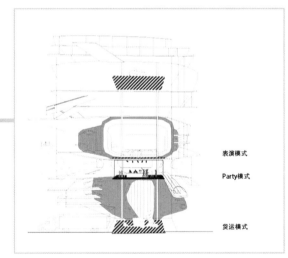

表演模式

Party模式

货运模式

图 32

图 33

图 34

还是一个一个来。首先，是小歌舞厅，直接在共享前厅中设置楼梯，向上通往小歌舞厅（图35），同时，这部分交通空间也是小歌舞厅的休息厅（图36）。其次，是小音乐厅，在共享前厅中设置楼梯，向下通往小音乐厅（图37），交通空间依然兼作休息空间。

再在中庭里加设连廊增强左右两部分的联系（图33）。再说前面卖的关子：从共享前厅怎么到各个剧院？由于面积紧张，把这部分交通空间和休息空间合并，放置于剩下的缝隙空间里（图34）。

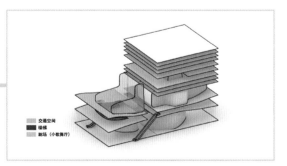

交通空间
楼梯
剧场（小歌舞厅）

图 35

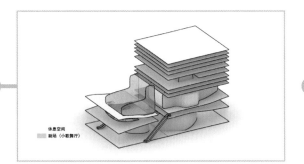

休息空间
剧场（小歌舞厅）

图 36

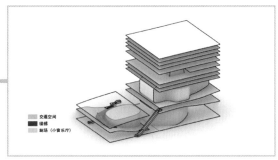

交通空间
楼梯
剧场（小音乐厅）

图 37

接着是大歌舞厅。在共享前厅中设置楼梯和楼板，向上通向大歌舞厅的一、二层观众席（图38、图39），交通空间同样也是休息空间（图40）。忽然发现两个楼板间还有不少空间，那必须不能浪费（图41）。中间再设置一层楼板，也作为观众的休息区，并设计楼梯连通上下两层休息区（图42、图43）。

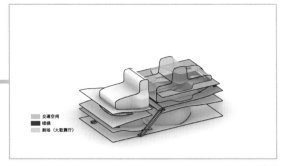

交通空间
楼梯
剧场（大歌舞厅）

图 38

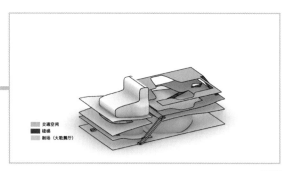

交通空间
楼梯
剧场（大歌舞厅）

图 39

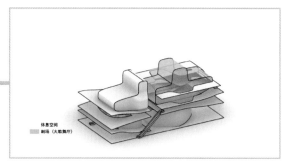

休息空间
剧场（大歌舞厅）

图 40

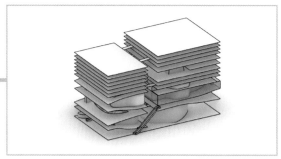

图 41

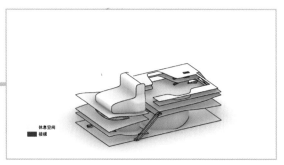

休息空间
楼梯

图 42

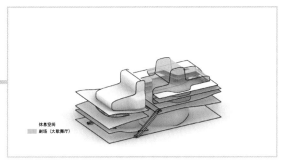

图 43

最后，是大音乐厅。设置楼梯和楼板通向大音乐厅的一层、二层、三层观众席（图 44 ~ 图 46）。

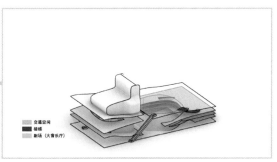

图 44

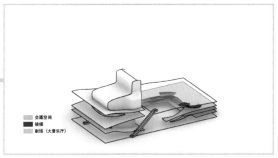

图 45

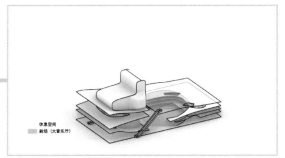

图 46

至此，交通和休息厅就差不多完成了。为什么说差不多呢？因为还差一点点。这个一点点就是快速流线。在实际使用中，必然存在因为赶时间或者其他情况需要直接到达剧场的观众，所以下层的两个剧场设置单独的出入口，再设置一个可以直接从地面到达小音乐厅的楼梯（图47、图 48）和一个直接通向大音乐厅的楼梯（图 49）。

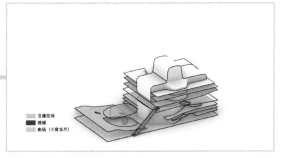

图 47

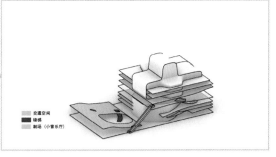

图 48

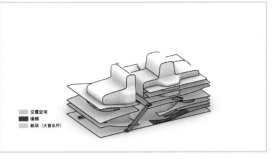

图 49

做到这儿，感觉就算建筑师成了精，也快脱了一层皮了。然而，还没完，还有辅助功能（检票、卸货、排练、管理办公）以及商业零售区……

哪里还有空地呢？大音乐厅周围还有一点儿。小音乐厅层高较低，因此，距离地面还有一部分空间，也可以凑合用（图50、图51）。好在都是地面层沿街面，可以确保商业活力，也不用再去费心考虑流线了。那么，大家就相互挤一挤，见缝插针地往里塞吧（图52、图53）。最后再加入两个垂直交通，增加整个建筑的可达性（图54）。

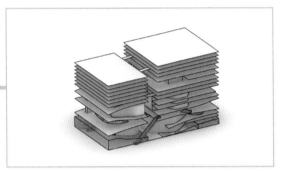

图 50

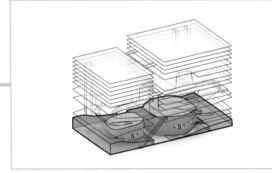

图 51

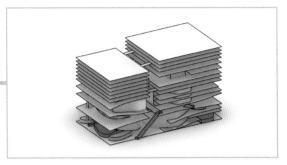

图 52

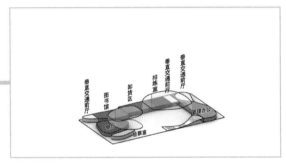

图 53

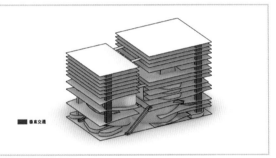

图 54

至此，整个建筑算是基本完成了。虽然东拼西凑都快揭不开锅了，但建筑师的体面依然不允许自己的建筑"素颜出街"。所以最后，还得调整一下造型。

首先，为了顺应当地的风向，调整顶层的楼板形状和位置，使其南高北低（图55、图56）。

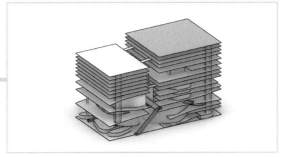

图 55

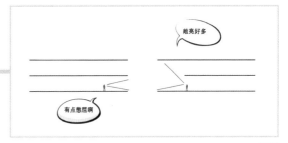

图 58

图 56

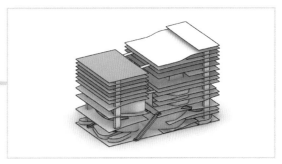

图 59

其次，剧场部分比较开阔，教育办公部分比较紧凑，两者放在一起显得很不和谐（图 57），所以，削减教育办公区的部分楼板，营造通高空间，使其显得不那么紧凑（图 58 ~ 图 60），并在楼板边缘做一些起伏，进一步提高空间的开阔感（图 61、图 62）。外围再加一层玻璃幕墙，总算可以收工了（图 63）。

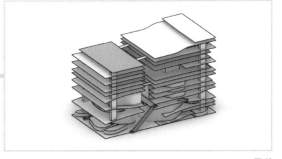

图 60

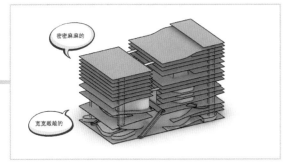

图 57

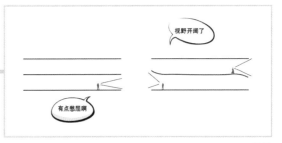

图 61

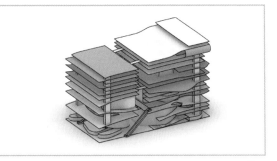

图 62

图 65

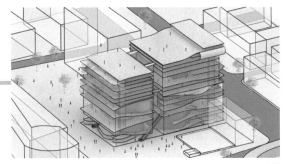

图 63

这就是 Diller Scofidio+Renfro 建筑事务所和 SO-IL 建筑事务所联合设计的海牙音乐舞蹈中心竞赛方案 (图 64 ~ 图 68), 已入围最终决赛。

图 66

图 64

图 67

图 68

建筑师可能总以为设计的体面来自无拘无束的自由发挥，却忘了无拘无束的都被压在了山下，历经艰险的才走上了通天正道。你的美貌加上你的热闹，都不如甲方的无理取闹。

图片来源：

图 1、图 32、图 64 ~图 68 来自 https://afasiaarchzine.com/2010/04/diller-scofidiorenfro-so-i/，其余分析图为作者自绘。

END

建筑师的身份焦虑：
为了看起来像个艺术家

图1

名　称：柏林新中央图书馆竞赛方案（图1）
设计师：Envés 建筑事务所
位　置：德国·柏林
分　类：图书馆
标　签：屋顶，模块化
面　积：30 000 m²

如果你对一个建筑师说"你是搞艺术的"，他会觉得你在骂他；如果你对一个建筑师说"你不是搞艺术的"，他还是会觉得你在骂他。建筑师对于"艺术家"这个身份的感情很像人们对于"猪脑"这种食物的态度——一边骂别人是猪脑子，一边吃猪脑子给自己补脑子。评书界说：名气大、本事大、挣钱多，这是三种人。很明显，"艺术家"这个身份代表的肯定不是"挣钱多"。

德国柏林市政府计划为滕珀尔霍夫地区打造一个社会文化中心项目，内容包括柏林新中央图书馆以及其他一系列辅助设施，如礼堂、室内植物园、咖啡厅、餐厅、幼儿园等。

整个项目位于柏林滕珀尔霍夫公园内部的西南角。柏林滕珀尔霍夫公园的前身是滕珀尔霍夫机场，现已改造为德国最大的公园，且免费开放。公园真的很大，两根看起来像城市主干道的大横条其实只是公园内部的骑行道路，整个文化中心项目的用地在巨大的公园面前就是个小弟（图2）。

图2

而作为整个项目里块头最大的新中央图书馆，虽然建筑用地给了 10 000 多平方米，但也不过是一个 160 m×80 m 的长方形，还没人家的骑行道有存在感（图3）。

图3

这种体量对于巨大的公园来说，几乎等于不存在。这就好像在一望无际的如茵绿草中盖房子，但不是普通房子，而是"中央"图书馆啊——在建筑师眼里，这不就是梦寐以求的艺术沃土吗（图4、图5）？

白布上已经可以任意发挥，绿布上还有特效加持，这不得上天？飘得再高的理想只要好好发挥都能变成催熟促成长的化肥，一不小心就是下一个萨伏伊别墅或者毕尔巴鄂博物馆啊。

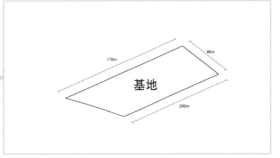

图4

图5

无关大局又无牵无挂，还不无法无天，是要等着过年吗？正所谓：阎王好见，小鬼难缠。无关大局，但影响"小局"。何况还是自己组的局。

文化中心项目里的其他服务设施（礼堂、室内植物园、咖啡厅、餐厅、幼儿园）都是迷你的，相比起来，图书馆已经算是庞然大物了（图6）。

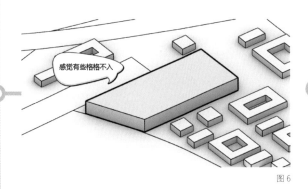

图6

但"小局"毕竟是"小局"，必要的时候牺牲一下也决定不了生死。那么此时，作为建筑师的你就有了两个选择：要么为了艺术理想牺牲场地"小局"，要么为了场地"小局"放弃艺术理想。估计大部分建筑师都会果断选前者。但西班牙建筑事务所 Envés，就叫他们小 E 吧，却直接跪着唱《征服》——做了一个处处迎合的"便利贴方案"。

首先，要迎合项目里其他建筑的小体量，也就是要削减图书馆的尺度感。削减尺度一般有两个方法：一是做地景，让建筑和周围地形结合，达到消隐的效果（图 7、图 8）；二是做模块，化大体量为小体量，达到消隐的效果（图 9、图 10）。

图7

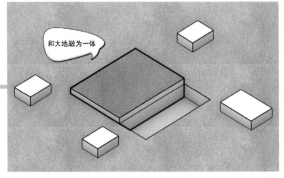

图8

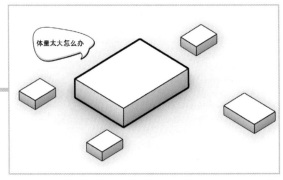

图9

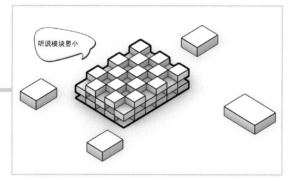

图10

小E果断选择了第一种方法……还有第二种。小孩子才做选择，建筑师全都要。所以，整个方案就是一个模块化的地景建筑吗？没那么简单。

什么叫处处迎合？就是不止一处要迎合。图书馆虽然位于公园中，却是公园的边缘，也就是说从公园方向可以看到图书馆，从公园对面的社区方向也可以看到（图11）。

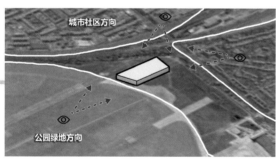

图11

虽然公园不需要迎合，但要迎合也很简单，最直接的就是延续绿地。但对于社区方向来说，这个图书馆作为服务整个地区的重点地标建筑，一定要突出其主要位置。

综上所述：如果小E想做一个合格的便利贴，就要在场地"小局"上削减体量，在社区方向上做地标，在公园景观上延续绿地。小E倒是波澜不惊——手起刀落就把建筑削成了楔形（图12）。从公园看就是个小透明的绿化坡地（图13），从社区看就是华丽的"排面"（图14）。再将这个楔形地景做模块化处理，基本也就在体量上与"小局"保持一致了。

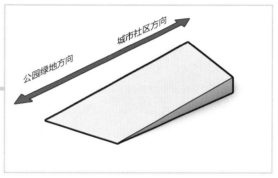

图12

图13

图14

那么，问题来了：什么样的模块才适合这个处处迎合的便利贴？按理说，整个屋顶绿地应该加设路径成为可憩、可游的休闲景观（图15），但因为我们要针对屋顶做模块化处理，所以，放弃自由随意的常规景观路径，替换成一个更加规律的路径布置逻辑，以此作为模块化的划分依据（图16）。

图17

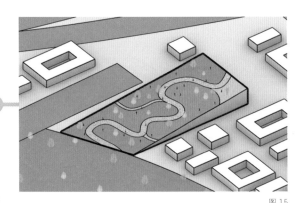

图15

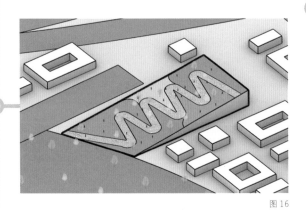

图16

敲黑板！我们的惯性思维是通过垂直方向的围护结构（通常是墙）去限定或分割空间，却常常忽略屋顶本身对空间的强限定感（图17）。特别是当代建筑越来越复杂多变的空间层次，经常使屋顶作为一个独立的意象表达游离于空间系统之外。说白了就是屋顶的形式作用大于空间作用。

但小E觉得模块化屋顶向下映射的模块化空间也恰好适合图书馆的使用需求，既然决定处处迎合，就要有迎合的自觉，太过华丽的空间不符合便利贴的气质。所以，让路径充分地分割屋顶（图18），然后根据路径的布置逻辑划分屋顶。

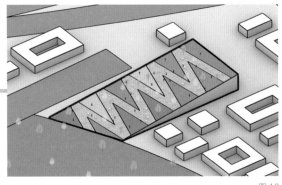

图18

那么，问题又来了：路径的布置逻辑是什么？四个字：首尾相接。画重点：我们需要一个可以首尾相接的模块（图19）！

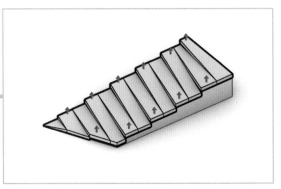

图19

斜向划分的模块不利于空间使用的划分，将其调整成正交划分的模块（图20～图22）。根据新生成的屋顶形态设计屋顶景观（图23），同时，这个空间屋顶不仅是景观，也引导内部空间形成连续流动的节奏（图24、图25）。

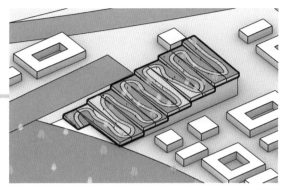

图23

图20

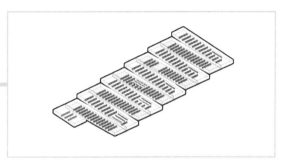

图24

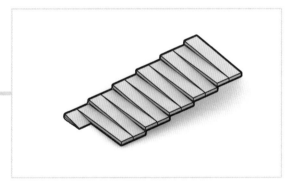

图21

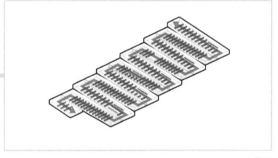

图25

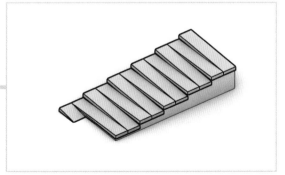

图22

但是，现在这个空间真的适合图书馆吗？模块向下一共可以映射一大一小两种矩形空间：小的太窄，大的太空——反正都不是很好用（图26）。因此，需要调整一下屋顶模块的尺度和比例。根据使用需求，把一个折线形的空间屋顶变成三个折线形的空间屋顶（图27、图28）。调整后，屋顶有部分空间是被遮挡的（图29），继续对体块进行切割，让出被遮挡的部分（图30），同时形成了天窗，增加采光（图31）。错位调整屋顶体块，使天窗均匀分布（图

32）。提升部分模块高度，使读者可以从屋顶
直接进入室内（图 33、图 34）。

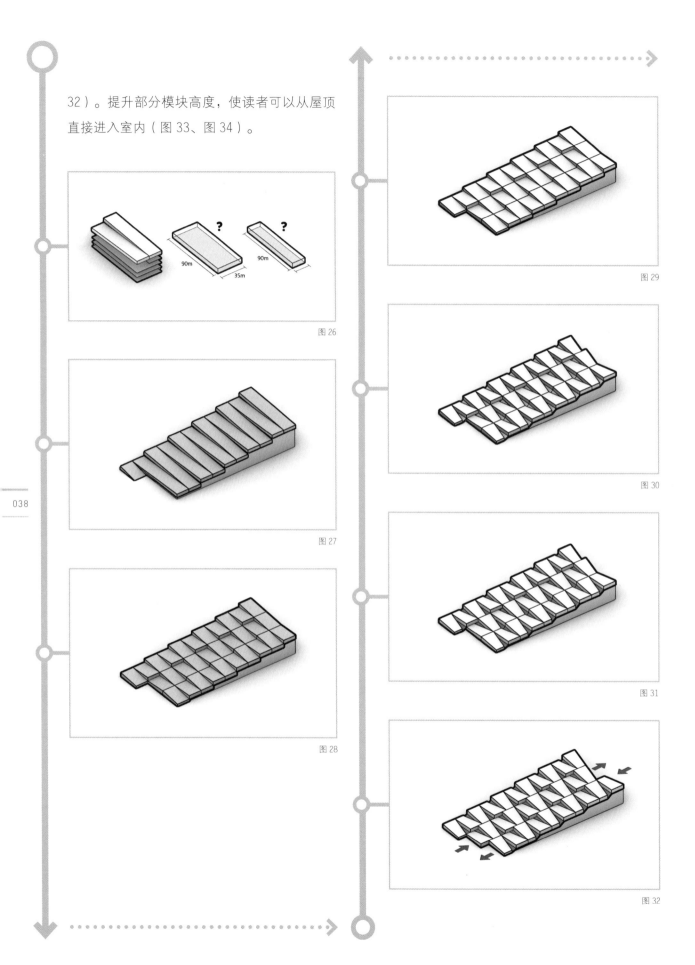

图 26

图 27

图 28

图 29

图 30

图 31

图 32

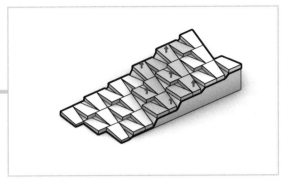

图 33

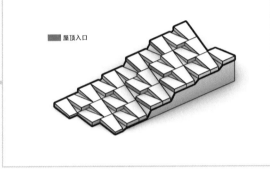

■ 屋顶入口

图 34

东侧删除部分体块，加入坡道，直接联系地面
与屋顶（图 35、图 36）。在西侧留出入口，
消除部分模块，形成朝向社区方向的入口广场
（图 37、图 38）。至此，屋顶才算最终确定。
整个屋顶可以看作一个模块的组合（图 39），
而每一个小模块屋顶可以看作梯形的组合，控
制生成一大一小两种梯形空间形式（图 40）。

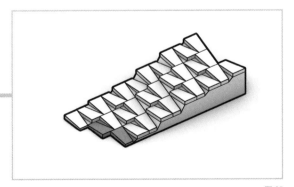

图 35

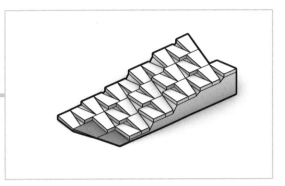

图 36

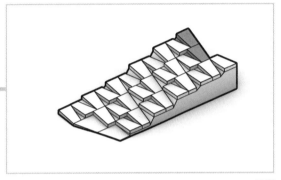

图 37

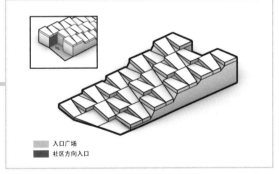

■ 入口广场
■ 社区方向入口

图 38

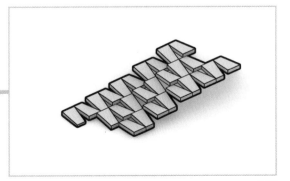

图 39

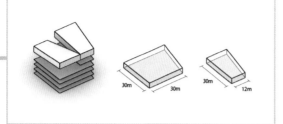

图 40

一个小梯形空间可以容纳小阅览室、研讨室、员工餐厅等空间（图 41），一个大梯形空间可以容纳机房、阅览室、商店、咖啡厅等空间（图 42）。

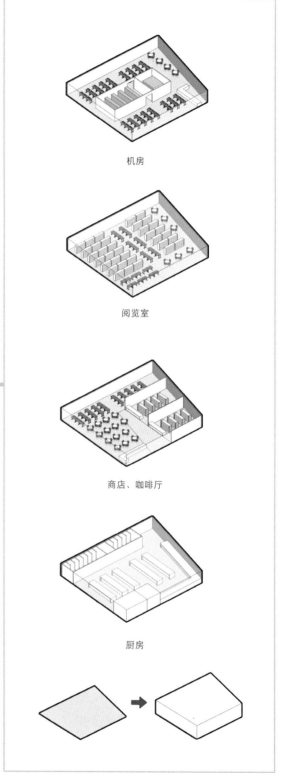

机房

阅览室

商店、咖啡厅

厨房

图 42

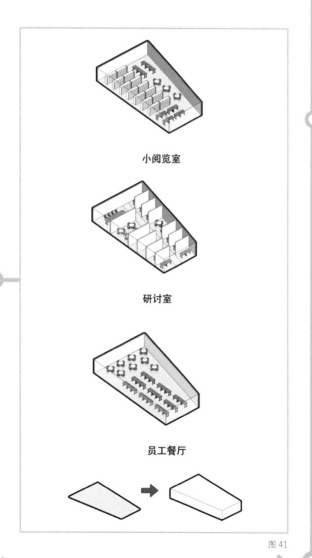

小阅览室

研讨室

员工餐厅

图 41

同时，因为它们是模块空间，所以可以相互组合形成多种不同尺度的空间，以满足多种用途。比如，两个大梯形空间和一个小梯形空间可以组成大的开放阅览区或者开放办公区（图43），或者其他一些组合形式，如多功能厅和不同尺度的开放阅览空间（图44）。

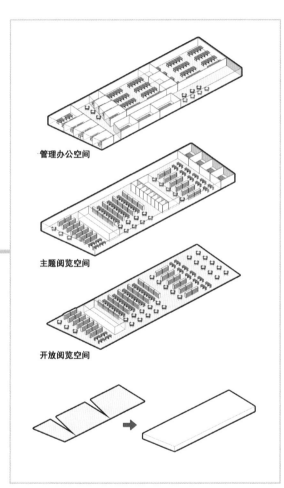

管理办公空间

主题阅览空间

开放阅览空间

图 43

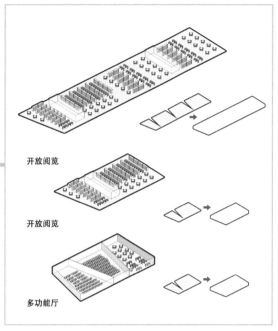

开放阅览

开放阅览

多功能厅

图 44

将不同的模块组合根据任务书功能要求放置于建筑内部（图45～图50），最后插入交通核（图51、图52）。收工回家（图53）。

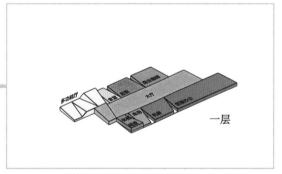

一层

图 45

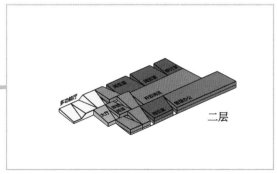

二层

图 46

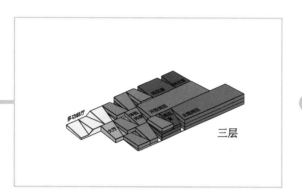

图 47

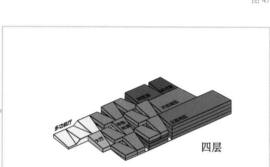

图 48

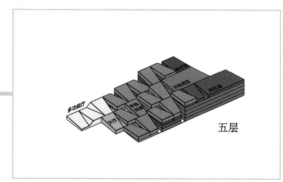

图 49

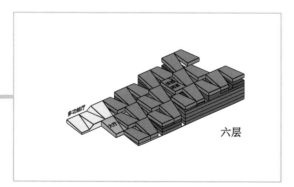

图 50

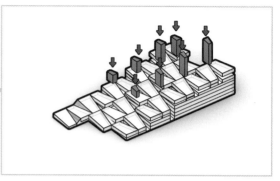

图 51

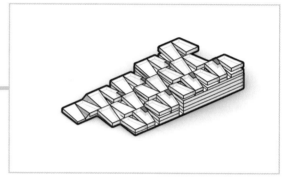

图 52

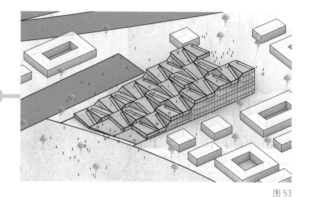

图 53

这就是 Envés 建筑事务所设计的柏林新中央图
书馆竞赛方案，也是最终的八个获奖方案之一
（图 54 ~ 图 56）。

图 54

图 55

图 56

建筑师的内心或许并不希望自己是一个纯粹的艺术家，却发自肺腑地希望自己的作品具有艺术感。因为，"艺术"这个词看起来抽象又高级，脱离了低级趣味与庸俗的物质刺激。任何不合理似乎只要与艺术沾边儿，就仿佛拥有了不被质疑的权利。"身份焦虑"背后是建筑师对建筑本身作为社会器官所拥有的服务性核心价值的不认可。但是，你要知道，球迷才需要球星，球队只需要胜利。

图片来源：

图 1、图 54 ~图 56 来自 https://www.archdaily.com/370322/new-central-library-in-berlin-winning-proposal-enves-arquitectos，其余分析图为作者自绘。

END

建筑师千万别在一棵树上吊死，
至少也要在两棵树上都挂绳子

图1

名　称：大邱五山图书馆竞赛方案（图1）
设计师：SDA建筑事务所
位　置：韩国·大邱
分　类：图书馆
标　签：曲面楼板
面　积：3100 m²

我听过一个绝处逢生的故事：某"学渣"考建筑学研究生，理论综合科目还有十分钟收卷，论述大题还有两道没有答，瞄了一眼发现还不太会。人在生命受到威胁时，潜力是无穷的。咱也不知道是怎么回事儿，反正是福至心灵，哥们儿把这辈子能想起来的词儿都写在了卷纸上，硬是在 10 分钟之内写了 2000 字。卷面效果说是像医生处方笺都是抬举了，因为他都辨认不出自己写了些啥。但这是一个绝处逢生的故事，所以结果当然很美妙。大哥这门科目考了 120 多分，保守估计最后两道题 30 分，最多也就扣了 5 分。

这个故事告诉我们一个深刻的道理：老师和你一样，直接告诉你答案，都印象不深，要提倡自己开动脑筋好好想一想，这位同学他到底是会还是不会呢？写了那么多字，虽然也看不懂，估计、大概、可能、或许……多少会一点儿吧？只能说，这位老师您真是个好人。

有人的地方，就有江湖。玩的就是博弈。一根绳子挂在一棵树上，就只能吊死；挂在两棵树上——那是人家小龙女的床。

韩国大邱政府举办了一个图书馆竞赛。说是图书馆，却处处透着诡异。场地为 2000 m²，要求建 3100 m²；位置选在一个城市十字路口边上，四周全是传统社区——传统社区不诡异，诡异的是这里明明已经有好几个社区小图书馆了，难道是要建一个更高水平的图书馆吗？但甲方明确表示服务半径只有 1.3 km，就是这个社区（图 2）。

图 2

更诡异的是设计要求提得讳莫如深，口口声声都是促进邻里关系，提高社区文化生活品质，说来说去就是不提图书馆的事。不带这样玩的啊，要是想建个社区活动中心您就直说，不说我们怎么能知道呢？但人家甲方坚持说是图书馆，再问就说是一个适应知识媒体最新变化的新时代图书馆。反正就是图书馆，爱信不信。

图书馆就图书馆，活动中心就活动中心，你就算要个"图书馆＋活动中心"也无所谓，这俩也不是水火不容的关系。一人一半，天下太平（图 3）。

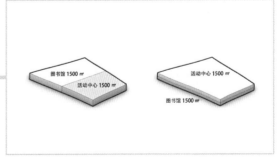

图 3

只要甲方您给个痛快话儿，咱们二话不说，立马就赴汤蹈火，熬夜画图，但您这不上不下的谁受得了？总不能设计个孙悟空天天表演七十二变吧？说什么也没用，甲方就是不承诺、不负责，你也不能押着他去民政局。对付"渣男"最好的方法就是比他还渣。不就是博弈吗？甲方让你猜，你也让他猜——你猜我设计的到底是不是图书馆呢（图 4）？

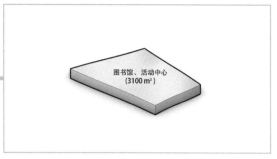

图 4

画重点：我们的最终目的是设计一个空间，让不同的人识别成不同的空间。想阅读的人可以识别成阅读空间，想活动的人可以识别成活动空间。基本原理类似图 5。

图 5

说白了就是视觉陷阱：是兔子还是鸟，主要看你第一眼认出来的是兔子耳朵还是鸟嘴。所以，我们首先需要思考的是两种空间如何被识别。

活动空间的本质就是自由，只要这个空间里没什么约束，就等于人们可以进行任何自发活动。当然，要是能有个坐的地方就更好了（图 6、图 7）。而阅读空间的主要参照物就是书，或者说书架（图 8）。

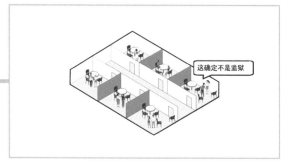

图 6

图 7

图 8

那么，问题来了：如何将两者结合呢？在自由的空间里加入书架吗？当然不是。自由空间里加书架，那不就是个阅览室吗（图9、图10）？

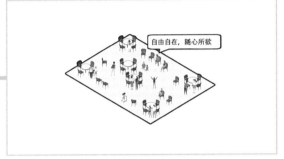

图9

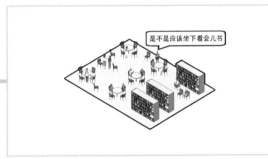

图10

因此，真正的问题是怎样在不破坏自由性的前提下加入书架。换句话说，就是怎样把书架藏起来，使其既能在需要的时候被看见，但又不在人们的主要视野范围内（图11、图12）。

图11

图12

这样，有活动需求的人不会察觉到书架的存在，空间对他来说，依旧是自由、不受束缚的；而有阅览需求的人则会对书架异常敏感，会主动识别、寻找书架（图13、图14）。

图13

图14

我们的设计也就分为了两步走：设计一个自由的社区活动空间，把书架藏进来。

社区活动最主要的特点就是秩序自发，时间随机。也就是营造一个开放、灵活的空间，可以随意走动，也可以随时停下来围观或者被围观。用设计语言说叫空间连续且停留。

平面空间连续还好说，关键是垂直空间怎么连续？这时我们需要用到曲面楼板。将每层楼板的对角位置分别与上下层楼板相连。为了让大家看得更清楚，我们从上往下开始让楼板变形（图15~图20），这样就可以得到一个没有限定的连续空间（图21），同时又在局部形成了可以停留的完整大空间（图22、图23）。

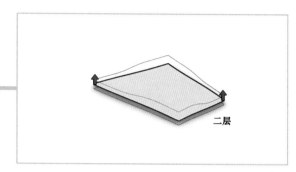

图 17

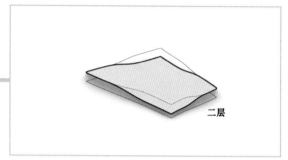

图 18

图 15

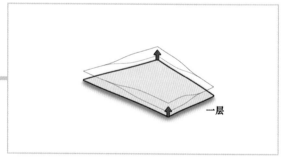

图 19

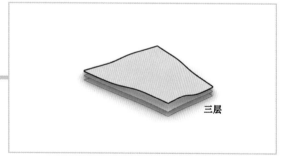

图 16

图 20

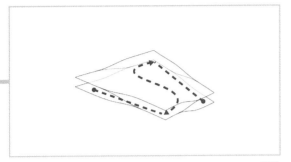

图 21

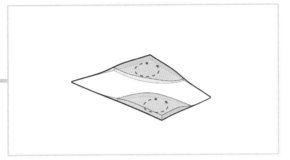

图 22

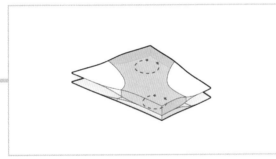

图 23

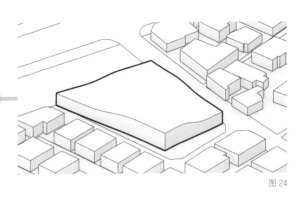

图 24

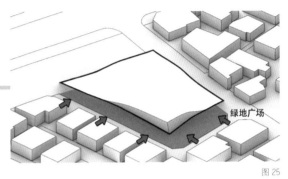

绿地广场

图 25

图 26

一层使用空间：700 m²

图 27

考虑到社区活动的多样性，将首层收缩，与场地贯通形成室外活动广场（图 24、图 25），调整之后再加一层曲面楼板补充被切割掉的面积（图 26）。至此，空间骨架基本形成以交错的 X 形向上排布（图 27 ~ 图 29）。场地也向社区完全开放，可自由穿梭（图 30）。为统一空间逻辑，在楼板交接处抠出非线性的楼梯口（图 31、图 32）。

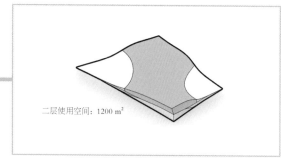

二层使用空间：1200 m²

图 28

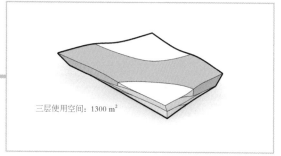

三层使用空间：1300 m²

图 29

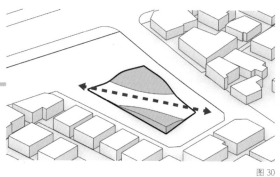

图 30

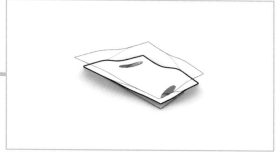

图 31

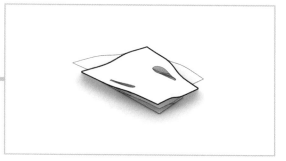

图 32

然后，将疏散交通、洗手间、办公储藏区等功能空间集中放置到整个图书馆中央，最大限度地减少隔墙对空间的阻隔。再插入疏散交通核（图 33、图 34），在交通核周围布置办公室、洗手间和育婴室（图 35、图 36）。

图 33

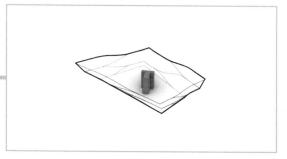

图 34

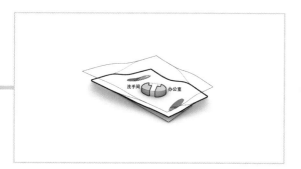

图 35

图 36

现在的空间虽然开放、自由，但基本是个大斜坡，比起站着，更适合躺着，所以将其处理成梯田式的平台空间，方便使用（图 37）。整个梯田空间呈向心式布局，自然形成中间的活力核心，不动声色地将动静空间由内向外过渡（图 38 ~ 图 40）。当然，梯田布局最重要的作用并不是空间过渡，而是藏起书架啊（图 41）！

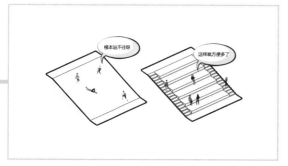

图 37

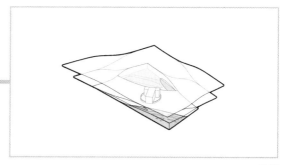

图 38

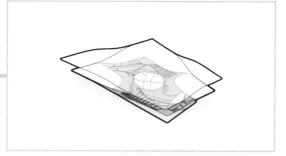

图 39

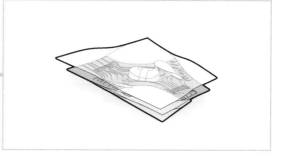

图 40

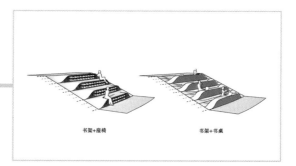

图 41

至此，整个空间就展示出一种气质——老虎？老鼠？傻傻分不清楚。站着从上往下看，基本就是个开放小广场（图42）；坐着从下往上看，才能偷窥到储藏的精神食粮（图43）。

图42

图43

最后设置坡道通向地下停车库（图44）。设计到这里差不多可以结束了，除了最后一个小尾巴。

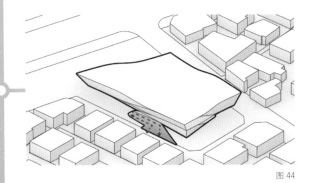

图44

小尾巴就是，这周围是一个传统老旧社区，你确定要搞这么个不明飞行物从天而降？最后的最后，还是要想办法把这个外星小怪物自然融入社区环境中。参照建筑的非线性形体，做起伏地形，使场地建筑一体化（图45、图46）。

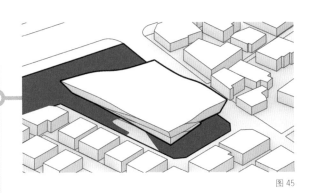

图45

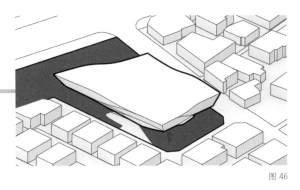

图46

同时，为了最大限度地减轻图书馆和周围环境的割裂感，不单独设计富有仪式感的入口，而是结合楼梯洞口设计吸入型入口，通过非线性的洞口进入建筑一层（图47、图48）。利用曲面楼板的坡度通过非线性的洞口直接进入建筑二层（图49、图50），把流线引入屋顶，使游客可以俯瞰社区，并将交通核抬升至屋顶（图51～图55）。收工（图56）。

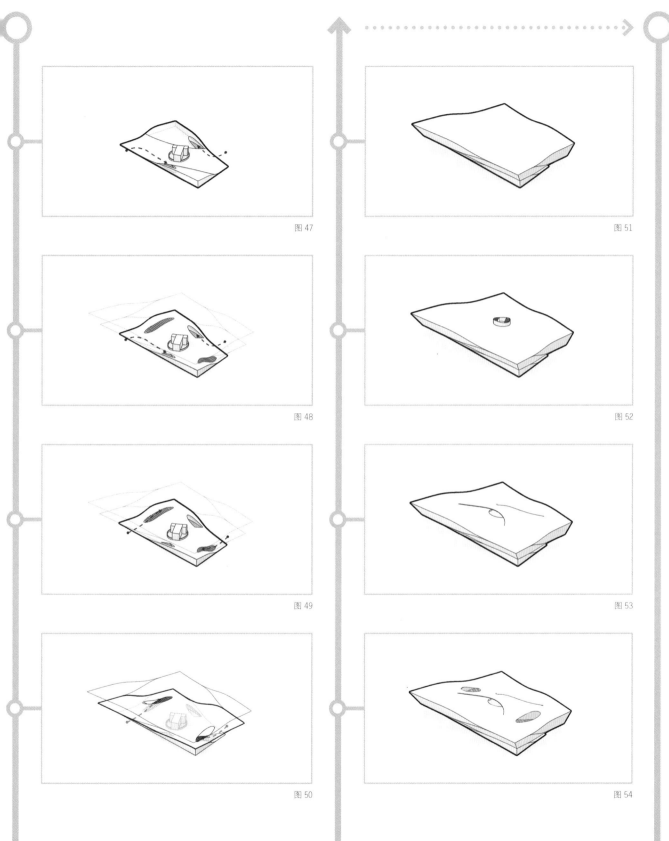

图 47

图 48

图 49

图 50

图 51

图 52

图 53

图 54

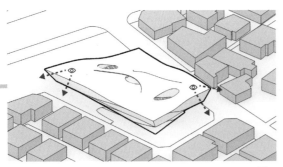

图 55

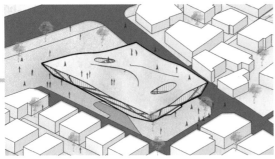

图 56

这就是 SDA 建筑事务所设计的大邱五山图书馆竞赛方案，一个你猜我猜不猜的方案（图57~图61）。

图 57

图 58

图 59

图 60

图 61

我们都认为只有正确答案才能得分，但在现实的世界里，可能本就没有正确答案这种东西。不必追求你是唯一的对，只要证明你不是一定的错即可。千万别在正确答案的那棵树上吊死——周围明明那么多树，绳子挂多了，说不定就挂出个吊床呢？

图片来源：

图 1、图 42、图 43、图 57 ~ 图 61 来自 https://www.arch2o.com/daegu-gosan-public-library-sda/，其余分析图为作者自绘。

END

甲方你是『秋高』吗？
我都被『气爽』了

图1

名　称：ATTAbotics 总部（图 1）
设计师：MODA 建筑事务所
位　置：加拿大·卡尔加里
分　类：办公建筑
标　签：体量，屋顶
面　积：15 000 m²

甲方的脑回路总是很令人提神，而且神得六亲不认——连自己都不认。

某年某月某日，晴，宜崩溃。甲方："我想要盖个办公楼。"建筑师："行。地在哪儿？"甲方："地还没找呢，你先设计着，反正要高端、大气、上档次。"建筑师："……"

某年某月某日的第二日，继续晴，宜继续崩溃。甲方："地找好了。"建筑师："在哪儿？"甲方："在纽约……4000 km 外的卡尔加里……坐一个小时公交车到机场……再步行 2 km 的一块荒地上。"建筑师："……说好的高端、大气、上档次呢？"

我没有在讲段子，这个棒棒的甲方叫 ATTAbotics（就叫他甲方 A 吧），是一家机器人公司。人家还不是一般的机器人公司，是在 2019 年被 CNBC（消费者新闻与商业频道）评为全世界最有前途的 100 家公司之一。换句话说，不缺钱。那就只剩下缺心眼儿了，没听说钱多容易烧坏脑子啊？不管怎么样吧，甲方 A 就是打算在这块荒无人烟的不毛之地上建设自己的东北区域总部（图 2）。

图 2

新建筑面积约为 15 000 m^2，主要包括总部办公楼 6000 m^2 和研发工厂 6000 m^2，以及 500 m^2 的餐厅和 3000 m^2 的地下停车场（图 3）。

图 3

荒无人烟也有好处，那就是，地大，特别大！在项目用地里使劲儿浪费，还能剩 6200 m^2 的建筑基地面积，地上只盖两层都绰绰有余（图 4、图 5）。然后，画风就变了。怎么就越看越像个厂房呢（图 6）？

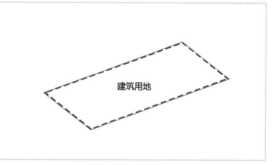

图 4

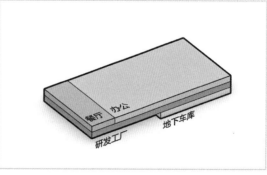

图 5

057

图6

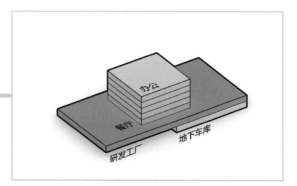

图7

甲方 A 在交了卷之后才想起来审题：咱好歹也是全世界能排得上号的高科技公司，在这鸟不拉屎的地方盖个厂房当总部不要面子了吗？咱这颗闪闪发光的新星还怎么冉冉升起？说好的高端、大气、上档次呢？建筑师你过来，咱俩谈谈。

建筑师生存法则第 283 条：建筑项目一切解释权归甲方所有，并时刻做好替甲方背锅的准备。现在的问题就是：怎样在这块荒地上给甲方撑起"排面"？

由于临近机场，所以有 23 m 的限高。研发工厂因为其特殊的工作环境，不好多做变动，而办公区域和餐厅就相对比较灵活了，保持研发工厂不变，直接拉满 23 m，给足高度（图7、图8）。似乎体量有点不和谐，那就把工厂部分也塞到地下，然后地上继续瘦身，把高度拉满（图9、图10）。

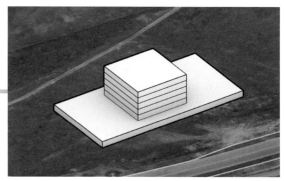

图8

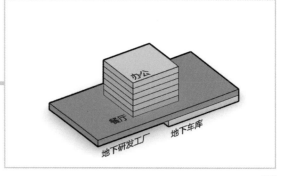

图9

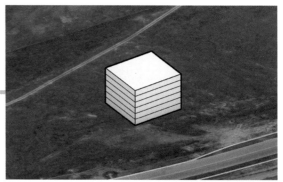

图10

但光长得高没有用，又高又壮的才是绿巨人，绿巨人出场才有超级英雄的"排面"。但是，这不是废话吗？甲方 A 就这么个营养不良的小身板，拉满高度就占不满场地，占满场地就拉不满高度，这是幼儿园大班知识点：面积守恒（图11、图12）。

图11

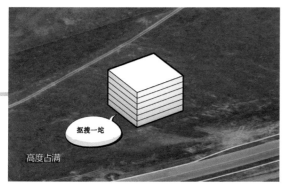

图12

那么，问题又来了：在甲方 A 面积不变的情况下，怎么能既拉满高度，又撑满场地，成为绿巨人呢？是时候展现建筑师的诡计多端了。先来考考大家，下面这 3 个红色图形哪个面积更大（图13）？

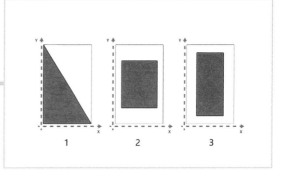

图13

眼神没问题的估计都会选 1 号。恭喜你！正确答案就是——一样大！面积都是矩形的一半。这应该算是完形心理学的反向应用。我们看到一个不完整图形会在大脑中强行补充完整；反过来，我们看到完整图形，也会根据边界大小来判断图形大小。第一个三角形完美占领了矩形两个方向的边界，所以就显得大；后面两个图形一个边界都没有占领，所以就显得小。同理，我们可以把这两个矩形加以改造，虽然面积依然保持不变，但明显感觉改造后的图形变大了（图14）。

059

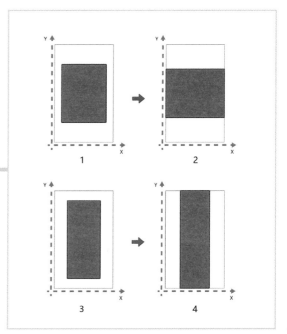

图14

转换到三维体量上，可以最大限度地诠释立方体 3 个方向边界的最小体量是什么。答案就是方锥体。同时，顶点与立方体顶点重合的方锥体拥有最大侧面积，看起来也最大，这就是最适合甲方 A 的建筑造型（图 15、图 16）。

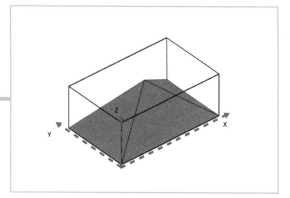

图 15

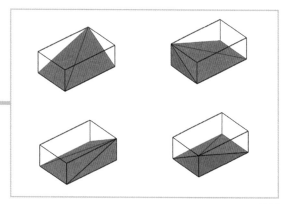

图 16

然而，即使是这样，锥体底面形状也不能占满底面积，6200 m² 还是太大了。所以，要选择一个面积小，但是能最大限度地诠释面积的图形，也就是前面那个占领两个方向边界的三角形（图 17）。综上，我们一共得到 12 种锥形体量（图 18）。

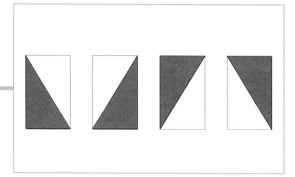

图 17

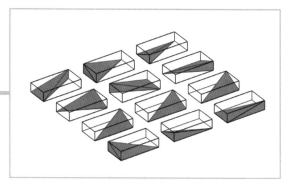

图 18

因为周边东部紧邻主干道，还有一个运输公司的小停机坪，噪声较大，选择在东部空出体量；而南部又有可以远眺的山景和城市景观，因此在南侧选择坡度较大的体量。至此，甲方 A 的总部梦想体量基本可以确定了（图 19、图 20）。比较一下，是不是新体量看起来更大、更有"排面"了（图 21 ～图 23）？

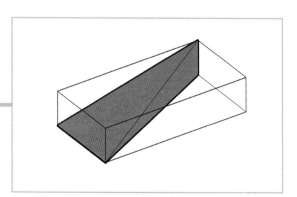

图 19

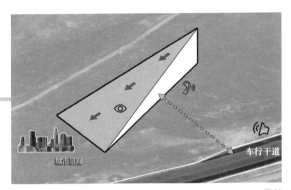

图 20

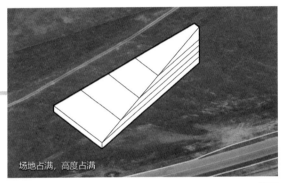

场地占满，高度占满

图 21

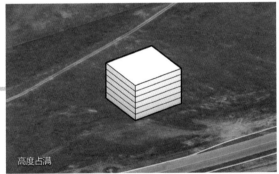

高度占满

图 22

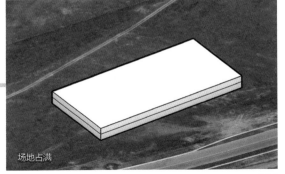

场地占满

图 23

重新排布一下功能，餐厅仅对内开放，放在建筑中间，方便全公司的员工进餐。研发工厂对设备的要求较高，做地下两层通高（图24）。

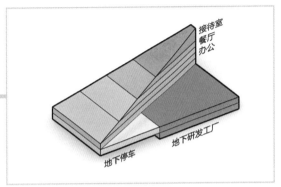

图 24

然而，问题又来了：现在虽然看起来"排面"有了，但斜坡空间很不好用（图25）。不好用就别用了，直接打开斜坡形成室外平台（图26）。

061

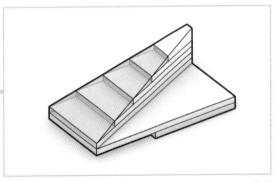

图 25

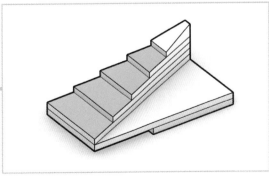

图 26

至此，甲方的坑基本填上了，下面可以安安静静地排办公室了。

由于整个建筑体量比较狭长，所以先在中间设置一条旋转楼梯贯穿办公空间，成为视线焦点和典型地标，打破狭长体量的幽深感（图27）。旋转楼梯是最大的交通中心，同时可作为召开全公司临时会议的集会地点（图28）。在北部端头置入网红交流大台阶，与中心楼梯遥相呼应（图29），然后再插入正常交通核（图30）。

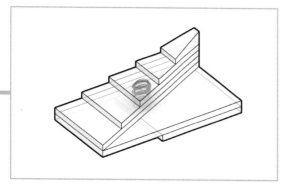

图27

图28

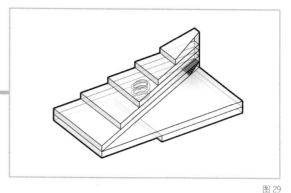

图29

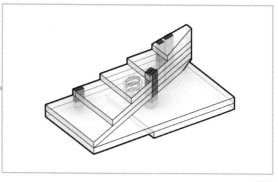

图30

至此，你可以认为建筑已经完成了。当然，这只是你认为。一个明显的漏洞是：每层的屋顶平台基本就是个阳台，二层的平台只有二层才能到达，三层的平台也只有三层才能到达（图31）。因为流线过于局限，日常使用起来就会很尴尬（图32～图34）。

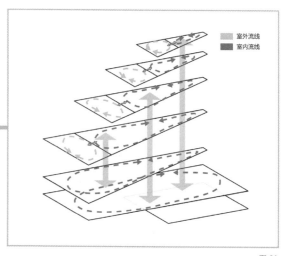

室外流线
室内流线

图31

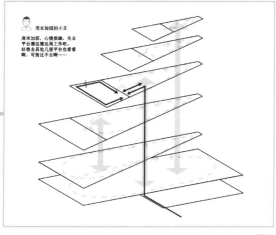

图 32

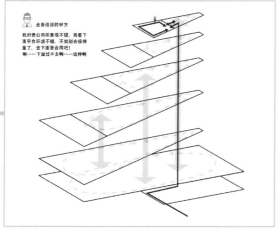

图 33

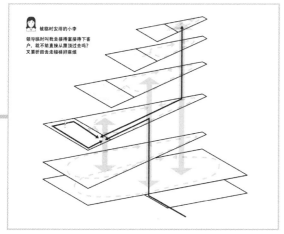

图 34

所以，我们需要新增一条流线把平台之间联系起来（图 35），把部分平台空间退还给室内，交错形成一条曲折的屋顶路线（图 36）。这样，平台就和整个建筑融合到一起，而不仅是每层的阳台了（图 37 ~ 图 39）。

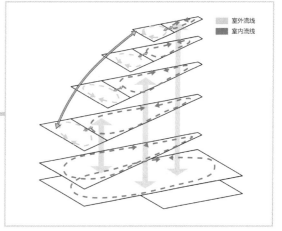

图 35

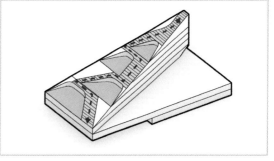

图 36

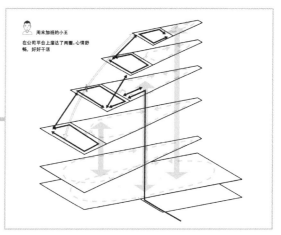

图 37

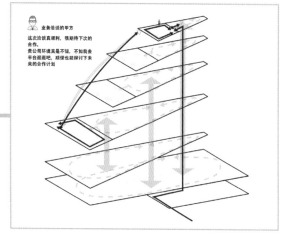

👷 业务洽谈的甲方

这次洽谈真顺利，很期待下次的合作。
贵公司环境真是不错，不如我去平台逛逛吧，顺便也能探讨下未来的合作计划

图 38

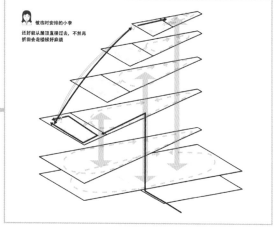

👩 被临时安排的小李

还好能从屋顶直接过去，不然再折回去走楼梯好麻烦

图 39

但这样还不够，因为所有人还是要先到达本层平台才能进入平台流线，如果本层平台被占用，那就又尴尬了（图 40）。继续在每层靠近平台的室内位置加设直跑楼梯，增强平台系统的可达性（图 41）。

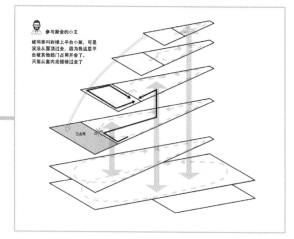

👨 参与聚会的小王

被同事叫到楼上平台小聚，可是没法从屋顶上来过去，因为我这层平台被其他部门占用开会了。
只能从室内走楼梯过去了

已占用

图 40

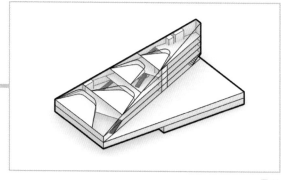

图 41

然后，布置室内空间。甲方 A 要求全部为开放式办公空间，对建筑师来说就等于什么也不用干了，直接买家具吧（图 42 ~ 图 48）。最后，结合场地设置入口和室外停车场（图 49）。收工（图 50）。

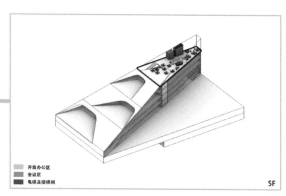

▨ 开放办公区
▨ 会议区
■ 电梯及楼梯间

5F

图 42

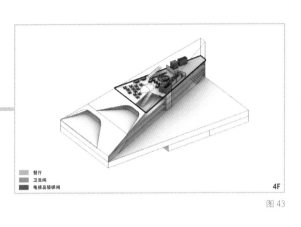

餐厅
卫生间
电梯及楼梯间

4F

图 43

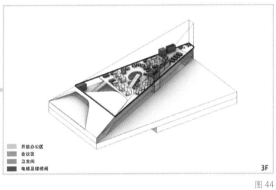

开放办公区
会议区
卫生间
电梯及楼梯间

3F

图 44

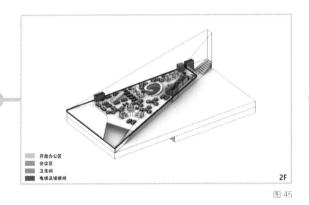

开放办公区
会议区
卫生间
电梯及楼梯间

2F

图 45

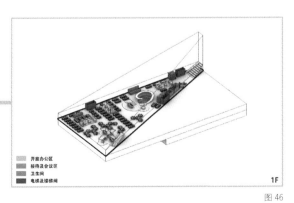

开放办公区
接待及会议区
卫生间
电梯及楼梯间

1F

图 46

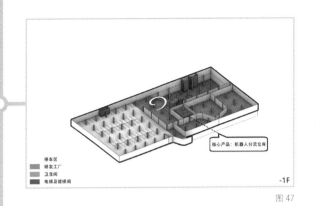

停车区
研发工厂
卫生间
电梯及楼梯间

核心产品：机器人分流仓库

-1F

图 47

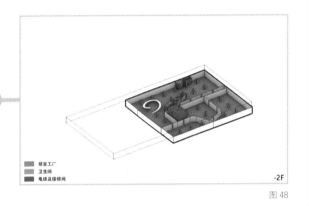

研发工厂
卫生间
电梯及楼梯间

-2F

图 48

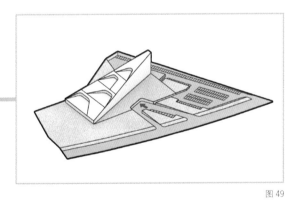

图 49

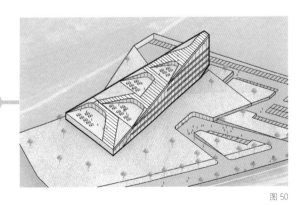

图 50

这就是加拿大 MODA 建筑事务所（小 M）设计
的 ATTAbotics 总部（图 51 ～图 57）。虽然被
甲方气爽了，但最后的结果也很爽。小 M 拿奖
拿到手软，先后获得了 2019 年世界建筑节奖、
2019 年加拿大建筑师卓越奖，且入围了 2019
年 ARCHITIZER A ＋奖。

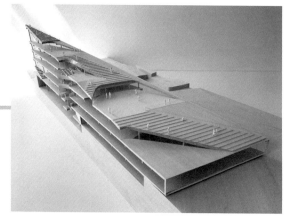

图 53

图 51

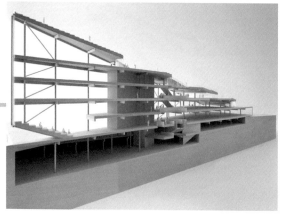

图 54

图 52

图 55

图 56

图 57

你以为甲方虐乙方是专业技能，但很可能只是他们虐完自己没法收场的后遗症。甲方未必不知道五彩斑斓的黑锅不好背，但已经五彩斑斓了，也只能一条道走到黑了，不然难道要承认脑回路急转弯过猛误伤自己了吗？那还不如变身"秋高"去"气爽"建筑师呢。

图片来源：

图 1、图 28、图 51 ~图 57 来自 https://moda.ca/attabotics-hq/，其余分析图为作者自绘。

END

所有『神器』
都可能毁在建筑师手里

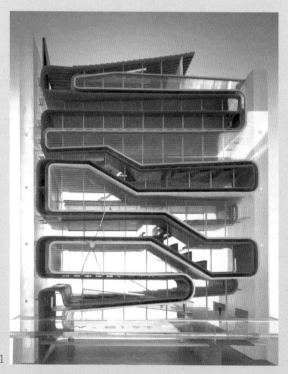

图1

名　称：eyebeam 艺术博物馆竞赛方案（图1）
设计师：Diller Scofidio+Renfro 建筑事务所
位　置：美国·纽约
分　类：博物馆
标　签：连续空间，正负形
面　积：8000 m²

建筑师绝对是凭实力单身的小能手。女建筑师就甭说了，肩能扛，手能提；没有拧不开的瓶盖，没有抬不动的模型；熬夜自己能煮方便面，蓝屏亲自下场拆机箱。一个人不只活成了一支队伍，还是一支全工种复合型梯队。人在三米外，气势先到场，任何雄性生物的靠近都会造成岗位重叠。

至于男建筑师，那就更甭说了，大概是把所有的热情、激情、顺水人情，都给了甲方。别人送花，他送甲方；别人约会，他约甲方；别人求婚，他求甲方。就连小学生都能熟练掌握的上课传纸条这种暧昧小技能，建筑师也只想把纸条传给甲方当方案。正常人收到纸条都关心里面写的什么，但某个宇宙钢铁建筑师（Diller Scofidio+Renfro 建筑事务所）——我们就叫他钢钢吧——看到纸条就像摸了电门一样，整个人都在 SU 软件上蹦迪。你看这个纸，它又长又宽；你看这个条，它还有两个面呢，一面写了字，另一面字就反了呢，好神奇（图2）。把纸条绕一绕，是不是就很像一个房子？围观群众：怎么觉得你像个傻子（图3）！

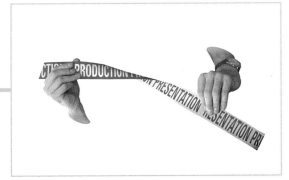

图2

图3

简单解释一下钢钢同学的思路：就是一张纸，两个面，可以天然地划分出两个空间（图4）。

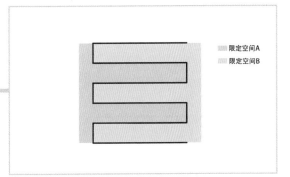

限定空间A
限定空间B

图4

然而，这玩意儿不用传纸条很多人也会做，说白了不就是两个边庭的较量吗？我们不但会做，还能变出花样儿：一会儿此消彼长，一会儿此起彼伏，十分嘚瑟（图5、图6）。

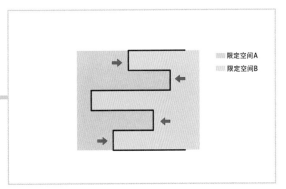

限定空间A
限定空间B

图5

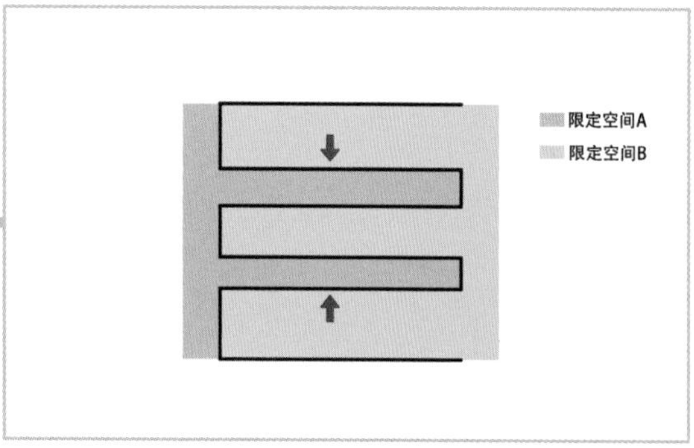

图 6

图 9

好，是时候展现真正的技术了。钢钢同学并不是来战斗的，而是来劝架的。画重点：一张纸，正反两个面，是"两"个面。两个面分别限定两个空间，也是"两"个"独立"的空间（图7～图9）。

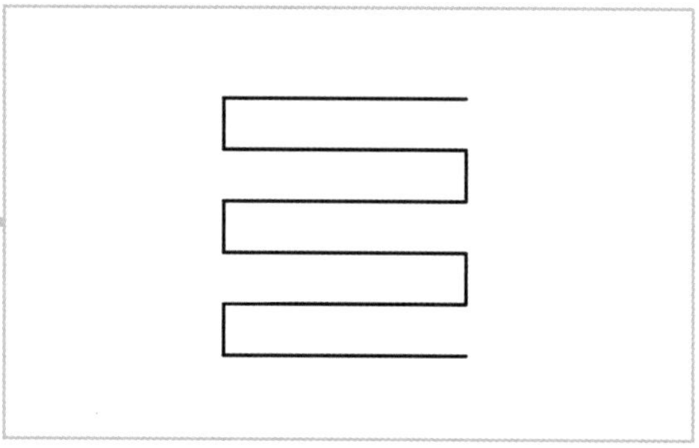

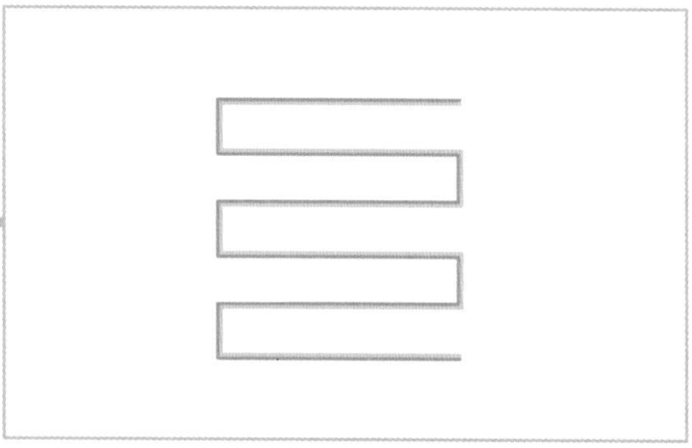

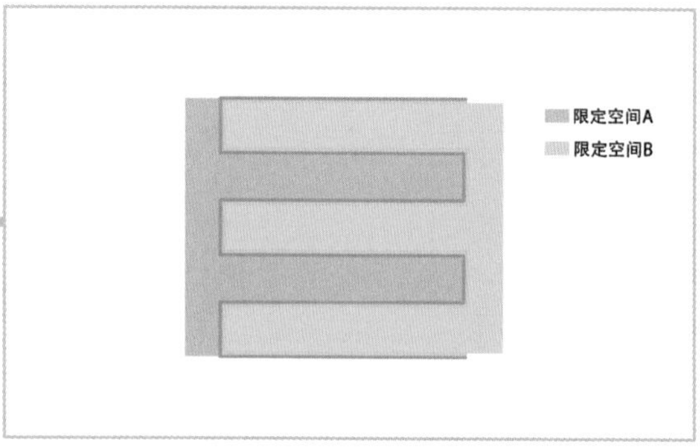

钢钢同学真正高明的地方在于：把本为一体的正反两个面割裂开，同时限定两个独立空间。最直接的结果就是，当一个空间发生变化时，另一个空间不再随之变动（图10、图11）。

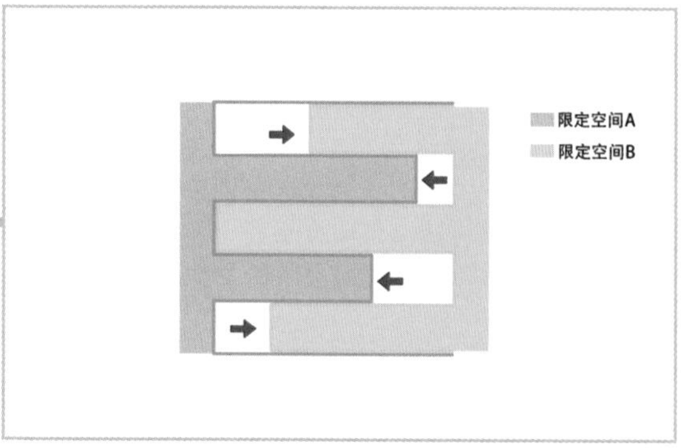

图 7

图 10

图 8

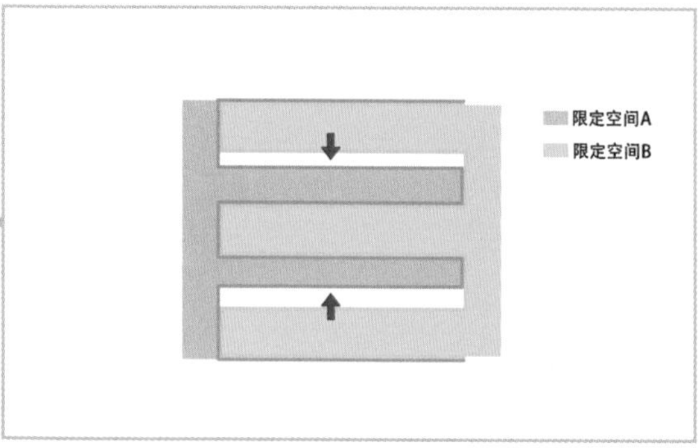

图 11

更重要的一点是，一旦正反两个面从原来的同为一体变为各自独立的关系后，每个面又会分别多出一个新面。换句话说，当两个空间单独变化时，就会形成一个新的缝隙空间（图12～图15）。

图 12

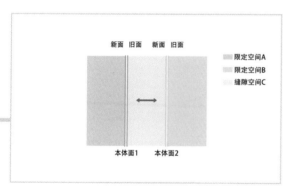

图 13

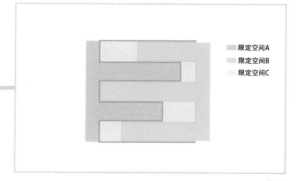

图 14

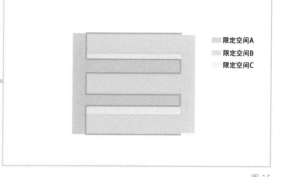

图 15

当然，纸上谈兵没意思。钢钢同学迫不及待地把小纸条传给了甲方。钢钢看中的这个甲方不是很靠谱，是一个叫 eyebeam 工作室的非营利性学术机构。他们举办了一个主要展示新媒体艺术的博物馆的设计竞赛，项目基地位于曼哈顿切尔西区西 21 街 540 号（图 16）。

图 16

功能主要有两部分：一个是创作空间，包括各种艺术工作室以及教室和办公室；另一个是展览空间，包括新媒体艺术展厅以及餐厅、影院等休闲功能。

废话不多说。钢钢上来就把小纸条先传了上去，然后可以得到两个交错排布的限定空间，分别设置为创作空间和展览空间（图17）。

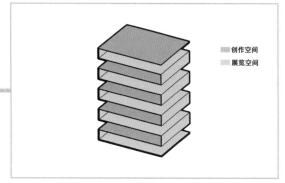

图17

钢钢表示很满意，因为小纸条传到这里很自然，一点儿也没有勉强、做作的痕迹。证据就是这是一个涉及新媒体艺术的工作室＋博物馆。啥叫新媒体艺术？其最主要的特点就是要用电，如果你无法随身携带皮卡丘的话，那么建议你的展示空间和创作空间不要隔得太远，否则来回调试设备就能把你逼疯。另外，新媒体艺术一般占地都比较大，给它一束光，就能照亮整个宇宙。所以，钢钢这个交错布置的空间不但让创作和展示紧密结合，还最大限度地增加了单个展厅的宽度。

接着给小纸条套上外壳。然后，小纸条就果断牺牲了（图18）。

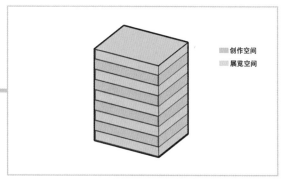

图18

外壳"吃"掉了纸条空间本身的连续感，只剩下死气沉沉的体块堆叠。怎么办？不让吃那就吐出来呗。在纸的边缘和外壳之间留出缝隙，保留纸条本身的连续骨架（图19），同时把直角转折软化为弧形，进一步强调空间的流动性和连续性（图20、图21）。然后，按照任务书进行具体的功能设置（图22），再针对不同的功能需求，对纸条限定的两面空间进行拓展变形。影院部分增加层高，并设置于地下（图23、图24）。

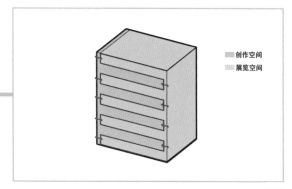

图19

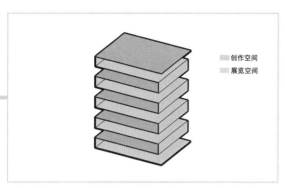

創作空间
展覽空间

图 20

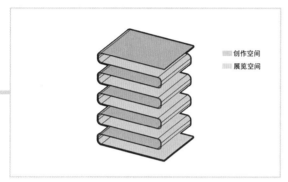

創作空间
展覽空间

图 21

办公室 餐厅
工作室 展厅
工作室 展厅
媒体中心 教室 展厅
影院

图 22

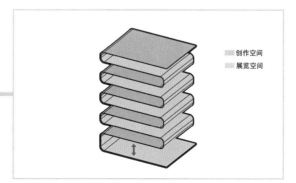

創作空间
展覽空间

图 23

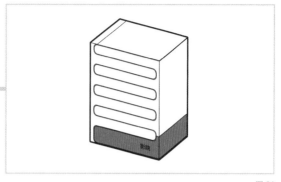

影院

图 24

入口大厅通高两层，将二层的媒体中心向后收缩，然后在纸条尾部向上卷起折叠，划分出门厅、书店和影院的设备室（图 25 ~ 图 27）。

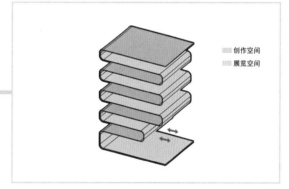

創作空间
展覽空间

图 25

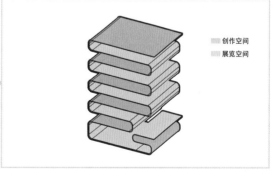

創作空间
展覽空间

图 26

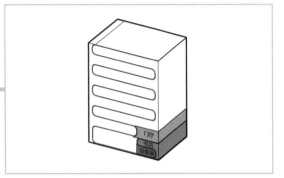

图 27

屋顶位置打造一个屋顶影院，需要抬升折板，但这种抬升空间对楼下餐厅的屋顶来说并不是刚需。此时，就显示出正反两面分裂后的优越性了，可以只调整纸条的一个面，并围合出一个新的缝隙空间：将其一部分作为室内就餐区，另一部分作为室外平台（图 28、图 29）。

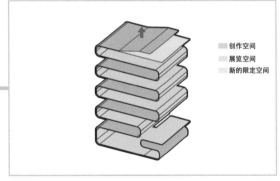

图 28

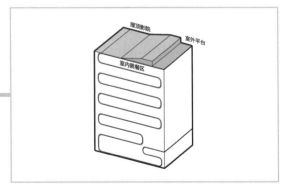

图 29

餐厅部分需要厨房，需要引入新的空间，因此继续分裂，只调整纸条的一个面，限定出的缝隙空间作为厨房使用（图 30、图 31）。

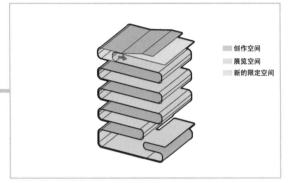

图 30

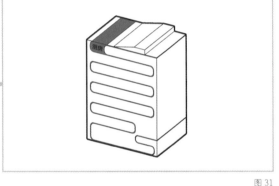

图 31

考虑到展厅内有的新媒体艺术可能需要高一点儿的空间作为展示区，而创作工作室的使用只需要普通层高，所以同时调整两个面，压缩创作空间来拉高展厅层高（图 32）。

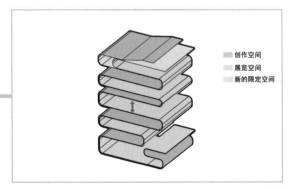

图 32

接下来这一步比较重要。新媒体艺术需要艺术家和参观者交流互动，因而选择在展厅区域的端部进行上下错位处理（图33），并延长门厅上方的折板，增加创作空间和展览空间的互动接触面积（图34、图35）。同时，把其中一层展览空间的斜坡调整为平面楼板，进一步增加两者间的接触互动（图36、图37）。

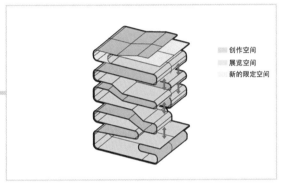

图33

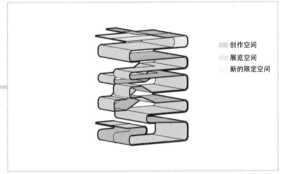

图34

图35

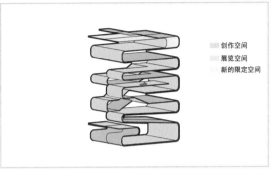

图36

图37

不仅如此，在门厅处再设置一条玻璃连廊，参观者和艺术家都可以通过这条连廊直接到达媒体中心——也就是可以与他人偶遇、聊天（图38、图39）。

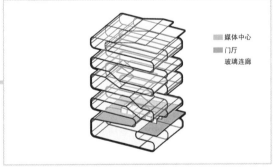

图38

图39

至此，原本的一个纸条被从中间局部剪开了一点儿，形成了展览空间端部上下交错处理的那一块（图40～图42）。

图40

图41

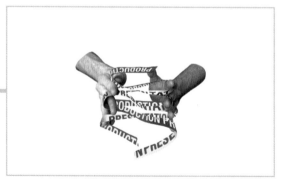

图42

这个操作可以为展厅留出更多的大空间，有利于艺术品的展示。同时，大空间可以吸引参观者驻足，去感受缝隙空间以及整个纸条空间的连续感（图43、图44）。

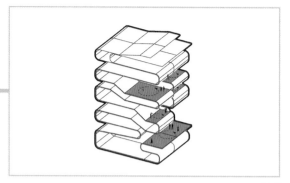

图43

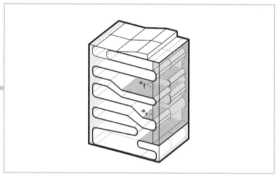

图44

整个空间现在看起来都还不错，但别忘了，这是一个新媒体艺术博物馆，除了创作和展示空间，还需要遍布整个建筑的设备空间给展品通电。正反面分裂的优越性再次体现：调整纸条的一个面，创造出缝隙空间，作为控制室贯穿整个建筑（图45～图47）。再在水平方向上，单独对纸条的一个面进行拉伸，创造小的缝隙空间，埋藏数据线、导线等（图48～图50）。

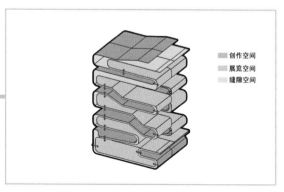

创作空间
展览空间
缝隙空间

图45

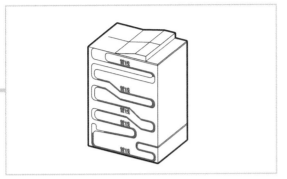

图 46

图 47

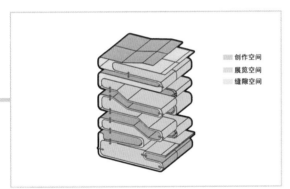

创作空间
展览空间
缝隙空间

图 48

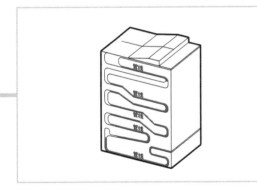

图 49

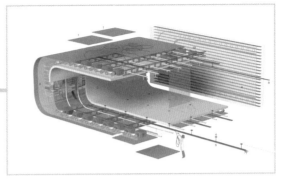

图 50

最后来梳理交通。首先，在内部设置直跑楼梯联系上下层（图 51）。其次，在两侧设置交通核和洗手间，并加设平台连接交通和建筑主体部分（图 52）。最后，局部切割形体，营造室外平台（图 53、图 54）。收工（图 55）。

直跑楼梯

图 51

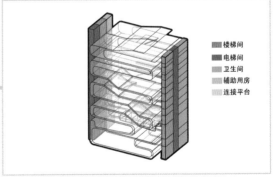

楼梯间
电梯间
卫生间
辅助用房
连接平台

图 52

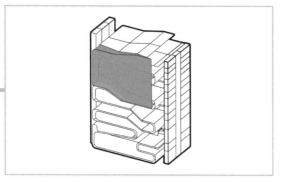

图 53

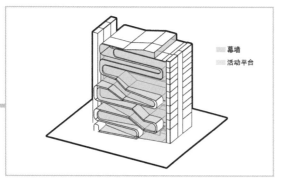

▨ 幕墙
▨ 活动平台

图 54

图 55

这就是 Diller Scofidio + Renfro 建筑事务所设计的 eyebeam 艺术博物馆竞赛方案，也是最后打败了 MVRDV 建筑事务所的优胜方案（图 56 ~ 图 61）。

图 56

图 57

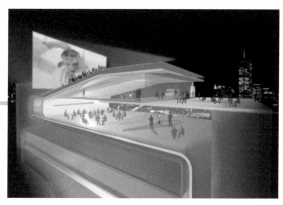

图 58

图 59

图 60

图 61

Diller Scofidio + Renfro 建筑事务所的小纸条战胜了 MVRDV 建筑事务所的小城镇，而这一切发生在 20 年前。篮球界有个说法叫"篮球智商"，和技术、体能都没关系，就是指阅读比赛的能力，可以把一个人的比赛变成 5 个人的胜利。那么，我们的"建筑智商"呢？

我们能把一个人的想法变成一个建筑的胜利吗？或许这么多年以来，我们努力增长的都只有知识，没有智慧。

图片来源：

图 1、图 37、图 39、图 47、图 56 ~图 61 来自 https://dsrny.com/project/eyebeam，其余分析图为作者自绘。

END

甲方在线隐身，建筑师就像一棵海草随风飘摇

图1

名　称：建筑农场（Architecture Farm）（图1）
设计师：平田晃久建筑设计事务所
位　置：中国·台湾澳底渔港
分　类：居住建筑
标　签：分形，空间原型
面　积：500 m²

这年头儿什么都是假的，只有金主，也叫甲（假）方是真的。甲方上线营业，建筑师有"被迫害妄想症"，感觉甲方每一句话都在暗示着两个字——重画。但如果甲方真的在线隐身当甩手掌柜，估计建筑师就只剩下"妄想症"了。

2008 年，私人收藏家吕泰年在中国台湾发起了一场年轻建筑师的集体创作活动，起了个洋气的名字，叫作 "Next Gene 20"。整个基地坐落在台湾东北角地区的澳底渔港，距离台北市仅有 50 分钟车程，是一个可以俯瞰东北海岸的风景区（图 2）。

图 2

甲方总共邀请了 20 位知名建筑师，打算设计 20 栋住宅。地管够，面积随便，功能无所谓，就当是自己的房子——只要你高兴，怎么"祸祸"都行。当然，设计费也是不存在的，就是来过瘾的。

彼时，刚刚独自闯江湖的平田晃久也收到了邀请。拆房部队小贴士：平田晃久师承伊东丰雄，在 2005 年成立了自己的公司——平田晃久建筑设计事务所。虽然只是戏台下面开店——光图热闹，但好歹是甲方隐身的热闹，可遇不可求，不凑白不凑。

平田晃久选择了 11 号地块，基地面积 2538 m²。然后，就没有然后了，因为您的好友甲方已果断下线（图 3），留下平田君一个人在空荡荡的基地上晃来晃去，像一棵海草随风飘摇（图 4）。

图 3

图 4

081

平田君从小特别喜欢海草、海藻、海绵宝宝这些可爱的海洋小生物，闲着没事儿就爱随着海草一起摇晃，于是，他爸爸就给他起名叫"晃久"。晃得久了，就晃出职业病来了。你看这棵海草，浮浮沉沉，越看越像一座小房子，里面好像真的住着小鱼，那住人可不可以呢（图5）？

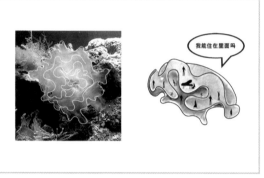

图5

平田君试图对可爱的小海草进行抽象提炼，将海草的叶片延展后就能自然围合出两个空间。这两个空间彼此分离又相互关联，形成了互为图底的空间关系，看着好高级、好复杂、好漂亮。然而，这又有什么用呢（图6）？

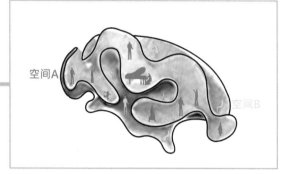

图6

平田君继续将海草空间简化，只保留最核心的空间逻辑。咱也不知道具体怎么简化的，反正一通减肥操作后，平田君得到了一棵S形的海草（图7）。

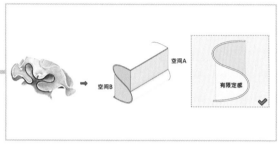

图7

画重点：S形墙体可以同时限定出两个互为图底、互相关联又互相分隔的空间，俗称藕断丝连、拖泥带水，平田君亲切地称之为"纠缠"。纠缠程度可以根据S形墙体的弯曲程度调节，不但可以在二维屏幕上调，还可以在三维立体上调（图8）。

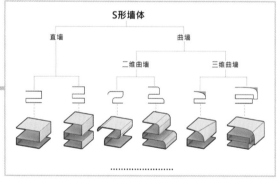

图8

于是，晃久同学就带着他的纠缠小海草空间晃到了中国台湾，打算在这块 2538 m² 的场地上盖一栋 500 m² 的大房子。场地周边除了一条路，啥也没有（图9），所以也没啥好照顾的，稳稳当当地把房子放在场地中间就完了，布置一个 25 m×15 m×10 m 的两层建筑体量（图10）。

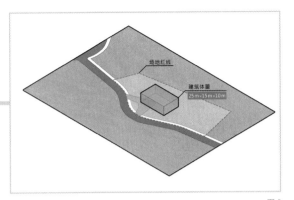

图 9

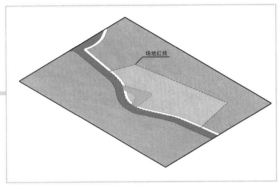

图 10

平田君的空间原型是 S 形的海草空间，最基本的空间单元也得由两部分空间组成。换句话说，我们先得把所有空间一对一地凑在一起（图 11）。

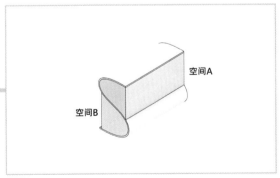

图 11

平田君的分组方法很简单，就是按照功能来分。住宅建筑按照功能可以分为公共空间和私密空间：公共空间包括停车场、门厅、客厅、起居室、餐厅、厨房、书房、观影室、游戏室、钢琴房、室外茶座等，私密空间包括主人房、卧室 1、卧室 2、spa 桑拿房、客房、用人房等（图 12）。把两类空间中功能联系紧密的分为一组，保证各自功能内部正常使用（图 13）。

图 12

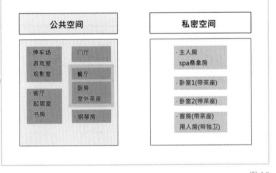

图 13

至此，一切还算正常。前方"高能"摇晃操作。敲黑板！平田君玩起了连连看的游戏——将公共空间和私密空间连线组合，也就是说，每一处 S 形墙体两边都是公共空间和私密空间藕断丝连、纠缠不休（图 14），最终得到以下 7 组功能组合（图 15）。

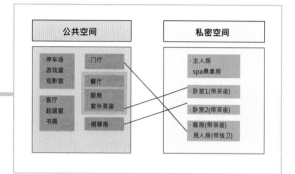

图 14

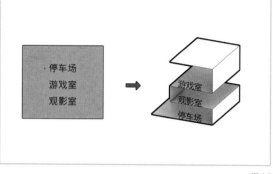

图 17

图 15

然后,将各个功能组合放置到S形空间里。客房、用人房功能相近,并且和门厅联系较紧密,因此在首层布置门厅后,在上方布置客房(图16)。游戏室、观影室和停车场都需要一个无柱大空间,布置在一起可以统一处理结构,还可以避免游戏室和观影室的娱乐活动打扰其他空间(图17)。

客厅、起居室和书房作为家庭生活的高频使用房间集中布置在一起,并按房间公共性的强弱垂直布置(图18)。厨房放在首层,在水平层上与餐厅组块靠近布置,二层增设室外茶座用作休闲与简餐功能(图19)。餐厅同样放在首层,卧室1和餐厅集中布置在一起,供来访客人便捷使用(图20)。主人房与spa桑拿房放在一起,享受最好的配套设施和待遇,下楼就是spa、游泳、桑拿一条龙娱乐活动(图21)。剩下的功能一起打包,钢琴房直接服务于次卧(儿童房),同样和门厅直接联系,满足整个建筑环线的需求(图22)。

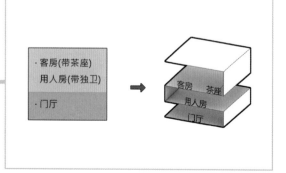

图 16

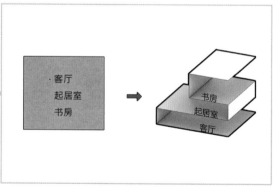

图 18

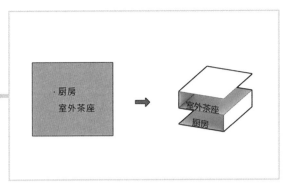

图 19

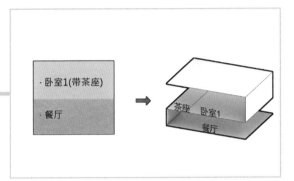

图 20

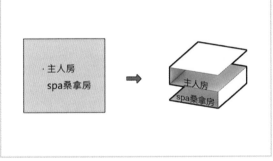

图 21

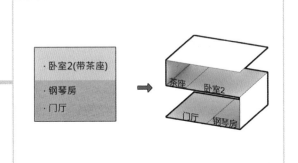

图 22

至此，功能空间 S 形设置完成。按照以上排列组合，我们可以得到图 23 这样一堆空间。转过来看，另一面是图 24 这样一堆空间。

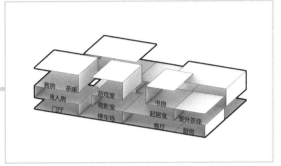

图 23

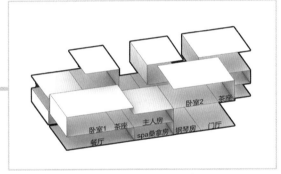

图 24

接下来，对各组合进行空间上的细节调整。主入口设在南边，因此对停车场、观影室和游戏室这一组模块进行扭转，改变其正南的朝向，突出入口（图 25、图 26）。

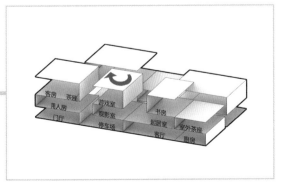

图 25

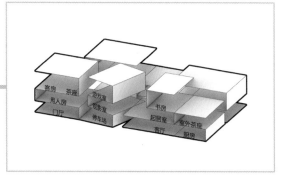

图 26

相近的客厅、起居室、书房是家庭主要活动空间，将起居室和游戏室、客厅和观影室连通，并给屋顶封顶。调整各自的面积，并将部分折板墙面变为弧形，加强空间彼此的渗透性（图27、图28）。

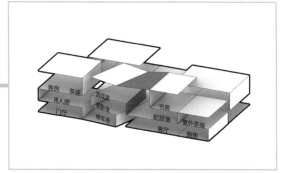

图 27

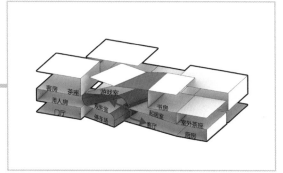

图 28

起居室需要更多采光，将屋顶变形成弧形墙，并随之调整书房的面积（图29、图30）。客厅和厨房之间增加隔墙，去掉室外茶座的屋顶；将起居室和厨房、书房和室外茶座连通，并改变书房和室外茶座的折板墙为弧形墙，增加空间流通（图31）。将室外茶座和厨房扭转，为室外茶座提供更开阔的视野（图32）。

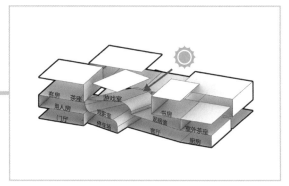

图 29

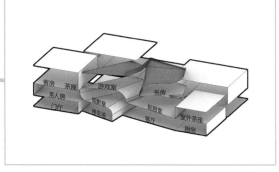

图 30

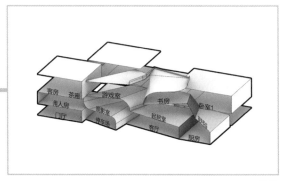

图 31

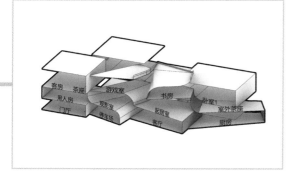

图 32

卧室 1 和室外茶座位置打架，所以对卧室功能进行细分。运用 S 形墙分割出茶座，抬升卧室高度，并连通卧室和其他组块的屋顶（图 33、图 34）。对主人房的位置进行协调，抬升其高度，使之与卧室 1、2 的屋顶相连。同时，将屋顶变形来保证主卧采光，并与卧室 1、2 分割以保证私密性（图 35、图 36）。去掉卧室 1 的西向隔墙，增加东边的景观视野，并将与主人房相连的屋顶用弧形墙分割开以获得更多采光（图 37、图 38）。

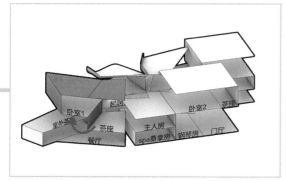

图 33

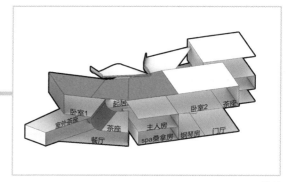

图 34

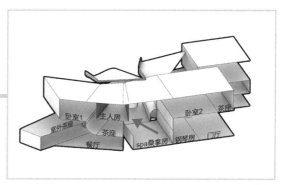

图 35

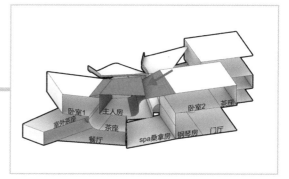

图 36

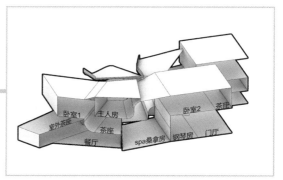

图 37

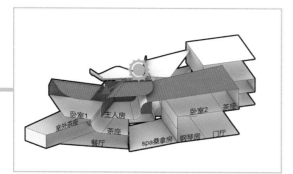

图 38

布置在首层的钢琴房使 spa 桑拿房和门厅显得过于拥挤，所以将钢琴房抬高，增加 spa 桑拿房的使用面积，并做弧形墙处理，调整转角部分门厅（图 39、图 40）。采用同样的方法细分卧室 2 内部功能，再一次运用 S 形墙分割出茶座（图 41、图 42）。对茶室上方的屋顶进行变形获得更多采光，并进一步加强卧室和茶座的空间划分（图 43、图 44）。

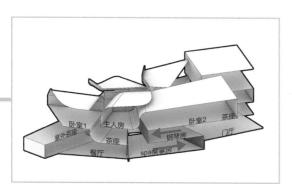

图 39

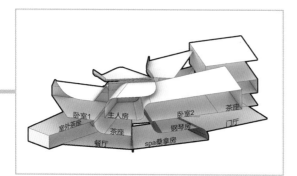

图 40

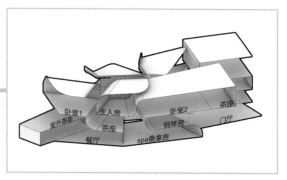

图 41

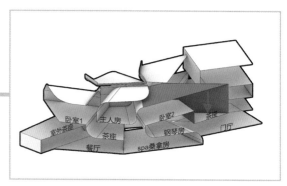

图 42

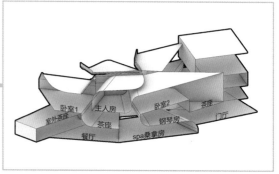

图 43

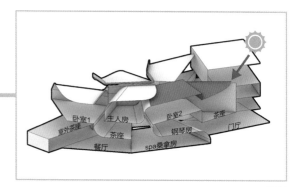

图 44

最后剩下门厅、用人房、客房模块有待调整。由
于北回归线穿越台湾岛中部，所以基地所处的岛
内东北角地区为亚热带气候。换句话说，居住空
间对南朝向并没有强制要求，反而更注重景观朝
向。将模块扭转，增加客房和用人房的景观朝向
（图45、图46）。用人房和停车场直接连通影
响了用人房的私密性，于是通过对客房里的茶座
进行S形下沉，形成对用人房的自然遮挡。

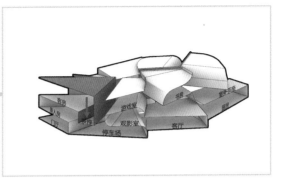

图47

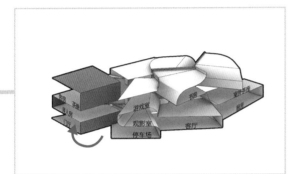

图45

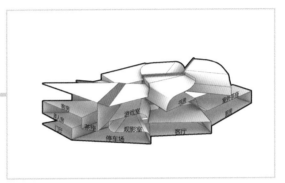

图48

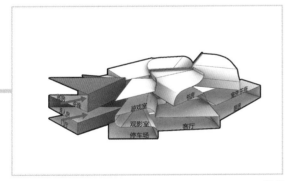

图46

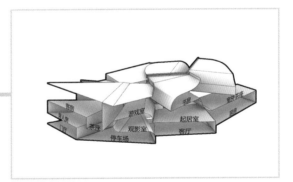

图49

停车场顶部封顶（图47、图48）。客房屋顶
和游戏室屋顶运用弧形墙进行变形，获得更多
采光（图49、图50）。至此，整个住宅空间
布置完成（图51）。

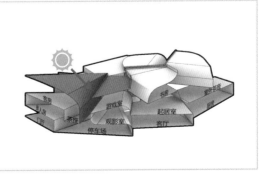

图50

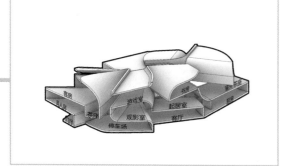

图 51

最后，为房子加上立面玻璃围护（图 52）。内部加设一部电梯和几段楼梯，以满足日常生活的交通（图 53）。折板的结构独立支撑还是有些勉强，增加必要的承重柱以满足结构需求（图 54）。

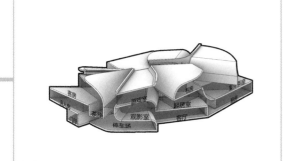

图 52

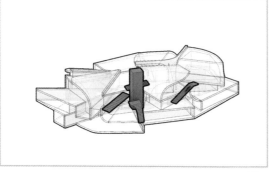

图 53

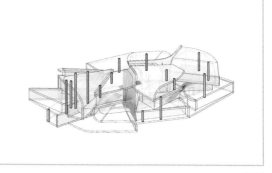

图 54

最后，在广阔的基地里造一个 S 形小花园。收工（图 55、图 56）。

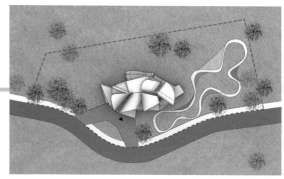

图 55

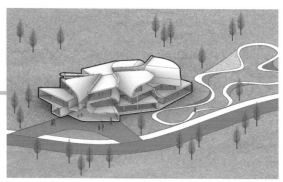

图 56

这就是平田晃久在 Next Gene 20 计划里设计的建筑农场（图 57～图 60）。

图 57

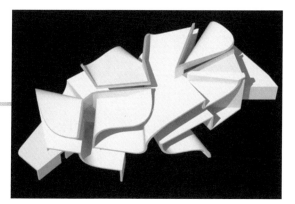

图 58

图 59

图 60

小海草方案肯定没有建成，这个计划本身也是实验性的成分大，但是在平田晃久以后的很多设计中，我们都能看到小海草 S 形空间的影子。所以说，做建筑，有没有甲方无所谓，但一定得有个爱好——花花草草、猫猫狗狗都好。有时候，不是甲方限制了我们的想象，而是我们想象甲方限制了我们的想象。希望我们最后都不要以死而无憾来自圆其说。

图片来源：

图 1 来自 https://www.designboom.com/architecture/next-gen20-project/，图 3 来自《下一代基因建筑——大地建筑的变与不变》中国建筑工业出版社（2009 年），图 4 来自 https://www.saporidisiciliamagazine.it/2017/05/alghe-in-cucina-al-sud-si-mangia-la-lattuga-di-mare-in-frittelle/，图 57、图 60 来自 https://www.japandesign.ne.jp/kiriyama/119_akihisa_hirata.html#inline1，图 58、图 59 来自 https://www.designboom.com/architecture/venice-architecture-biennale-08-next-gene-20-akihisa-hirata/，其余分析图为作者自绘。

END

一个虔诚的建筑师，首先得会赚钱

图1

名　称：马德里维斯蒂拉修道院（图1）
设计师：AAKAA 建筑事务所
位　置：西班牙·马德里
分　类：宗教建筑
标　签：流线分离，空间隐藏
面　积：11 000 m²

这是一个快餐时代，快到我们总希望今天努力，明天就有结果；快到我们总喜欢明天考试，今天才开始复习；快到我们总觉得今天跑步，明天就能减肥成功；快到我们连吃快餐都懒得去店里，点外卖不香吗？而建筑学这种"夕阳红""老头乐"的专业，如果再心心念念地立着"十年出方案，百年盖房子"的文艺复兴伟大目标，估计连外卖都吃不上了。

马德里是西班牙的政治文化中心，也是天主教总教区，各地的朝圣者和旅游者的数量庞大，随之产生了数量庞大的就业岗位，如神父。但神父在天主教中的培养体系十分严格，并不是简单培训就能上岗。修士起码要在修道院待7年，严格遵循"修士—执事—神父"这样的修炼升级过程。

要培养更多的神父，就需要更多的修道院，旧的不够用，就得建新的。所以，下面的标准操作，是不是就要办竞赛搞投标？不！法国建筑事务所 AAKAA 直接做好了方案奔马德里而来——学名：毛遂自荐。

千里送方案，基地自己选。AAKAA 建筑事务所毫无负担地选了市中心的马德里王宫南侧——维斯蒂拉花园（Jardín de las Vistillas）作为新修道院的基地，这个地方和各大教堂距离都不远，上下班交流、串门都很方便（图 2）。

图 2

场地面积为 11 000 m² 左右，原来是公园绿地，地势起伏有 8 m 高差。这个高差基本都集中在场地东部，且东边临靠高架桥，所以整个场地只有之前西区广场的空地略平整，建筑实际能使用的面积很小（图 3）。

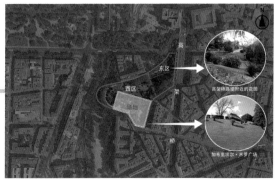

图 3

修道院怎么做，这不是问题，建筑课本上一翻一大把，问题是 21 世纪的新修道院该怎么做。拆房部队小贴士：以下简略回顾修道院建筑的发展。公元 10 世纪时，本笃会曾提出完美的修道院原型——位于瑞士的圣加仑修道院（Conventof St. Gall）。教会认为，修道院应该是一座自给自足、相对独立的城镇，从而将建筑与城市在规模上的鸿沟淡化、缩小。这奠定了修道院作为服务修士的社区模型、微缩城镇的思想（图 4）。

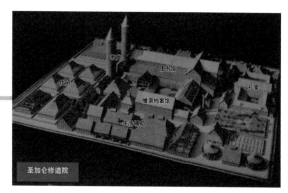

图4

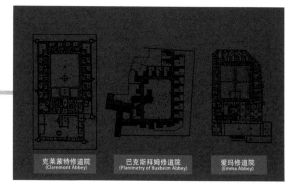

图6

公元 12 世纪时，出现了法国普罗旺斯地区的索内特修道院，逐渐形成了传统修道院的功能布局方式——四面围合的建筑群，教堂部分形态独立，且独占一边，庭院三边被住所、食堂、图书馆、讲堂等功能块占据（图5）。

所以，新世纪的修道院就是石墙变成玻璃幕墙，楼上楼下、电灯电话吗？拆掉石头的墙容易，打破思维的墙才难。1021 年和 2021 年的修道院最大的区别不是在建筑技术和材料上，而是现在的修道院基本上都有另一个名字——某某修道院景区（图7）。

图5

图7

在之后的阶段，修道院的形制在不停地变化，不同国家、不同地区的布局也有所区别。有的教堂移到了院子里，有的住宅完全独立放在庭院外面（图6）。

也就是说，我们要把一个封闭的修道院做成一个开放的旅游景点。但毕竟修道院是用来培养神父的，神父肯定拥有属于自己静修和生活的空间，把神父的家完全对外开放，这是不可能的。所以，AAKAA 建筑事务所要设计的，既不是完全封闭的，也不是完全开放的，而是一个既封闭又开放的修道院。

AAKAA 建筑事务所首先将整个建筑分为修道院和旅游景点两部分，面积比例将近 1 ∶ 1。根据他们的估算，新修道院包括 35 个居住房间、1 个教堂、1 个祷告室、图书馆、餐厅、卫生间、储藏间等大大小小的功能，总共约 6000 m²，可以满足 35 个修行教徒日常冥思和祷告的需求。同时，为各地前来的朝圣的人群提供 25 间客房，并为游客提供宗教展览空间、宗教活动室、商店等约 5000 m²（图 8）。

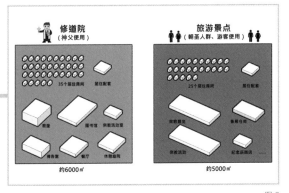

图 8

在可以使用的场地中，除了东边的停车场和休闲广场，留给修道院的场地大约为 40 m×50 m（图 9、图 10）。

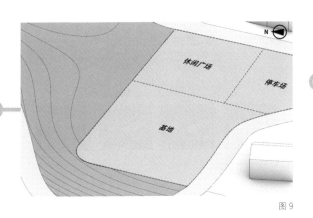

图 9

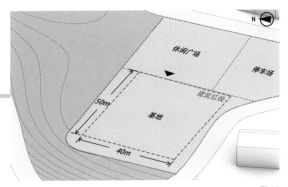

图 10

这个基地面积，先不说庭院要做多大，仅围一圈安排 35 个房间就不够用，而且就算够用，也不能这么大大咧咧地敞着给人参观啊（图 11、图 12）。

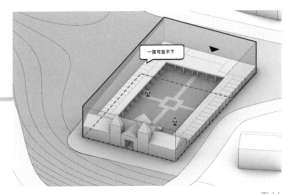

图 11

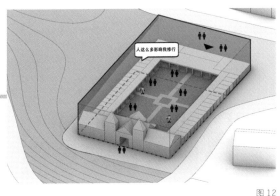

图 12

那就把修道院做多层并且抬高呗，抬高后不仅解决了首层面积不够的问题，并且和旅游景点自然分离，互不影响（图13）。

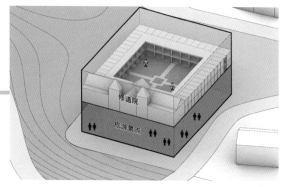

图13

抬起来这个动作是对的，但并不是最好的方法，因为这其实是把两栋建筑塞到了一起。神父和朝圣人群、旅客一上一下，各用各的。这里面隐含的问题是：整栋建筑到底是谁的地盘？神父肯定是整栋建筑的主人，我的地盘听我的。也就是说，神父对空间的使用是百分之百的，但明显的空间界线仿佛将修道院隔成了两个世界，旅游景点不是神父的久待之地（图14）。

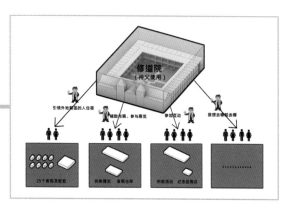

图14

来旅游参观的群众虽然不是修道院的主人，却具有非常强的主人翁意识。顾客就是上帝，花钱买了票肯定想哪儿都看看，但修道院内部有些空间是禁止访问的，以免打扰了神父的清修（图15）。因此，整个建筑的功能按照开放程度可以分为3个层级，神父可以去所有空间（图16），而参观群众原则上只可以游览开放程度较高的两个层级，但是建筑师要让人们感觉他们参观了建筑的全部（图17）。所以，从上至下形成了静修空间、共用空间、公共空间的布局（图18）。

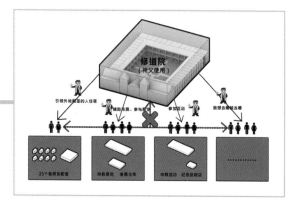

图15

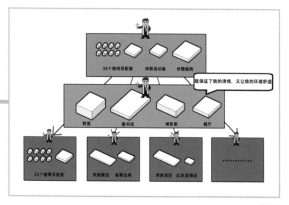

图16

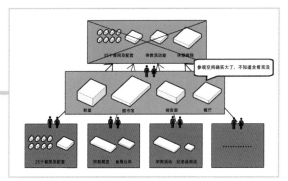

图 17

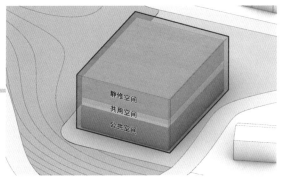

图 18

对于公众来说，共用空间和公共空间一起组成了参观空间，静修空间可以到达参观空间，而参观空间不可以到达静修空间（图 19、图 20）。

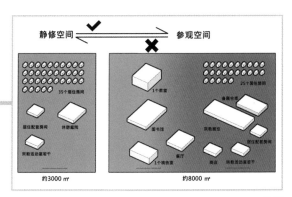

图 19

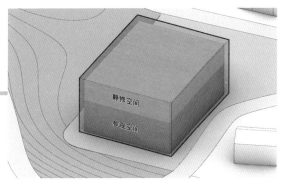

图 20

那么，问题来了：怎样在这个基础上使参观者感觉到使用了全部的空间？也就是，怎样把静修空间藏起来但又不让大家知道？

既然建筑分为了修道院和旅游景点，那么这栋建筑其实包括两条流线，一条是静修流线，另一条是参观流线。神父使用静修流线，明确独立；公众使用参观流线，自由吵闹。公众感受到的参观空间，其实就是在设计的参观流线上，公众走过的和看到的一切集合。在这里就要尽量隐藏静修流线，假装整个建筑只有公众用的参观流线。这能让公众以为自己是建筑的主人，就算还有静修流线，参观流线也是优于静修流线的主线（图 21）。

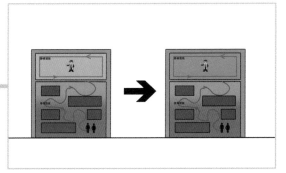

图 21

对公众来说，这条参观流线是从低向高走的，活动和展览放在底层，为客房留一个居住层，再留一个过渡层给神父（图22）。

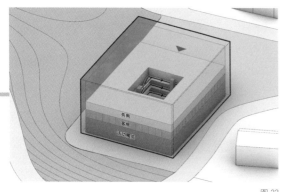

图22

修道院内部有静修流线，由于顶部需要的是向下的交通，那么，问题又来了：要不要依靠参观空间的交通到达底层（图23）？答案当然是否定的，参观流线和静修流线是两条独立的流线，只需要有一个共用的接触空间就可以了（图24）。

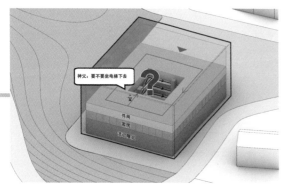

图23

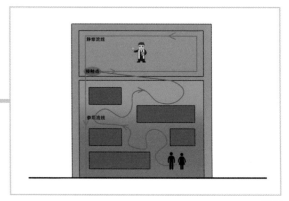

图24

这个接触空间也是参观流线的终点，因此，AAKAA建筑事务所选择了教堂这个标志性最强的空间担此重任。而且，教堂空间本身非日常、超尺度的特点也可以混淆人们对空间的判断，让人们以为已经走到了建筑顶部。因此，把原来位于静修空间的教堂下降一层到共用空间，形成整体的流线（图25、图26）。

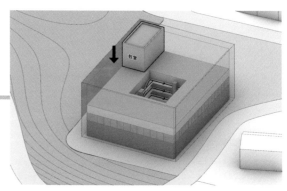

图25

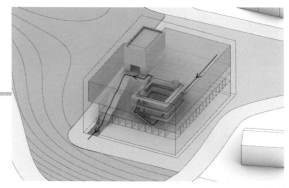

图26

走过的说完了，再说看到的。公众在内部中庭感受到的空间要尽可能大，所以将中庭挖到顶，塑造竖向的空间感受，顺便瓦解修道院体量（图27）。使原来位于中心位置的庭院脱离内院，移到西北角的顶部，形成教父们单独使用的休憩庭院（图28）。

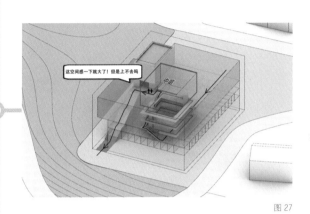

图 27

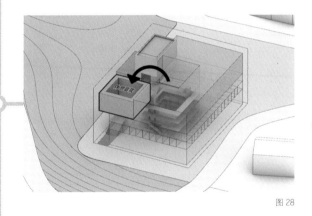

图 28

至此，修道院部分位于五层和六层，包括住所、宗教活动室和休憩庭院等（图29）；四层布置餐厅、教堂、祷告室、图书馆等共用空间（图30）；三层布置客房（图31）；二层作为公众的宗教活动室、图书馆和祷告室等公共空间（图32）；一层做展览和仓库（图33）。再在外墙上开洞，解决采光，一个看着像办公楼的新修道院就完成了（图34）。

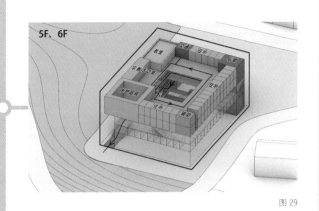

5F、6F

图 29

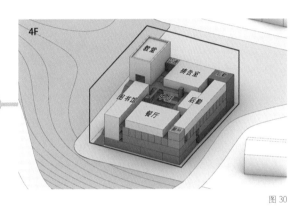

4F

图 30

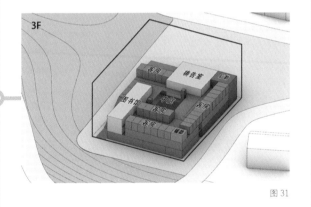

3F

图 31

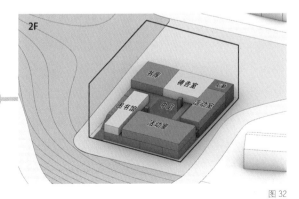

2F

图 32

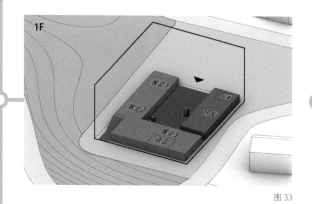

图 33

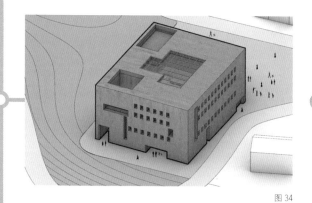

图 34

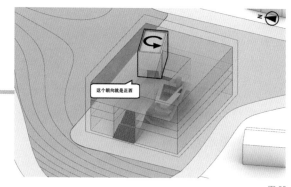

图 35

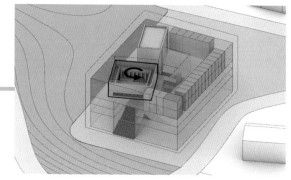

图 36

为什么看着像办公楼呢？主要就是因为没开过光。AAKAA 建筑事务所掐指一算，对着太阳开始开光。教堂中的朝向是对太阳的隐喻，在举行宗教仪式的时候，信徒要面对耶路撒冷的圣墓教堂方向，这要求教堂里的圣坛要朝着东边，信徒来向的大门因而朝西。这个"西"是正西，是不允许一点儿偏移的正西。

基地与正西方向大致差了 30°，旋转教堂朝向正西。随着教堂的旋转，中庭也改变了形状（图35）。休憩庭院的方向也与教堂的正西方向对应，周围布置辅助部分，将居住房间全部排到东边（图 36）。

由于建筑主轴向和正西方向的偏差，以教堂为界线，北半部分开口朝西呈开放式，南半部分朝着公众来的东向呈开放式。整体建筑因为教堂等主要空间朝向的变化而斜切，带来两种不同的空间感受（图 37、图 38）。

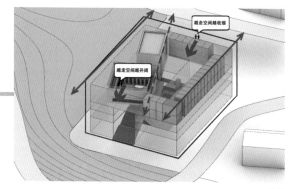

图 37

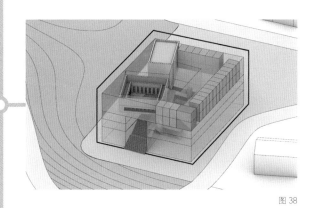

图 38

这 30° 的偏差使得游览空间有了变化的可能。在观众游览空间时，比较尴尬的就是走进了教堂，抬头可以看到修道院内部，但是禁止前往。于是从底层到高层，旋转各类房间朝向，将整个中庭做成从低到高收缩的斜中庭（图 39），中庭的形状可以是多种多样的（图 40）。

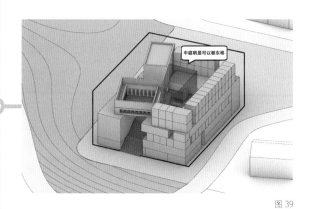

图 39

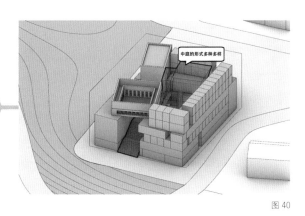

图 40

五层、六层的神父房间也随之缩小面积，改变朝向，主要居住房间朝西侧、南侧；四层功能房间根据中庭形状调整位置关系；三层为了满足 25 间客房尽可能集中在一层，可以根据中庭采光进一步调整中庭；二层活动室占满整层，随着中庭的变化稍做调整；首层展览结合观众来的朝向和教堂的正西朝向，以正西为参考线修改中庭的形状（图 41 ～图 45）。

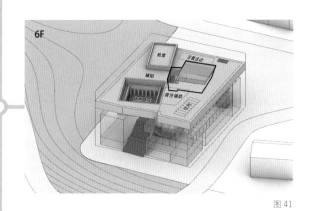

图 41

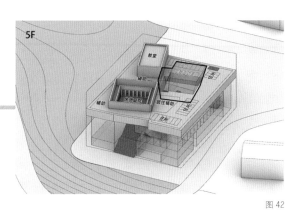

图 42

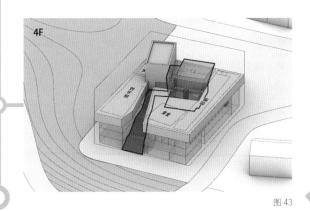

图 43

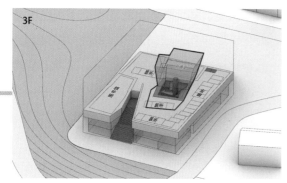

图 44

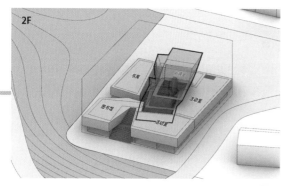

图 45

来首层参观的人并不是都有相同的目的，有来看展览的、参加活动的，还有闲逛的，所以在首层区分人群，为展览、活动的人群分别设计出入口。将首层展览改为封闭式集中展览，东北侧作为参观展览的专用口，而靠近道路的东南侧变成主入口（图 46、图 47）。

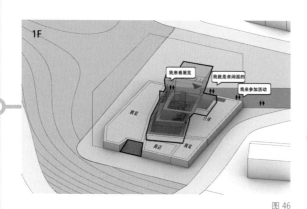

图 46

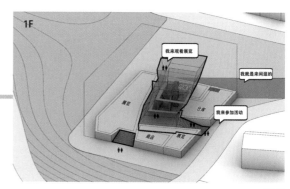

图 47

功能布局完全确定，现在中庭的流线也确定了，但始终解决不了一个矛盾：游客在中庭里走到三层、四层，就会遇到能抬头观察到但不能再向上走的情况（图 48）。解决办法就是将路径从中庭散布到各个平层中，整个中庭全都只能看，但走不到，这样大家就死心了（图 49 ～图 51）。

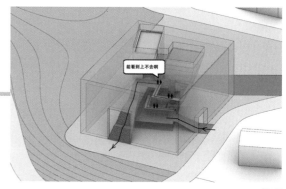

图 48

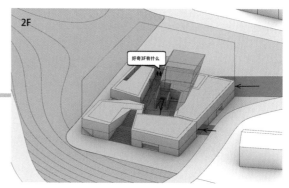

图 49

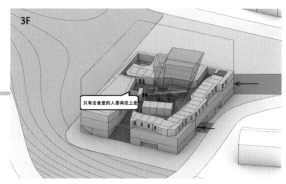

图 50

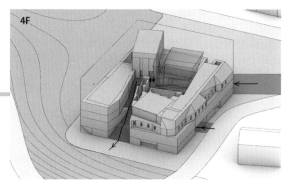

图 51

至此，参观流线就构建好了。神父的静修流线
从修道院到公众部分的入口设计在教堂附近隐
藏起来，可到达上面的五层、六层。同时，将
屋顶充分利用，作为神父的种植花园和休憩空
间（图 52 ~ 图 55）。至于竖向快速交通，直
接加电梯就好了（图 56）。最后，整体使用轻
质石材，加上藤蔓植物。收工（图 57）。

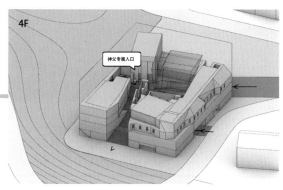

图 52

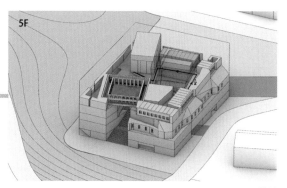

图 53

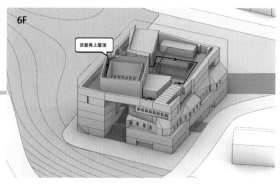

图 54

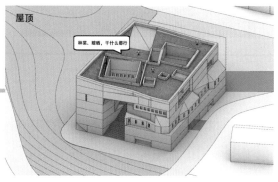

图 55

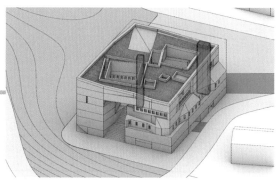

图 56

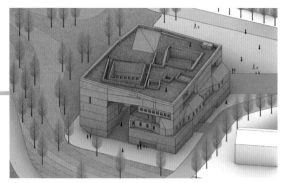

图 57

这就是 AAKAA 建筑事务所毛遂自荐设计的马德
里维斯蒂拉修道院（图 58 ~ 图 64）。

1/500 SITE MODEL

图 58

图 59

图 60

图 61

图 62

图 63

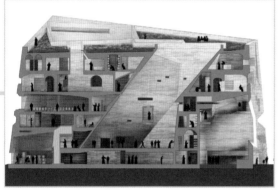

图 64

都说人类一思考，上帝就发笑。但人类如果不思考，上帝就连笑都笑不出来了。真正的永远年轻，不是让时间停止，而是与时间一起跳动，无论是建筑，还是人。

图片来源：

图1、图58～图64来自 https://www.beta-architecture.com/las-vistillas-latelier-senzu-adrien-durrmeyer/，其余分析图为作者自绘。

END

建筑师的内卷并不相通：
有人出图，有人出头

图1

名　称：阿伯丁城市花园竞赛方案（图1）
设计师：Diller Scofidio+Renfro 建筑事务所
位　置：英国·阿伯丁
分　类：景观建筑一体化
标　签：立体公园
面　积：26 000 m²

似乎全世界都在内卷，除了建筑师。建筑师也不是不想卷，是卷无可卷。卷加班？那不就是日常？卷考证？那不还是日常？卷画图快？可画得永远没有截止日期来得快。卷出图多？中不了标就都是废纸。还能卷什么？难道卷甲方和谁感情深吗？灵魂拷问：建筑师是搞设计的，为什么没人去卷设计？答案很简单，也很扎心，因为设计的好坏没办法量化。花一个月做的方案可能比不过花一分钟画的草图；画百八十张的图纸也可能比不过一分钟画的草图。比不过也不可怕，可怕的是那张草图有可能真的只有草。

不在沉默中爆发，就在设计中"变态"，终于有建筑师揭竿而起，新一代"卷王"从此诞生。不就是设计的好坏不能量化吗？那就给你一个量，超量的量。

阿伯丁市位于英国苏格兰东北部，是苏格兰地区第三大城市，原先就是一个小渔村，后来出海发现了石油就陡然而富，甚至拥有了"欧洲能源之都"的称号。虽然现在经济不好，但家里毕竟有矿（图2）。

图2

阿伯丁市有一个联合露台花园（Union Terrace Gardens），是市中心为数不多的绿地，周边也很热闹，购物、餐饮、办公、图书馆、美术馆……要啥有啥，除了一个文化中心（图3）。

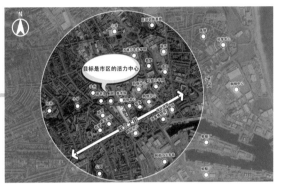

图3

而善解人意的阿伯丁政府就打算建一个文化中心，基地选在了联合露台花园。政府能有什么坏心眼呢？它只不过想要一个文化中心，恰巧市中心没地方罢了。新文化中心要有一个容纳5000人的室外剧场、一个500人的室内剧院、诸多文化展览厅、休憩大厅，以及一个咖啡厅、若干办公和辅助空间，面积总计8000 m²（图4）。

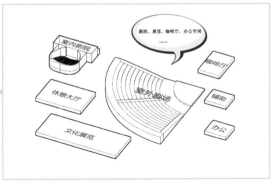

图4

107

先不说占花园的事儿，就算没有花园，这个基地也够让人糟心的，因为还有一条铁路和双车道组合的交通线穿过了基地。这条废弃的交通线将基地一分为二，东西割裂。随着时间的推移，基地东半部分都已经发展出了各类餐饮和零售店铺，仅剩的西半部分是一块有着10 m高差的狭长坡地。可供建设的用地是西半部分和东半部分的剩余绿地，占地面积总计10 115 m²（图5）。

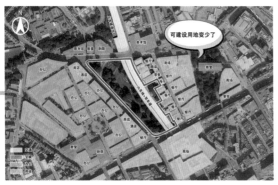

图5

所以，这个基地实在是超载了，除了还没建的文化中心，绿地、铁路、商业已经是三足鼎立了（图6）。

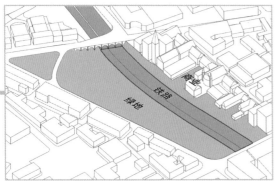

图6

铁路使得公园东西割裂，东半边发展为商业，使得公园的绿地面积少了一半，现在竟然还打算再建一座文化中心？想废了公园就直说啊（图7）。

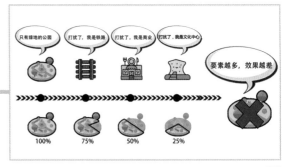

图7

不管怎样，您的好友甲方已上线，且已经把锅甩给了你。冷静，不要被绿地蒙蔽了双眼，事实上，文化中心与绿地公园并不算天敌，绿地、商业、铁路、文化中心4位，唯一领了恶人牌的应该是——铁路（图8）。

图8

想明白了这点，"卷王"披挂开卷！设计不能量化，但花园可以，铁路也可以。让铁路消失，花园最大化，公共空间最大化——谁敢说我不好（图9）？！也就是消除铁路的影响，增加了公共空间和绿地，换来更棒的活动环境和空间质量（图10）。

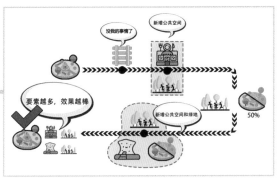

图 9

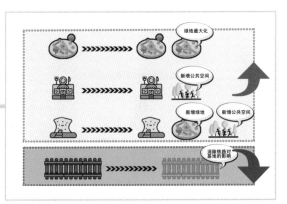

图 10

消除铁路对基地的影响，很多人都能想到，很多人也都选择了一样的策略，那就是拿东西盖住藏起来呗，加个隧道就完了。基于现状 10 m 的高差，给火车留 6 m、汽车留 5 m 的行车空间，同时也就确定了文化中心的主体范围。

这样就没有铁路什么事儿了，但怎么设计文化中心肯定就有一千个哈姆雷特了。在这一点上，"卷王"就比较拎得清：绿地在上，文化中心在下，始终贯彻屋顶花园的原则，以确保绿地最大化（图 11）。

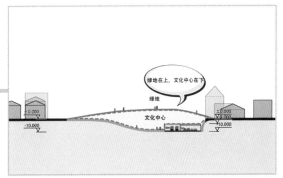

图 11

秉承这个原则也就打破了常规左、中、右的平面布局，变成了上、中、下的空间设计，形成了城市花园在上，文化中心在下，并覆盖了交通道路的三维格局（图 12）。

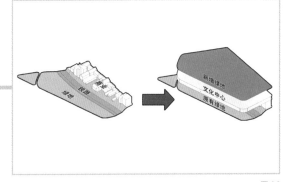

图 12

那么，接下来第一个问题是：绿地能全面覆盖基地吗（图 13）？

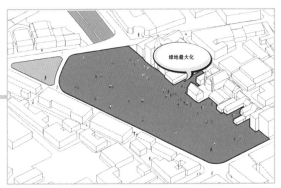

图 13

全覆盖也不是不行，但下面采光就会有问题。考虑到东侧建筑北半部分和南半部分都塞满了建筑，在不影响底层采光的情况下大致确定覆盖的范围（图 14）。

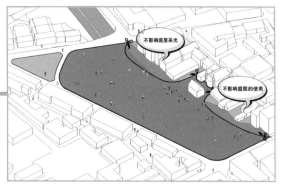

图 14

文化中心的设计逻辑和绿地的一样，大致的范围就在绿地下面，但不能简单、粗暴地直接把文化中心做成个大饼拍下去玩扫雷，因为扫雷不够"非正式"（图 15）。

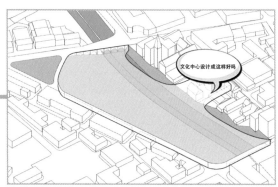

图 15

针对文化中心的空间设计不在于它的面积展开有多大，而在于它的竖向空间能有多丰富。画重点：将文化中心和绿地竖向编织起来，两者互通有无，丰富彼此空间，达到"1+1 ＞ 2"的效果（图 16）。具体操作就是结合原有的地形，将最上面的绿地按下去或者拉起来（图 17）。而到底编成一个什么样的辫子，是由市民进入公园的路径决定的（图 18）。

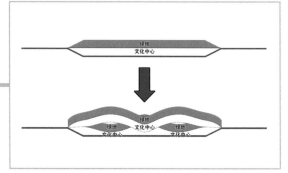

图 16

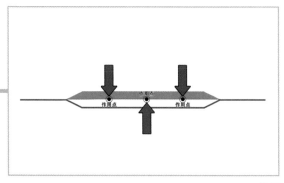

图 17

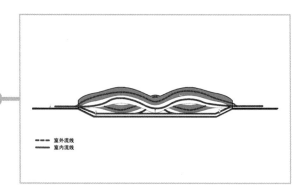

图 18

路网不是随便画画的，每一条都要有实际作
用。由于铁路的割裂，东边过不去，西边过不
来，穿越路径是最迫切需要的（图19）。适
当拓宽东边的开口，以迎接更大的人流，并拆
除部分原有建筑（图20）。路径下方与原地形
有较大高差，正好可以塞进文化中心的体量。
将面积较大的文化展览厅做成长条形放进去
（图21），为了不影响地面公园的整体形象，
仅做两层，底下的一层让出交通所需的空间
（图22）。

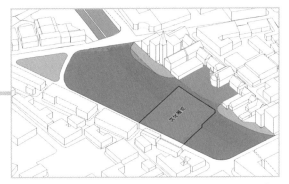

图21

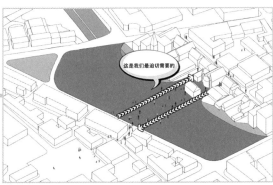

图19

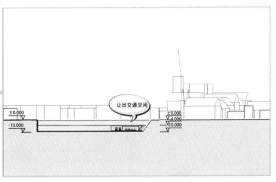

图22

办公和咖啡厅打包做成长条形，顺着联合大街
的南北方向布置在街道旁。5000人室外剧场
和500人室内剧院也打包共用舞台，便于室内
外转场的同时节省面积，布置在文化展览北侧
（图23）。将两组打包好的功能块布置在场
地内，并调整文化展览的体块，增加竖向交通
（图24）。

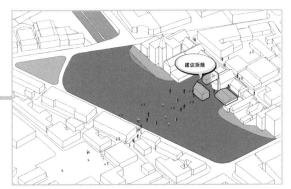

图20

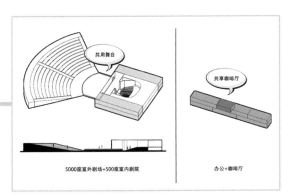

图23

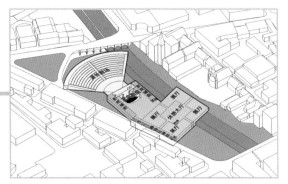

图 24

文化中心体量只有 8000 m²，大约是现在场地的一半。根据文化中心体量范围重新修改绿地范围，去掉没有使用的两个大洞，与商业拉开距离，减少对视野的影响，并在北侧增设人行天桥，方便人们从大街快速到达中央（图 25）。

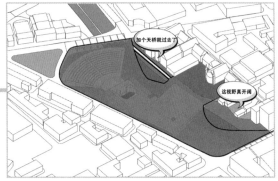

图 25

城市花园位于市中心，人流量较大，这个花园平时也是大家重要的抄近道工具（图 26）。

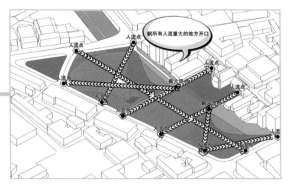

图 26

东边的现有商业地区留出大量空地做集散广场（图 27）。为了配合上面的路径，中间的展览空间被打成了一个蝴蝶结（图 28）。室内剧场调整为多边形，夹在文化展览中间。在北区修改路径的方向，从而扩大汇聚出来的空地作为小广场（图 29）。在南区仅针对南边联合大街设置入口广场，其余作为绿地（图 30）。

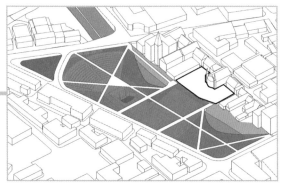

图 27

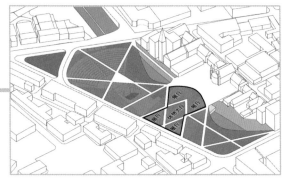

图 28

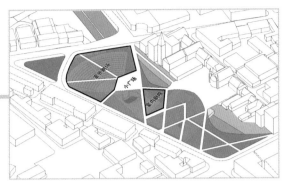

图 29

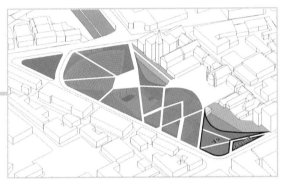

图 30

将所有的路径倒圆角，边角优化，形成花园初步的路径规划（图 31）。花园靠近的联合大街是主要人流来向，顺着整条街扩展行人道，并扩大艺术中心的入口（图 32）。然后，按照上方绿地划定的面积，对文化中心的体量进行调整。办公和咖啡厅保持长条形的体量不变，所有室内功能的体量调整到可以和绿地规划配套。

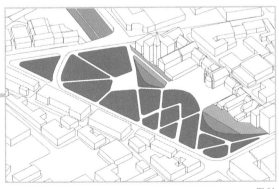

图 31

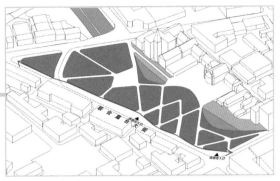

图 32

主入口开在西面，并延伸到东边的街道，构成一条横跨东西的长条体量，主要用来布置两层文化展览。将办公辅助和咖啡厅设计为两层，放在靠近露台花园街道的西边。北侧布置音乐厅，舞台朝北；室外布置 5000 人露天剧场，利用坡地形成观众席，舞台朝南。剧院和剧场演出舞台并排，便于内外转场（图 33）。

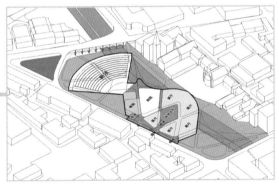

图 33

竖向上，考虑到铁路需要 5 m 的高度，导致负二层的展览空间完整性被破坏，所以展厅向上抬 5 m 以保证空间完整（图 34）。在地平面上，拉起艺术中心的屋顶，上面做绿化，供人游览。标高 0 m 处形成入口大厅，充分利用高差塑造丰富的行走体验（图 35）。标高 −4 m 处布置了咖啡厅、办公空间和两层休憩大厅，其余为展厅夹层。标高 −8 m 处将室内、室外结合，室外的舞台部分也是通往室内的一个入口，布置 5000 座室外剧场、500 座室内剧场、文化展览和候车大厅（图 36、图 37）。

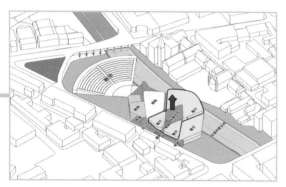

图 34

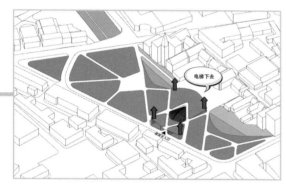

图 35

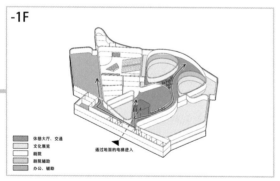

图 36

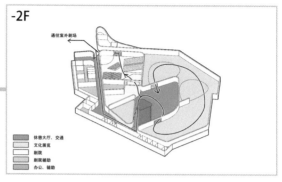

图 37

另外，停车场设计在标高 −12 m 处，入口开设在罗斯蒙特高架桥（图 38）。拉低北区的圆形剧场的标高，座位随土坡自然形成（图 39）。降低南区标高，与原场地贴合，形成入口（图 40）。最后，针对每个区域的绿化种植做详细的划分，分为圆形剧场区、学习花园区、树林区、草坪区、花园区、丛林区和入口广场（图 41）。

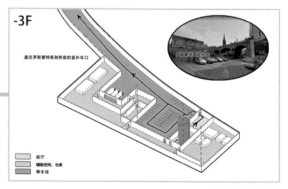

图 38

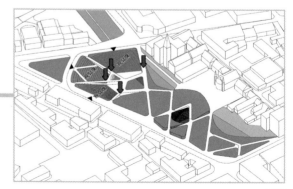

图 39

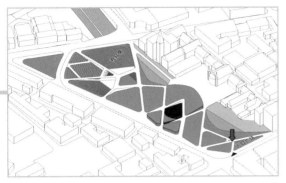

图 40

图 43

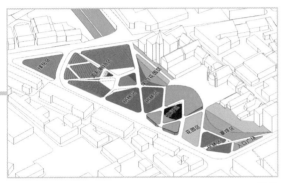

图 41

图 44

整体的公园流线上下都有，空间相互渗透，从而使结合场地的公共空间最大化。收工（图 42）。

图 45

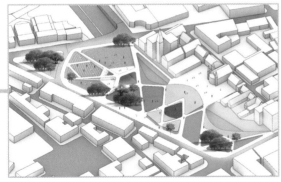

图 42

这就是 Diller Scofidio+Renfro 建筑事务所设计的阿伯丁城市花园竞赛方案，已获得竞赛第一名（图 43 ~ 图 54）。

图 46

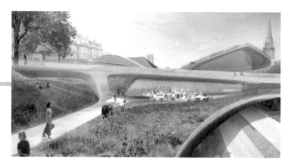

图 47

图 48

图 49

图 50

图 51

图 52

图 53

图 54

可惜的是，在项目中标后的民意调查里，55%的参与者认为没有必要进行改造，宁愿保留花园的最小开发量。这其中有经济因素，该项目报价 1.4 亿英镑（约合 12 亿元人民币），也有文化因素，该城市花园是阿伯丁最古老、最珍贵的花园，新设计的造型前卫，难与旧城融合。Diller Scofidio+Renfro 建筑事务所虽然中了标，但项目最后也没有实施，阿伯丁市从此也就没再打过改造花园的主意。这大概就是建筑师很难内卷的原因，因为卷不出个结果，不管是投标的结果还是自己的结果。如果你忍不住诱惑，不卷一下浑身难受，那建议您多动脑少动手呦，动脑能出头，动手只能出图。

图片来源：

图 1、图 43 ~ 图 48 来自 https://www.archdaily.com/201203/diller-scofidio-renfro-selected-to-transform-the-center-of-aberdeen，图 49 ~ 图 54 来自 https://www.metalocus.es/en/news/diller-scofidio-renfro-and-aberdeen-city-garden，其余分析图为作者自绘。

END

建筑师的天赋是随时随地 emo

图1

名　称：奥地利 OAMTC 总部（图 1）

设计师：Pichler&Traupmann 建筑事务所

位　置：奥地利·维也纳

分　类：办公建筑

标　签：未来预留，复合使用

面　积：29 447 m²

令当代建筑师瞬间 emo（网络用语，指一切不稳定的情绪）的七大谎言：简单说说五分钟，随便弄弄明天要，不要着急走流程，正在保存马上发，今天一定不熬夜，买个面包明天吃，我再改图我是狗。

emo 这个词儿被发明之前，建筑师应该就已经 emo 很久了，别人是因为有事儿才 emo，建筑师是有事儿没事儿都 emo。甲方有事儿找你肯定要 emo，甲方没事儿找你绝对更 emo。

OAMTC 是奥地利的一家综合交通服务公司（就叫它 O 企业吧），主要的业务是为政府提供专业救援服务，包括与交通事故有关的救援行动、高山事故或紧急医疗护理。没有政府业务的时候，也干点儿杂事儿糊口，如二手车购买安全检查、车轮更换、轮胎测试、保险和法律援助等。因为常常需要在道路附近实施快速救援，O 企业一直以来都以工作站模式开店。就像加油站一样，大小无所谓，但要保证适当范围内就有一个，以便随时随地都能快速到达救援现场。不过随着规模越来越大，O 企业稍微有一点儿膨胀，打算整合空中救援、道路救援等所有业务，建一栋总部大楼。地点选在了大本营维也纳市，建设内容是将市内的 4 个工作站和 1 个医疗直升机基地共同整合成一栋大楼（图 2）。

图 2

基地选在了维也纳第三区尚未开发的一块空地上，面积为 15 000 m²。西北侧紧邻高架桥，东北侧紧邻一个停车楼，东南面全是修理厂（图 3）。

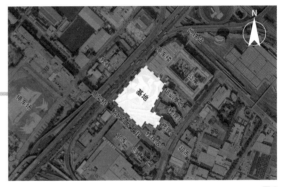

图 3

O 企业说是要盖一个总部，但实际上还是一个大号的工作站。工作站的主要模式一般是"前店后厂"——前面营业，后面办公（图 4）。

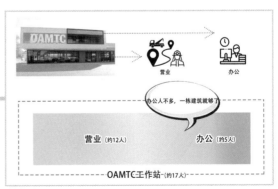

图 4

而新总部的模式也是前面是营业总部,后面是办公总部,合计 800 人同时使用。它与一般工作站的区别是比较大,特别大。但模式一样,关系就差不多。工作站里"前店后厂"是两个区,总部里就得是两个楼,因为要设置单独的出入口。谁让咱人多呢(图 5)?

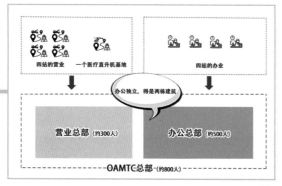

图 5

把场地分成两块。南侧主入口布置营业总部,北侧次入口布置办公总部,各自都有室外停车场,在平面形成前后分散布局。这样没什么不合理,除了有点挤。办公部分还好,人员都是一米多高,一百多斤(一斤为 0.5 kg),主要是营业部分太挤了,很多设备都是"浩克"级别的,又是 4 个工作站的集合,实在有点憋屈,转不开身(图 6)。

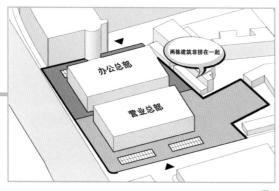

图 6

分不开,就还得合。那么,emo 点来了:怎样才能让营业总部和办公总部既各自独立又能整合成一栋建筑?保守估计,这点事儿能让建筑师 emo 到截止日期。可就算到了最后,建筑师也觉得方案不满意:不是形象不统一,就是使用不独立。

打败魔法的可能是魔法,但打败 emo 的绝对不是 emo,而是 o——open 的 o。想开了,啥都不是事儿,爱统一不统一,爱独立不独立。强组的组合不甜,但也是个瓜。

敲黑板!想开了的"open 设计法":一步一步来,该怎样就怎样。倒了就躺下,飘了就飞一会儿。

0 企业的总部可以进一步拆分为 4 个部分:营业店、办公中心、停车场、直升机基地(图 7)。4 个部分该放哪儿就放哪儿,停车场放地下,直升机基地放屋顶,营业店放南侧,办公中心放北侧,然后合成一栋建筑(图 8、图 9)。

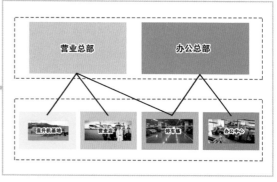

图 7

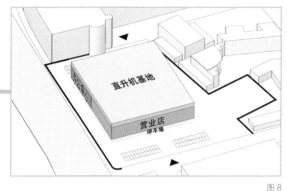

图 8

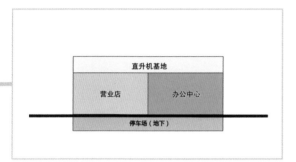

图 9

营业店出于营业的需求，最重要的就是首层的营业面积越大越好。相对而言，办公中心在首层只需要有个独立出入口即可（图10）。

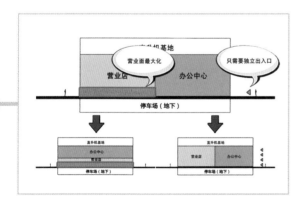

图 10

停车场虽然可以全部放地下，但地上也必须设置。营业店需要地上停车场，用来停放救援车，以便快速救援。办公中心需要地上停车场，以便于办公接待时的临时停靠。但由于救援车地上停车场较大，办公中心的地上停车场基本放不下，想象中的独立入口小广场更不用说了：还是排不开（图11）。

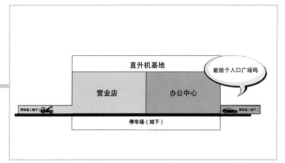

图 11

没事儿。需要放地上的放地上，不需要放地上的就不放地上。办公中心除了要和地上停车场直接联系以外，其实没有任何理由赖在地上。那就把办公中心整个移到营业店上面，同时也实现营业店营业面的最大化。

什么？你说停车场怎么办？停车场也一起搬啊，停车楼了解一下？停车场变停车楼以后，楼顶不但能解决办公入口问题，还能解决露天停车问题。别纠结，别emo，一切都很完美呦（图12）。

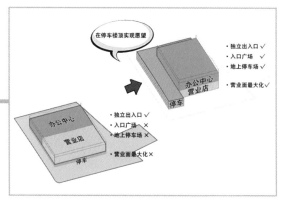

图 12

作为支撑，将原本在地下的停车场移到西边，变成地上停车楼，地上 3 层满足 300 个车位，以支撑抬高的室外停车场，办公入口被移到停车楼顶。与总部交接的一整层全部作为换乘层，给足了企业"排面"（图 13、图 14）。

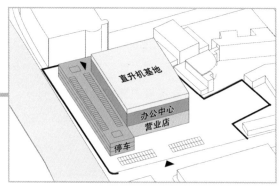

图 13

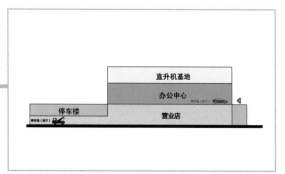

图 14

现在停车楼顶有办公中心的入口、入口广场以及办公露天停车场，那么，怎么开车从地面到楼顶？停车楼内部坡道是个办法。将停车楼延伸至街边扩大体量，考虑到基地临近郊区，大部分员工均是以私家车通勤，所以将主入口定在东北角，入口方向切出锐角形成停车楼入口（图 15）。

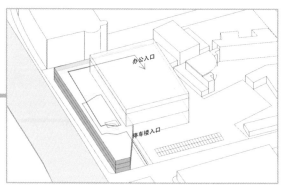

图 15

以坡道为中轴线，将楼板分为两部分，降低一半楼板以充分利用竖向空间（图 16）。基地北边有一栋 P+R 停车楼（Park and Ride，即换乘停车场，简单说就是停车楼地下有地铁口），二层有一个露台。

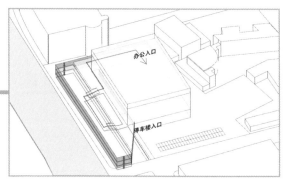

图 16

加设一条通道与露台相连，并在办公入口附近扩大面积形成广场。停车楼的入口在三层，P+R停车楼的入口在二层，有点儿尴尬（图17），那就干脆把入口定在二层，毕竟挤地铁的更不容易。至于自驾的，不就是开车到三层再下楼梯吗？只要你不尴尬，尴尬的就是别人。改变停车楼体量，将停车楼和入口坡道整合在一起（图18）。这样首层就全部是营业店，以及满足救援车停车需求的大型停车场（图19）。

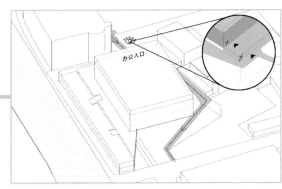

图17

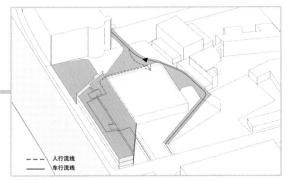

图18

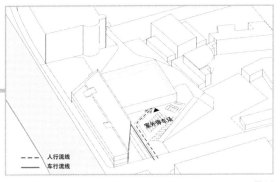

图19

至此，布局问题基本解决，但使用问题还全都是问题，具体说就是办公中心采光和直升机停机坪的问题（图20）。

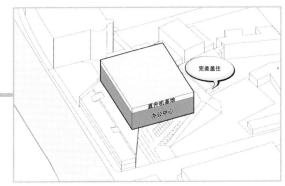

图20

办公部分由于屋顶盖着停机坪，无法实现中庭采光，内部基本就是个黑洞。而停机坪需要一条直达各架直升飞机的救援动线，以求最高的组织效率（图21）。

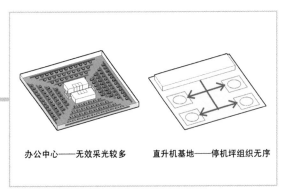

图21

123

没有中庭辅助采光，就只能全靠立面开窗。因此，墙地比越大越好。两点间直线最短，越弯曲越长（图22）。

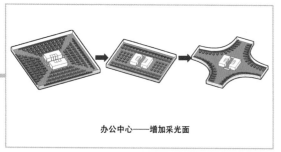

办公中心——增加采光面

图22

停机坪放弃行列式布局，改为中心放射式，按照"一条救援动线＋一个停机坪"设计，高效组织（图23）。两者采用相同的花瓣形式，都满足了采光和停飞机的需求，实现了共赢（图24）。

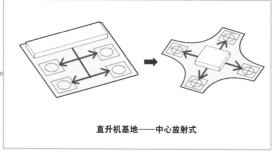

直升机基地——中心放射式

图23

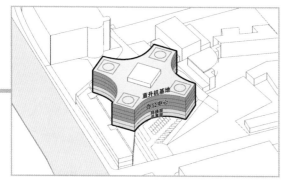

图24

其实现在这个四瓣花挺好，但甲方0企业还整了一个分期建设的计划。这地儿本来就不够用，还怎么分期？想不开就硬开，比如，把四瓣花变成七瓣花，再掰下来两瓣搞分期。四瓣变七瓣，将停机坪的屋顶入口设置在一边（图25），然后掰下来两瓣，号称以后分期建设（图26）。

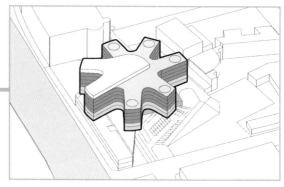

图25

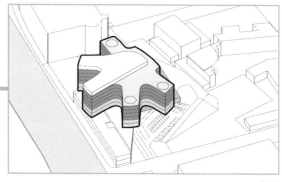

图26

调整屋顶停机坪入口部分的形式，将3个停机坪集中在一边使用，另外一边作为将来备用（图27）。办公中心入口开设在东北侧二层，依靠中庭联系上下，内设4台电梯同时工作（图28）。因为北侧的主入口只能开在二层，所以又在南侧加设三层的入口，同时对停车楼进行步行化改造，增加一条从首层到办公中心各层的室外非正式流线（图29）。

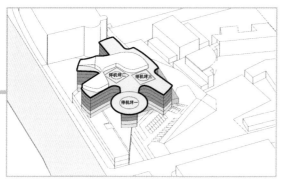

图 27

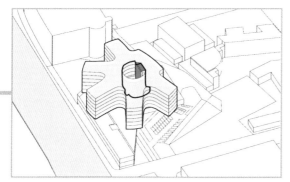

图 28

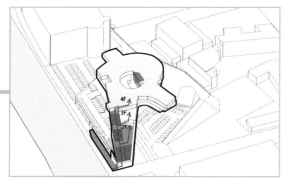

图 29

营业部分根据办公中心和直升机基地的形状适当调整。一层内缩体量，让位给室外停车场（图 30）。下挖一层作为维修车间，并设计好地下车行流线，右边是入口，左边是出口（图 31）。

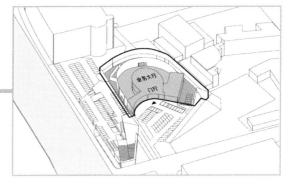

图 30

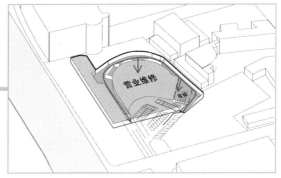

图 31

竖向交通主要依靠四部高速电梯组成的交通核，同时停车楼内也配有一部电梯（图 32）。至此，整个建筑基本完成（图 33）。

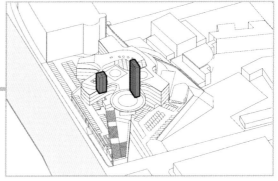

图 32

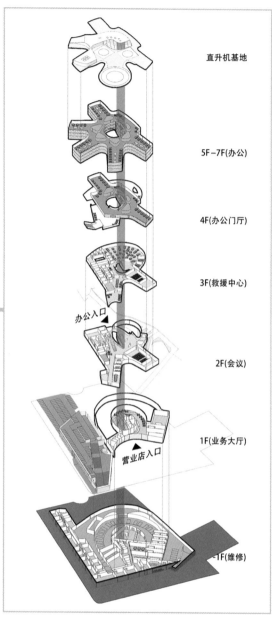

直升机基地

5F-7F(办公)

4F(办公门厅)

3F(救援中心)

办公入口 ▲

2F(会议)

1F(业务大厅)

营业店入口 ▲

-1F(维修)

图 33

这朵花虽然不算难看，但也算不上有"排面"，毕竟还少了两瓣，觉得不好看就造个型。注意：是去造型，不是去改型。大笔一挥直接给这朵缺瓣花加一圈与之毫无关系的玻璃幕，再将玻璃幕拓宽变成可以随时前去的休憩阳台。这圈外围护不仅带来了规整的观感，而且还能在夏季作为巨大的遮阴构件（图 34）。

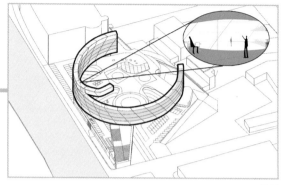

图 34

定制好企业的 logo 焊在玻璃上，收工（图 35）。

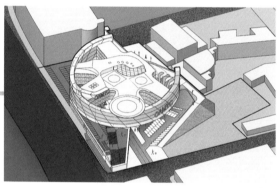

图 35

该总部 2015 年开始建设，于 2018 年 3 月 17 日正式启用。当然，还有好几个花瓣等着在未来分期建设（图 36）。

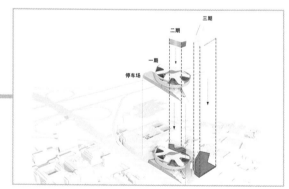

图 36

这就是 Pichler&Traupmann 建筑事务所设计的奥地利 OAMTC 总部（图 37 ~ 图 42）。

图 37

图 41

图 38

图 42

图 39

英雄不问出处，emo 不分早晚。只要情绪到位，随时可以开 e 整个世界。建筑师的 emo 大概率都来自让自己成为别人的正确答案的执着。如果我们愿意理解"选择，只是为了生存、适应而做，它们没有好坏，也没有优劣"，我们是不是会更有勇气对自己温柔一点儿？

图片来源：

图 1、图 36 ~ 42 来自 https://www.pxt.at/projekte/oeamtc-zentrale，其余分析图为作者自绘。

图 40

END

没有『王炸』的建筑师，请考虑重新洗牌

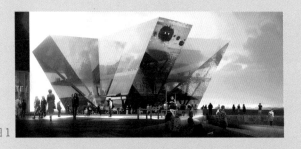

图1

名　　称：维多利亚和阿尔伯特邓迪博物馆竞赛方案（图1）
设计师：REX 建筑事务所
位　　置：英国·邓迪
分　　类：展览建筑
标　　签：洗牌设计法，角对角，角对边
面　　积：6695 m²

图2

名　　称：苏黎世美术馆扩建竞赛方案（图2）
设计师：REX 建筑事务所
位　　置：瑞士·苏黎世
分　　类：展览建筑
标　　签：洗牌设计法，角对角，角对边
面　　积：12 800 m²

每个投标都是一个新牌局：甲方是金主，对手叫地主，只有你在六神无主。虽然地主和你都有可能是一手烂牌，但不同的是，地主永远有底牌。再看自己——要王没王，要对没对，要顺没顺，34578，人生没有666。别人只剩一张牌，我连造型都来不及摆。摸牌没手气、叫牌没勇气、输牌没脾气，作为一个"三无建筑长工"，如果不想早点儿洗洗睡，那就考虑重新洗洗牌吧。

位于伦敦的维多利亚和阿尔伯特博物馆打算新建一个分馆，位置就选在了苏格兰设计之都邓迪市的滨河区域中心（图3）。

图3

但基地在哪儿，对"作死小能手"REX建筑事务所来说并不重要，反正都是要改的。我强烈怀疑他们热衷于水上运动，并且我有证据，因为他们再次把人家水边的基地给改到了水上（图4）。

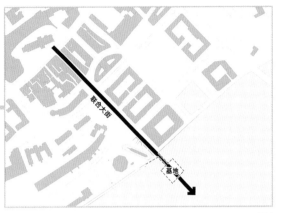

图4

当然，也可能是因为这个博物馆钱少事儿也少，要求过于正常，不把基地改到水上，REX建筑事务所都不知道该怎么浪起来。总共就5000 m²左右，4个功能区：展示画廊1500 m²、市民活动1100 m²、创意活动1300 m²、后勤商业900 m²——四舍五入都是1000多平方米。

REX建筑事务所就是这么省事儿，反正地多大都是自己画的。看菜做饭，量体裁衣，直接把4个功能区摆了4层（图5）。

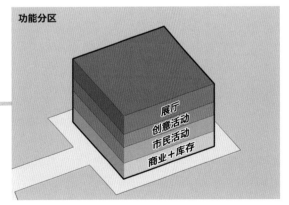

功能分区

图5

接下来，继续本着省事儿、省心也省钱的原则，REX建筑事务所稳定发挥出了本科一年级的水平，严格、规范地开始细化平面功能。

展品装卸、储藏以及商业空间等必须设置在首层，以保证便捷性和经济性。将交通核设置在中间，配合服务空间以核心筒的形式出现，从而产生以中央核心筒支撑的无柱全景空间。

在酒吧入口处设置大楼梯，进一步完善流线和公共交通体系（图6、图7）。

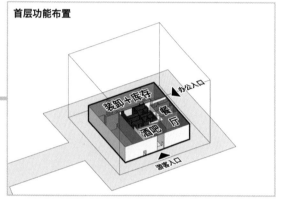

首层功能布置

图6

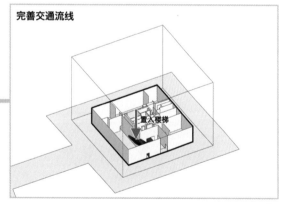

完善交通流线

图7

二层设置全开放的市民活动空间，以家具限定区域，不设实墙，保证视野最大化（图8），三层环绕核心筒设置创意活动空间（图9），四层设置1500 m²的展览区。鉴于甲方也不确定展厅数量，最简单的方式就是直接设个开放大平层完事儿（图10）。

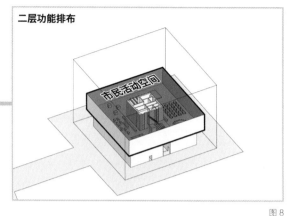

二层功能排布

图8

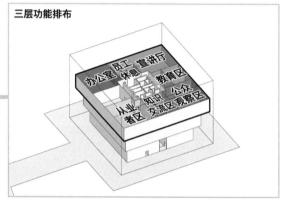

三层功能排布

图9

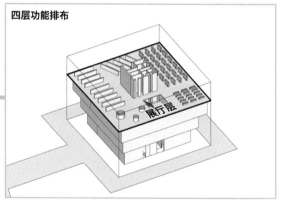

四层功能排布

图10

但这样，敷衍了事的痕迹也过于明显了吧！而且人们乘电梯上来之后，流线看似无序又单一，在使用上和体验上都不成章法（图11）。

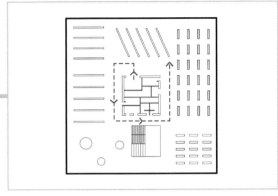

图 11

开放不行，那就只能设置展厅了。但中央核心筒的空间，在布局上似乎也很难摆脱"回"字形流线的束缚，换句话说，就是布了展厅也很无聊（图 12、图 13），主要还是因为没有有趣的公共空间。

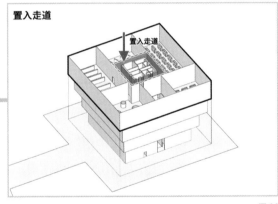

置入走道

置入走道

图 12

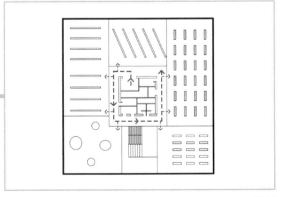

图 13

这不符合 REX 建筑事务所"一朵浪"的"人设"。没有公共空间，那就硬造一个出来：让走道空间产生使人停留的节点（图 14）。

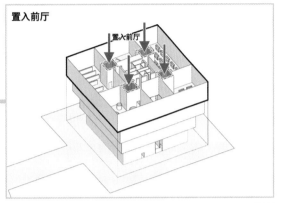

置入前厅

置入前厅

图 14

但是这样一个实心疙瘩，硬凹的公共空间和关禁闭的小黑屋一样，而且泰河这么好的天然风光如果不利用，你又何必把基地给搬到河上呢（图 15）？

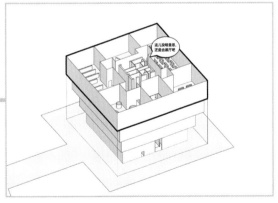

图 15

要想让人们从展厅围合的内部空间看到美丽的河景，那么划分了的展厅就不能粘连在一起，即几个展厅应当独立设置，以留出景观渗透的缝隙。然而，REX 建筑事务所并不满足于留出缝隙，让人们视线贯通，他们还要满足更高的需求，即使没有需求也要创造需求。

需求是为人服务的。REX 建筑事务所将来美术馆参观的人分成了三类：第一类是专业组，相关专业，内行高手；第二类是票友组，自学成才，理论十级；第三类是气氛组，姿势满分，热情洋溢——看不懂也要硬着头皮坚持看下去（图 16）。

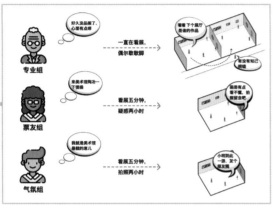

图 16

在普通博物馆中，各类人群混在一起，互相影响，也互相迁就（图 17），所以，REX 建筑事务所希望创造一个连续的公共空间与展厅空间互相渗透。简单说就是看展就认真看展，不想看了可以随时出来透气放风、聊聊天，聊完了还能回去继续看。不管你是盯着一幅画两小时，还是看画五分钟，拍照两小时，都互不打扰。

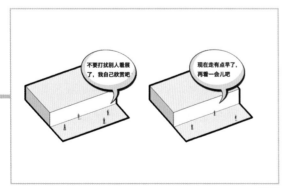

图 17

具体说就是在组织展厅空间的时候，设计一条可走可停的漫游路径，以激发各种社交发生的可能，而这条漫游路径需要满足以下需求：路径是连续而完整的，且具有一定的引导性，能够让人们自主地在非正式空间中穿梭；路径有停留空间，使人们可以自然展开社交；路径有开阔视野，能够欣赏到室外风光（图 18）。

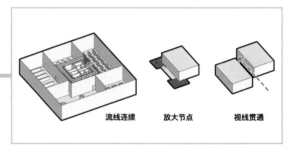

流线连续　　放大节点　　视线贯通

图 18

说干就干。REX 建筑事务所定制出几个常用的展厅规模的盒子，并以理想的比例——长宽比为 3：2 进行设置（图 19）。

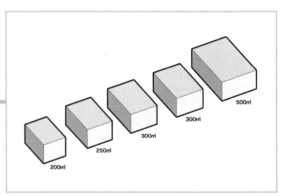

图 19

然后，"毒操作"来啦——可以称之为洗牌设计法。基本操作就像打扑克或者打麻将洗牌一样，主要目标就是把原来整齐、有规律的牌弄乱。具体来说就是让展厅动起来，旋转一下，利用斜向墙体产生空间的引导性。体块先转动一个小角度，看看效果（图20）。

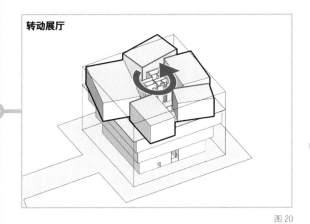

图 20

目前，体块和体块间呈现出角对边的组织关系，继续转动体块，直至达到角对角的组织关系的临界状态（图 21）。

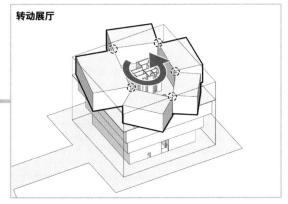

图 21

第一种角对边的状态能够满足上述三大需求，且转动幅度较小，是可取的。第二种临界状态也能够使人停留，且满足视线上的开放性，但角对角的空间会产生"死胡同"的感觉，对流线的贯通性并不友好，且转动幅度过大也会占用更大的面积（图 22）。换句话说，洗牌设计法的原则就是洗到角对边的组织关系即可。

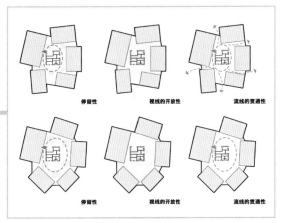

图 22

确定好展厅位置后，在展厅上方开天窗，进一步打开观赏视野（图 23）。再对建筑形态进行整体调整。压缩首层建筑面积，实现最小建筑占地面积，产生更多和泰河直接接触的外部广场（图 24）。

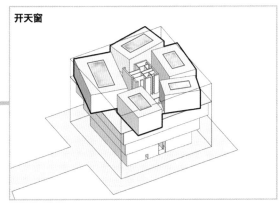

图 23

调整形体

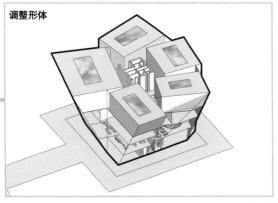

图 24

在结构上，集中式核心筒配合 8 个桁架，成为建筑物的主要重力和侧向支撑。桁架设置在二层，构成横跨主厅的结构桥（图 25）。

加结构

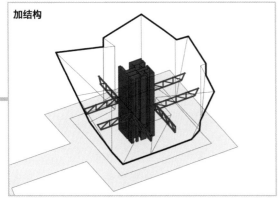

图 25

现在建筑呈倒三角的形态屹立在栈道上，外层以镜面玻璃材质覆盖建筑，通过镜面反射出泰河、天空以及旁边的"发现号"帆船。镜面立面也会随着天气的动态变化而变化（图 26）。

融入环境

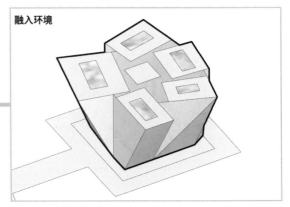

图 26

最后，REX 建筑事务所又对建筑基地进行了调整——反正是自己造的，想咋整就咋整呗。调整的目的是让建筑稍微偏移，在街的尽头呈现出半露半遮的状态，保证街道上的海景视野（图27、图 28）。

重塑场地

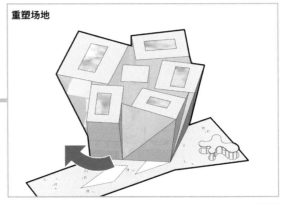

图 27

图 28

这就是 REX 建筑事务所设计的维多利亚和阿尔伯特邓迪博物馆竞赛方案（图29、图30）。

图29

图30

<u>画重点：当我们拥有多个盒子空间，不知如何打破沉闷布局的时候，请使用洗牌设计法。</u>

洗牌之后的空间布局可以分为两种：一种是角对角，另一种是角对边。角对角形成的空间围合感更强，而角对边所创造出的则是可走可留的空间，和盒子外部空间的互动感更强（图31）。而这种组织关系产生的结果不只限于方形，向下兼容有三角形（因室内会产生锐角空间而不予考虑），向上有五边形、六边形、七边形、八边形、N边形，直至边数无限多，形状趋近于圆形时，体块对外部空间的限定能力和对流线的引导性也趋向于零（图32）。只要掌握上述规则，盒子数量理论上是可以无限增加的（图33）。

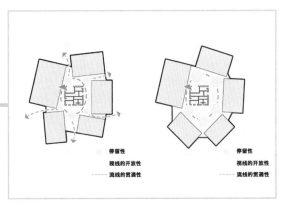

停留性
视线的开放性
--- 流线的贯通性

停留性
视线的开放性
--- 流线的贯通性

图31

	停留性	视线的开放性	流线的贯通性
四边形			
五边形			
六边形			
⋮	递减	递增	递增
圆形	○○ ○○	○○ ○○	○○ ○○

图32

135

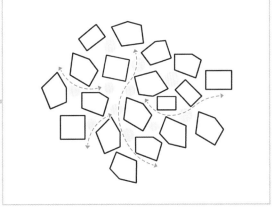
图33

再来看 REX 建筑事务所运用洗牌设计法的另一个案例。

苏黎世美术馆在20世纪经过3次扩建后，近年又耗资2亿多美元再次扩建，位置就选在原馆和苏黎世大学之间，而扩建后的苏黎世美术馆也成了瑞士最大的艺术博物馆（图34）。

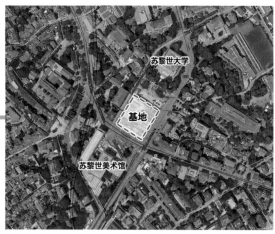

图34

新苏黎世美术馆包含了4个来自不同时代的标志性建筑，它们分别为1910年建成的摩瑟大厦、1958年建成的普菲斯特大厦、1976年建成的米勒大厦，以及这个新建的美术馆扩建部分。

REX建筑事务所依然是同一个处方，同一个味道，同样以最紧凑、最简单的布局将建筑组织为一个立方体。根据日光需求进行功能排布，将车库（1700 m²）和仓库（2500 m²）设置在地下层；地上一层设置市民活动空间（1800 m²），连接原苏黎世美术馆和苏黎世大学；二层设置对自然人流参观要求最低的临时展厅（600 m²）和国际艺术画廊（1400 m²）；三层设置带有轴向性和正式性的古典画廊（2400 m²）；顶层设置通用画廊（2400 m²），也是我们洗牌的"桌面"（图35）。

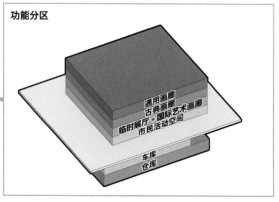

图35

中规中矩地布置顶层以下的空间。一层为市民活动空间，为致敬苏黎世美术馆4个不同时代的标志性建筑，首层被划分为4个区域（图中红色部分为交通空间），分别设置交通核及服务空间，也同样控制底层面积，为美术馆提供更广阔的广场（图36）。二层是临时展厅加国际艺术画廊，临时展厅做开放式设计（图37）。

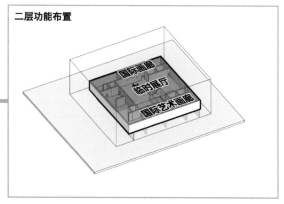

图36

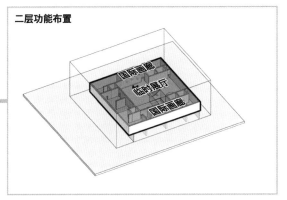

二层功能布置

图 37

三层设置 EGBührle 基金会和 19 世纪古典现代主义的美术馆，向原始的苏黎世艺术博物馆的古典主义致敬，同时也向苏黎世美术馆 4 个来自不同时代的标志性建筑物致敬，将古典画廊设置成带有轴向的 4 个部分（图 38）。建筑的最高层作为"排面"，REX 建筑事务所同样是先将展厅定制为不同尺度的盒子（图 39），再将展厅盒子置入"桌面"（图 40）。

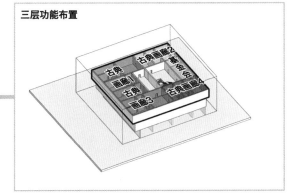

三层功能布置

图 38

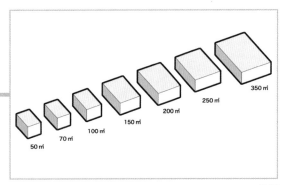

图 39

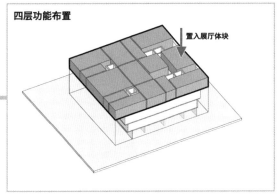

四层功能布置

置入展厅体块

图 40

接下来，开始洗牌。秉持"角对边"的洗牌原则，创造出非正式的漫游活动空间（图 41）。结构系统再次强调 3 个画廊楼层的清晰度。在二层画廊墙体内部设置结构性桥梁——钢质巨型桁架。巨型桁架跨在 4 个混凝土芯之间，撑起了 3 层"排面"（图 42）。

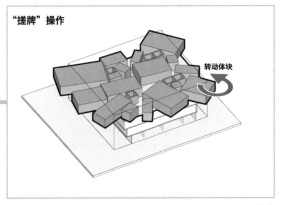

"搓牌"操作

转动体块

图 41

置入结构

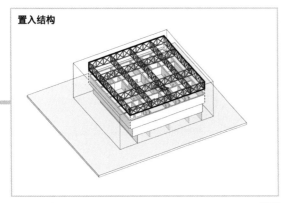

图 42

至此，建筑大致呈现下窄上宽的倒金字塔形，同样附以镜面玻璃材质，将建筑包裹在一个完整形体当中（图 43、图 44）。

完善形体

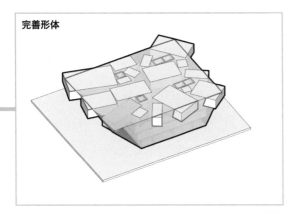

图 43

完善形体

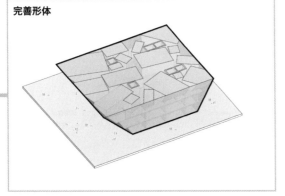

图 44

这就是 REX 建筑事务所设计的苏黎世美术馆扩建竞赛方案（图 45 ~ 图 47）。

图 45

图 46

图 47

就像电影《赌神》里演的，普通人洗牌是在拼手气，而高手洗牌都是在拼手速——电光石火间已把牌局安排得明明白白。人生一场牌，打法千千万，有"王炸"的爽，有底牌的稳。我们什么都没有，那就按照自己的意思把牌打得有意思。

图片来源:

图 1、图 2、图 28 ~ 图 30、图 45 ~ 图 47 来自 https://rex-ny.com/project/oslo-vestbane/，其余分析图为作者自绘。

END

建筑师不需要普通人，我先走为敬

图 1

名　称：比利时埃尔热博物馆（图 1）
设计师：克里斯蒂安·德·包赞巴克（Christian de Bouzanbach）
位　置：比利时·新鲁汶
分　类：文化建筑
标　签：复杂流线，多出发地，多目的地
面　积：3600 ㎡

人生就像一场足球赛。上半场，我们坐板凳替补，觉得场上踢得都很垃圾；下半场，我们上场当主力，发现自己踢得还不如上半场的那些人。小时候，所有人都会逼着你拼命证明自己不普通；长大了所有人又都逼着你低头认命，接受自己很普通。听天由命是不思进取，逆天改命是不自量力。我命不由天也不由我，我是一个薛定谔的普通人。

如果你不幸又学了建筑，那你大概会天天被薛定谔的普通状态折磨到疯。追求形式是不高级，不追求形式是不好看；愿意改图是不专业，不愿意改图还是不专业；合理布局是没创意，不合理布局就是不合理……

比利时的埃尔热研究会打算建一座埃尔热博物馆。可能你不熟悉埃尔热这个名字，但你一定听说过他的漫画作品——《丁丁历险记》。埃尔热博物馆的建设基地选在新鲁汶市鲁埃杜·拉布拉多（Ruedu Labrador）街 26 号，就是漫画里丁丁住所的地址（图 2）。

《丁丁历险记》自 1929 年 1 月 10 日起在比利时报纸上双周连载，先后被翻译成 70 多种文字，全球销量超过 3 亿册。在奥黛丽·赫本之前，丁丁可能是全世界最著名的比利时人了，拥有数量庞大的粉丝后援会。法国前总统戴高乐宣称床头必备书就是《丁丁历险记》，斯皮尔伯格早在 1983 年就购买了拍摄版权，并终于在 2011 年将其搬上了大银幕。而普利兹克建筑奖获得者克里斯蒂安·德·包赞巴克作为美工组"大触"（泛指在各个领域技术出神入化、无与伦比的人），是丁丁的资深粉丝，欣然接受了埃尔热博物馆的设计任务。

包赞巴克说他 4 岁时的第一幅素描作品画的就是哈多克船长的船，所以拿到任务书后，他几乎毫不犹豫地就想要搞一个船形的建筑，并画了草图（图 3）。所以，接下来就该在航海路上一去不复返了吧（图 4）？

141

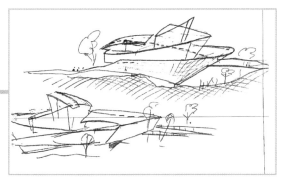

图 3

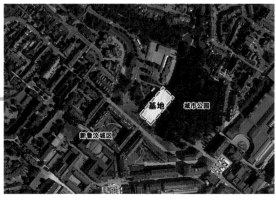

图 2

图 4

对普通人来说，草图是图，要照着画的。而对于包粉丝这种建筑师来说，草图就是一根草，风吹两边倒。毕竟，追求形式不高级，不追求形式不好看嘛。

由于基地位于城市边缘，背靠几百年历史的橡树林，所以包粉丝先利用基地与城市边缘的高差，架起人行天桥，跨过交通轨道连接建筑，看起来有点像电影《陆上行舟》（*Fitzcarraldo*）里的大船横穿亚马孙雨林的架势。反正就是拐着弯地和船扯上联系（图 5）。

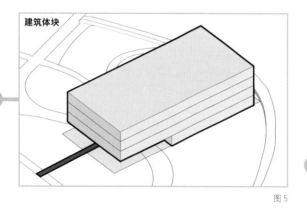

建筑体块

图 5

将人行天桥连接到入口大厅，利用场地高差将仓库设置在负一层；首层设置临时展厅、餐厅、图书室及服务空间等非正式空间，二、三层设置其他 8 个固定的公共展厅（图 6）。

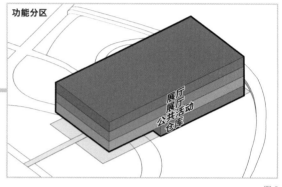

功能分区

图 6

其实对于展览建筑的设计而言，"览"比"展"更重要，也就是"怎么看"比"看什么"更重要。再说明白一点儿，"看什么"这事儿咱也管不了，但"怎么看"却是建筑师可以决定的。包粉丝为了给丁丁"排面"，坚定地要打破传统博物馆的有序观展模式，要像在漫画里一样，创造一个精神迷宫，在这里，人们可以在无限丰富和多样的宇宙中自由游荡。毕竟，普通流线不是埃尔热的风格，加点荆棘才能衬托丁丁历险大王的底色（图 7）。

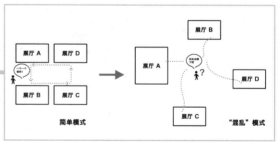

图 7

那么，问题来了：怎样才能设计出一条复杂流线呢？你可千万别告诉我，你打算一条流线一条流线地捋——只要熬夜熬得深，就能熬成千丝万缕的流线。这世界上所有复杂的东西，都是靠群众自发，而不是提前规划，比如，复杂的人际关系和复杂的心情。流线也是如此，流线简单的根本原因是出发地和目的地相对单一（图8）。所以，当出发地和目的地增多时，人可选择的流线就会增多（图9）。而要想充分开发复杂流线，可以从扩展出发地和目的地开始，通过不同的出发地和目的地的排列组合，就能产生N种流线（图10）。

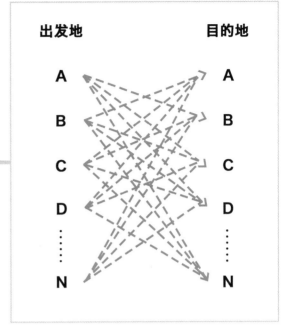

图10

具体到建筑设计上，就得先把一个完整建筑裂开，化整为零，创造出多个出发地和目的地。至于裂成几块，裂成什么形状，只需要遵循一个原则——你开心就好（图11）。

图8

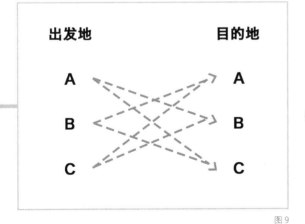

图9

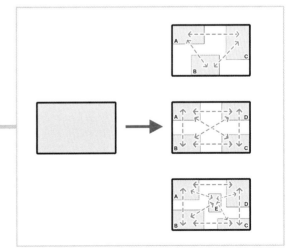

图11

这里，包粉丝依据人行天桥和公园的相对位置，以及任务书规定的功能面积，将建筑空间分裂成4块，以十字形街的形式串联。这个分裂方式是不是有点儿眼熟（图12、图13）？

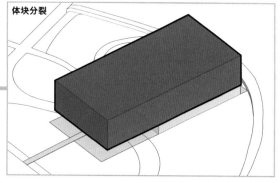

体块分裂

图12

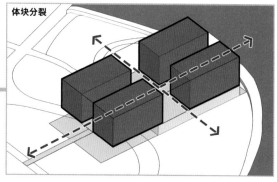

体块分裂

图13

当然，光靠这4个地点肯定不够，我们还要在三维空间中继续创造更多的出发地和目的地，毕竟三维秒杀二维的道理大家都懂。也就是将4个分裂出的体块当成4个独立的建筑来处理，每个建筑的每一层都是一个独立的地点（图14）。

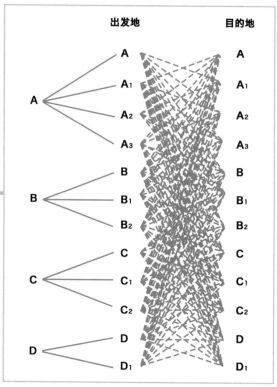

出发地　　　　目的地

图14

在靠近城市入口一侧的A筒体一层设置临时展厅，二、三、四层设置固定展厅（图15）。靠近城市入口另一侧的B筒体一层设置服务空间，二、三层设置固定展厅（图16）。靠近公园入口一侧的C筒体一层设置餐厅，二层设置固定展厅（图17）。靠近公园入口另一侧的D筒体一层设置图书室，二、三层设置固定展厅（图18）。

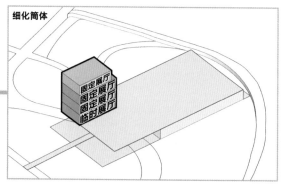

细化筒体

图15

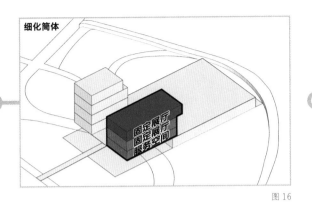

细化筒体

固定展厅
固定展厅
服务空间

图 16

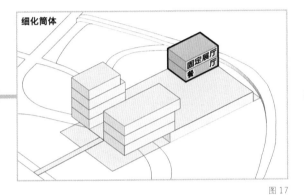

细化筒体

固定展厅
餐厅

图 17

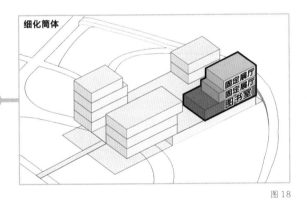

细化筒体

固定展厅
固定展厅
图书室

图 18

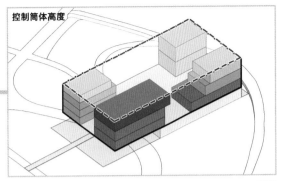

控制筒体高度

图 19

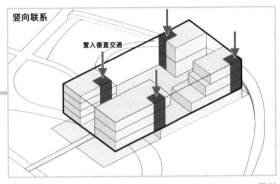

竖向联系

置入垂直交通

图 20

145

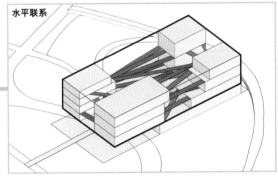

水平联系

图 21

为控制整体建筑造型，改变各个筒体的各层高度，保证最终高度一致（图19）。然后，完善交通，在各个筒体内部设置垂直交通核，完成第一重流线系统设计（图20）。再为各个筒体的每一层与其他各个筒体的每一层建立空间联系。这个时候就可以看出复杂流线的雏形了，因为你需要设置非常多的廊道或者天桥（图21）。

至此，我们已经基本实现了复杂流线的设计，最后再优化一下筒体的形象就可以了。但考虑到实际施工的难度，包粉丝还是进行了一个简化设计，即保持各功能空间高度相同，4个筒体均平分为3层（图22、图23）。

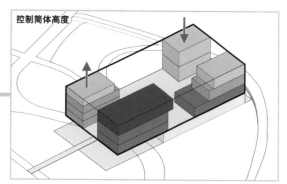

控制简体高度

图 22

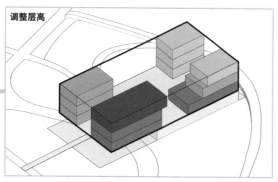

调整层高

图 23

接下来,根据面积需求修整简体的形状,并整体优化(图 24)。由于之前的流线组合过多,包赞巴克进行了简化:砍掉部分廊道,仅在同一标高上进行简体的水平联系,弱化了廊道的存在感,强调封闭简体的体积感,营造一种类似在森林中穿梭的感觉。同时置入电梯,形成对路盲友好的快捷流线(图 25)。

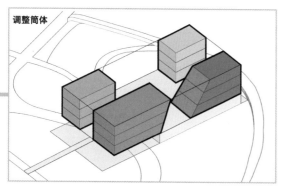

调整简体

图 24

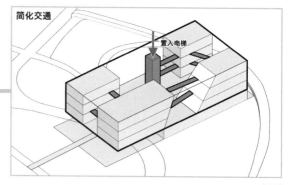

简化交通

置入电梯

图 25

至此,建筑内部已经形成了水平和垂直方向两套完整的流线系统,为广大群众创造出了超多种的观展线路,游客可自主定制流线,完成自己的探索之旅(图 26)。

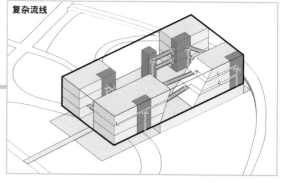

复杂流线

图 26

然后,忽然之间,包粉丝似乎想起来好像还有"船"的事儿,于是,象征性地对体块进行了一些扭转和变形(图 27、图 28)。

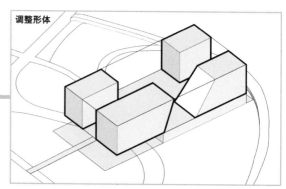

调整形体

图 27

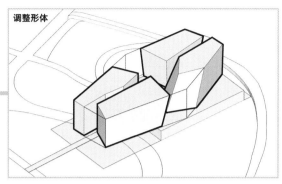

图 28

这是抽象，绝对不是敷衍。下面开始细化各功能空间。从人行天桥进入建筑，左侧筒体一层设置开放临时展厅，并设支撑柱；右侧筒体一层设置物品存放、楼梯、电梯及厕所等服务空间（图29），筒体边缘设置垂直交通（图30、图31）。

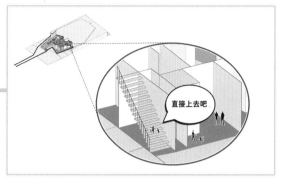

图 31

二层两个筒体设置固定展厅，左侧筒体设置隔墙分隔展览空间，右侧筒体设置夹层丰富展览空间，两个筒体在水平向以廊道相连（图32）。左侧筒体与一层对位设置垂直交通，右侧筒体设置多个楼梯，进一步丰富流线的选择（图33、图34）。

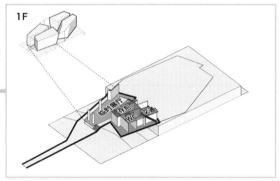

图 29

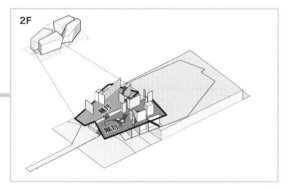

图 32

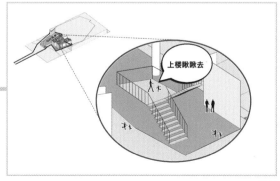

图 30

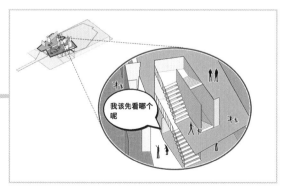

图 33

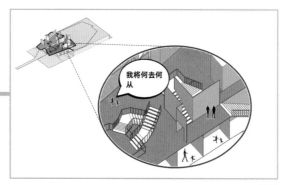

图 34

左侧筒体三层设置墙体，分隔出交通、展览和前厅空间；右侧筒体设置墙体分隔交通与展览空间，两个筒体以水平廊道相连（图 35）。另一边的两个筒体，左侧筒体在餐厅设柱子作为结构并划分空间，右侧筒体设墙和柱子划分阅读和交通空间（图 36）。筒体边缘设置垂直交通，同时在一层大厅设计可直达三层的直跑楼梯（图 37 ~ 图 39）。

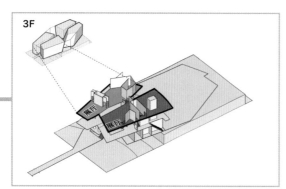

图 35

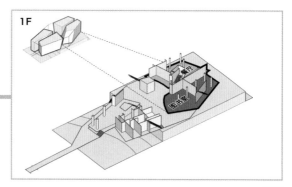

图 36

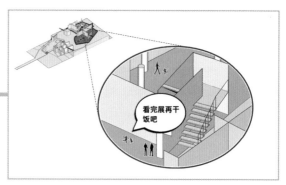

图 37

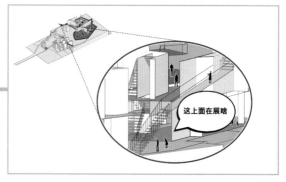

图 38

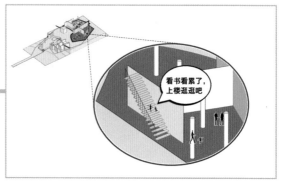

图 39

左侧筒体二层以墙体分隔交通和展览空间，开放展览区内设柱子支撑并做简单划分；右侧筒体设置墙体和柱子划分展览空间，并设水平廊道连接两个筒体（图40）。筒体边缘设置垂直交通（图41、图42）。两个筒体的三层同样以墙体简单划分展览空间，并设水平廊道连接（图43）。

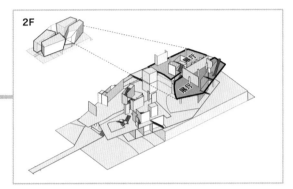

图 40

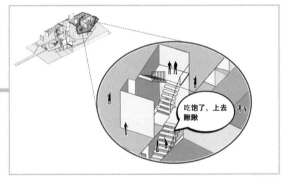

图 41

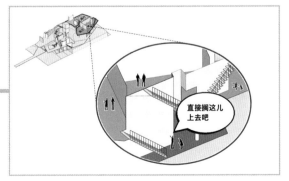

图 42

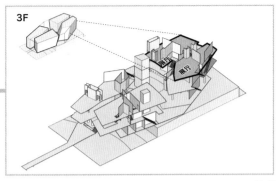

图 43

功能排布全部完成后，对4个独立筒体外部进行局部曲化，创造更魔幻的视觉效果（图44）。再完善廊道形态，曲线廊道和曲面扶手安排上了（图45、图46）。

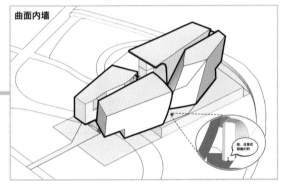

图 44

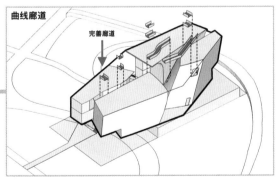

图 45

149

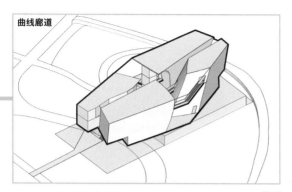

曲线廊道

图 46

不得不吐槽，这个廊道栏杆的选择也过于简陋了，还有这个红、黄、绿的配色，也过于魔幻了（图 47）。最后，在外墙上开方窗，将内部场景框住，使人们能够在外部看到内部三维空间，像电影一样定格场景（图 48）。

图 47

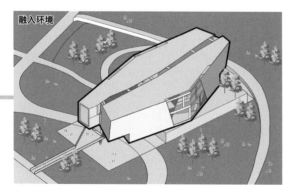

融入环境

图 48

这就是克里斯蒂安·德·包赞巴克设计的比利时埃尔热博物馆（图 49 ~ 图 51）。

图 49

图 50

图 51

全网似乎都在劝退建筑学，因为这个专业最容
易给人梦想，也最容易将梦想击得粉碎，无数
建筑师被迫站到了一个尴尬的位置，既没有力
气做甲方的垃圾桶，也没有资格做远方的许愿
箱。我们都是普通人，意思就是，概率这件事
是很准的，我们不会买彩票中 500 万，我们不
会成为乔布斯或者库哈斯，我们之中只有不到
1% 的人会创业成功……我们之中大部分人选
择建筑，是因为，要吃饭。

图片来源：

图 1、图 2、图 47、图 49 ～图 51 来自 https://news.
kiiwan.fr/architecture/projet/musee-herge-christian-de-
portzamparc-louvain/，其余分析图为作者自绘。

END

建筑师背后的残酷真相：
加班到 10 点，随时被淘汰

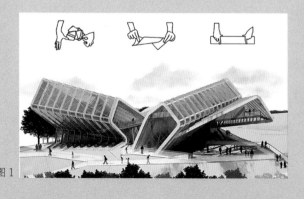

图1

名　称：德黑兰新媒体中心（图1）
设计师：CAAT Studio 建筑事务所
位　置：伊朗·德黑兰
分　类：文化建筑
标　签：缠绕，漫游流线
面　积：4000 m²

"这是一个最好的时代，也是一个最坏的时代。"这是一个做什么门槛都很高的时代：想追个偶像，还得先会打投（打榜投票）修图；想追个综艺，还得先充视频会员；想拼个网购，还得先算明白满减；想啥也不干，就安静地宅在家里行不行？当然行——但你要先买得起一套房子。

有人说，未来会是三种人的天下：一是手握资本，利用资本驱动世界的人；二是掌握技术，能够制定游戏规则的人；三是各行各业的高效能生产力输出的人，也就是所谓的行业精英。我们大多数普通人，大概率既没有第一类人的资本，也很难竞争得过第二类人的专业，想在市场厮杀中存活，努力成为第三种人是最现实的选择。可人人都是精英，那精英就成了"标配"，然后你就得更"精英"，图画得更多，秃得也更快。按时髦的说法，这就叫内卷。

然而，很多人都忘了，所谓高效能输出的重点不是高效，而是高能。与时间赛跑的叫高效，而与时代共振的才叫高能。

德黑兰政府打算在主要文化区修建一个新媒体中心。基地周边交通便利，北侧和西侧毗邻哈格哈尼和科德斯坦两条公路。此外，该地区被称为德黑兰的肺，周围绿地和公园资源非常丰富（图 2）。基地内部除了南北向存在一点儿高差外，基本没什么棘手的（图 3）。

图 2

153

图 3

但问题是，你要建个媒体中心，首先得有个媒体吧？报纸、广播、电视台？或者门户网站、电影公司？德黑兰政府不走寻常路，未引入任何传媒公司和集团，因为人家要建设的是一个新媒体中心。注意断句：新媒体·中心，而不是新·媒体中心。

什么是新媒体？简单且狭义地说，就是自媒体。你每天"吃瓜"用的微博、抖音、公众号等都是。新媒体的本质在于：人人都可以是生产者，人人也都是传播者。换句话说，这个新媒体中心就是给"人人"用的，也就是要面向公众开放。谁让这年头看似平平无奇的路人甲也有可能是千万大 V 呢。任务书的要求也是以小而多且杂的功能设置为主（图 4）。

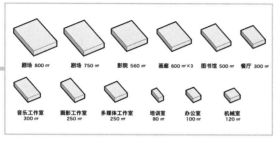

| 剧场 800 ㎡ | 剧场 750 ㎡ | 影院 560 ㎡ | 画廊 600 ㎡×3 | 图书馆 500 ㎡ | 餐厅 300 ㎡ |
| 音乐工作室 300 ㎡ | 摄影工作室 250 ㎡ | 多媒体工作室 250 ㎡ | 培训室 80 ㎡ | 办公室 100 ㎡ | 机械室 120 ㎡ |

图 4

既然定了开放自由的基调，那建筑师要提供的空间自然也是高度自由的，人们可以在其中四处溜达，无组织、无纪律、无障碍。这不就是个商场吗？每个人都可以来这里选购，每个人都可以选择自己喜欢和需要的商品（媒体工具）。有明确方向的直奔目的地，没有明确目标的就先走一走、瞧一瞧，随意挑选。

画重点：所谓新媒体中心，说白了就是一个提供媒体服务的商场。具体到建筑空间上，至少要设计两条流线：直达目标的快速流线以及漫游流线（图 5）。

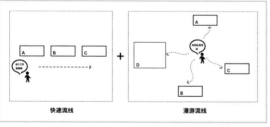

快速流线   漫游流线

图 5

所谓快速流线，快不快其实还在其次，最重要的是平均。正是不患寡而患不均，没有对比就没有伤害。你到 A 点走两步，到 B 点走两百米，那么要去 B 点的小伙伴就会骂死你。而对于一个自由开放的商场空间，谁知道进来的每个人都想去哪儿啊？

所以，最能避免挨骂的做法就是到达各点的距离相对平均，各个功能空间与交通空间的亲疏远近大差不差。

然而，当水平层面积较大时，无论交通核位于哪儿，都不可能对所有点平均。因此，在建筑中采用垂直分区的方式，大家各管各的，互不相扰（图 6）。

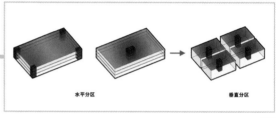

水平分区   垂直分区

图 6

漫游流线就相对简单多了，全方位的环绕和嵌入式的参观能够帮助大众深入了解各功能空间，选出适合自己的媒体手段（图 7）。

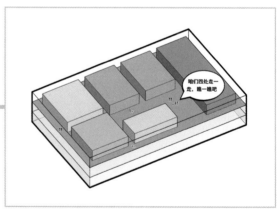

图 7

还有一个问题就是快速流线和漫游流线的关系应该怎么组织。这事儿，很多年前 UN Studio 建筑事务所已经给出了标准答案，一个字——绕。漫游流线环绕快速流线，一个负责高效，一个负责闲逛（图 8、图 9）。

154

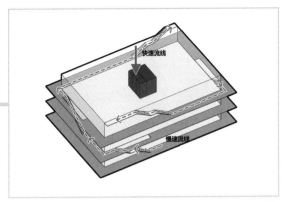

图 8

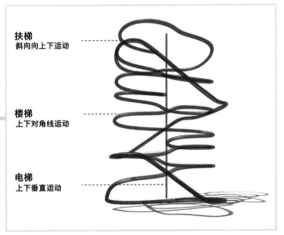

图 9

理论差不多了，下面咱们开始实操。首先，依据功能特点及面积要求将建筑空间大致分为 3 组：画廊、影剧院及专业共享部门（图 10、图 11）。

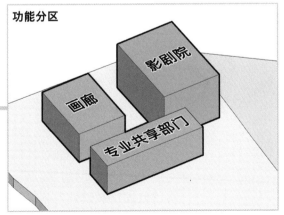

功能分区

图 10

功能细化

图 11

为了平衡建筑体量并疏散人流，将影院、圆形剧场及后勤机械室设置在地下，同样呈三足鼎立状（图 12）。首先，拉开建筑体块，置入环绕式交通空间，形成漫游流线系统（图 13、图 14），错动建筑体块，增大首层空间高度并增加漫游系统的丰富性（图 15、图 16）。其次，在三个功能组中分别置入高效流线，各自满足自己功能组团的快速交通（图 17）。再次，继续完善漫游路线，加入直跑楼梯联系上下层廊道，形成三维空间中的漫游流线系统（图 18）。

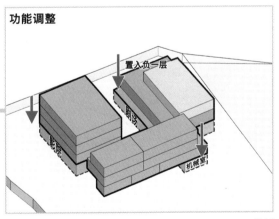

功能调整

图 12

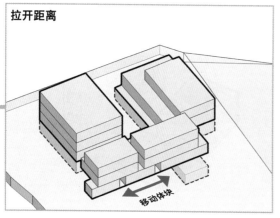

拉开距离

移动体块

图 13

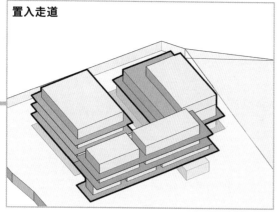

置入走道

图 14

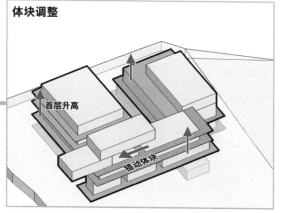

体块调整

首层升高

错动体块

图 15

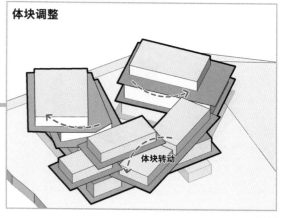

体块调整

体块转动

图 16

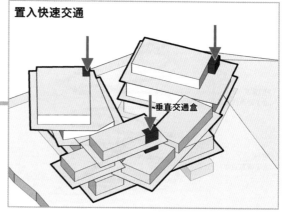

置入快速交通

垂直交通盒

图 17

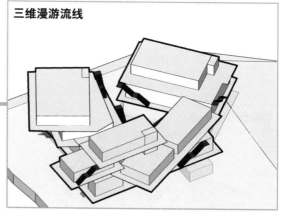

三维漫游流线

图 18

至此，一个既独立又复合的新媒体中心的雏形就差不多完成了。最后，再细化一下功能空间，丰富一下竖向流线的形式，罩个透明外壳，让大家从外面就可以看到内部丰富的空间就可以收工了吧（图19）？

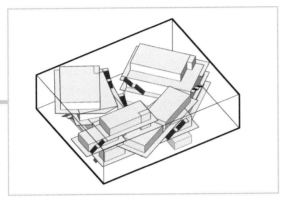

图 19

事情没那么简单。高效能输出就是要高效地让甲方理解你的高能。以下建议全文背诵给甲方听。

"媒体的多元化让建筑师想到了直接在建筑空间上的对应：将相对独立的、处于同一级别的各个功能空间，想象成处在同一水平面上的物理形式；而想要让它们彼此产生联系，我们可以将水平面折叠，形成剪不断理还乱的一团儿。这样原本互不相干的各个功能将被一个整体的折叠的片儿包裹，在形式和功能上都呈现出复合统一的状态（图20）。"

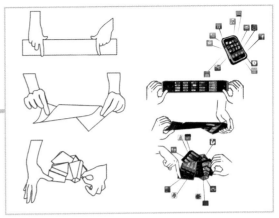

图 20

如果甲方没听懂，那就对了。以上翻译成人话就是：新媒体的终端就是手机，把手机扭曲折叠就是咱们的新媒体中心，各个App就这么均匀分散在建筑的各个角落，你看中不中？

忽悠完甲方，现在来点儿实际的。手机具体应该怎么折呢？由于建筑外壳在此处主要是给连续变化的内部空间打辅助的，所以罩上壳后，并不涉及大幅度的内部空间变动。因此，只要保持三部分形体内聚，折面向中庭倾斜的基本原则就成了（图21）。

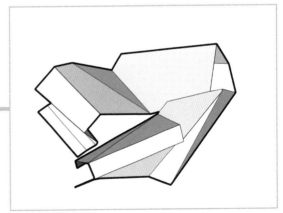

图 21

其实，手机怎么折都行，反正也不可能真折，重点是你折完之后能安抚住内部所有功能空间的使用。下面我们就来依据折好的形体对内部进行调整细化。

将面积较大的影院和一个剧场放置在地下一层，方便疏散人流，并解放首层大厅空间。以流线包裹建筑空间，强调出人的行为在塑造空间时所起的主导作用，以坡道、直跑楼梯等多种交通形式塑造漫游系统（图22、图23）。影院上方设置开放式画廊，内部以隔墙简单划分空间（图24），再继续设置向上的慢行流线（图25）。

细化功能

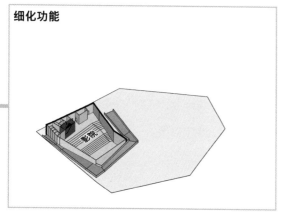

图22

细化功能

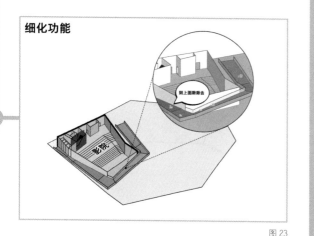

图23

细化功能

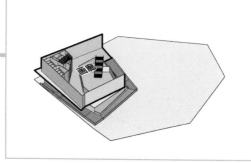

图24

细化功能

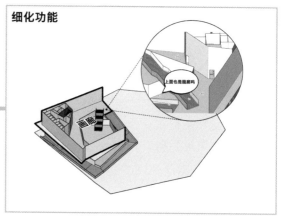

图25

上部继续设置开放画廊及辅助空间，贯彻垂直于交通核的快速流线系统，同时完善慢行交通体系（图26~图28）。完成画廊组团的设计后，继续完成剧院竖向分区。负一层设置大剧场，置入快速交通及漫游路径（图29、图30）。首层设置小剧场，继续贯彻快速交通，完善漫游路径（图31、图32），将封闭图书室设置在顶层，保证相对安静的氛围（图33）。

细化功能

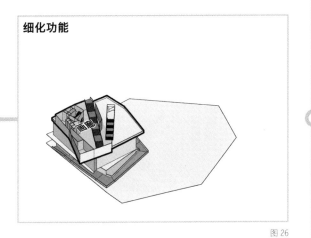

图 26

细化功能

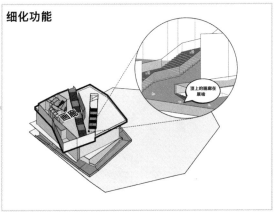

图 27

细化功能

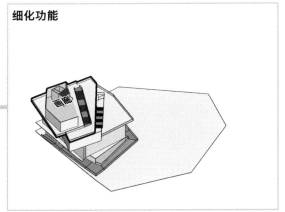

图 28

细化功能

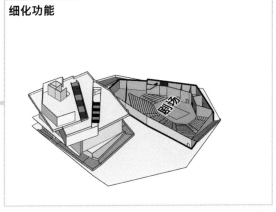

图 29

细化功能

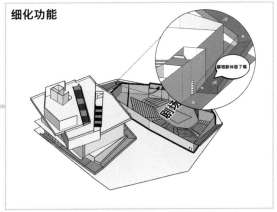

图 30

细化功能

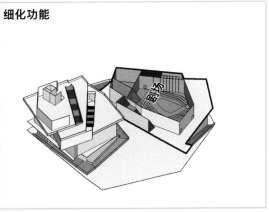

图 31

细化功能

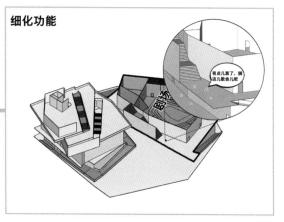

图 32

细化功能

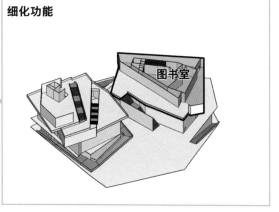

图 33

细化功能

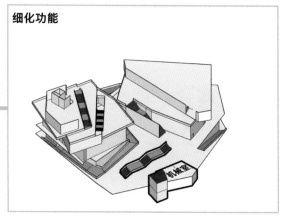

图 34

细化功能

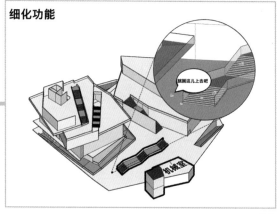

图 35

接下来，细化专业共享部门竖向分区。将后勤机械室置于地下二层，保证地下一层公共活动空间的纯粹性，同时置入快速交通和漫游路径（图 34、图 35）。

一层设置封闭培训室、办公室、餐厅，同时继续落实快速交通和漫游路径（图 36、图 37）；二层设置封闭的多媒体工作室和音乐工作室，沿外部墙体继续完善漫游路径（图 38、图 39）；夹层设置摄影工作室，并与画廊组团建立路径联系（图 40、图 41）；三层设置媒体部门（图 42）。

细化功能

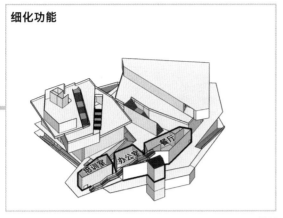

图 36

细化功能

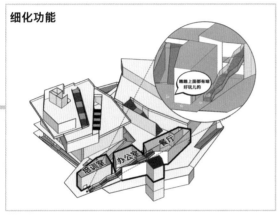

图 37

细化功能

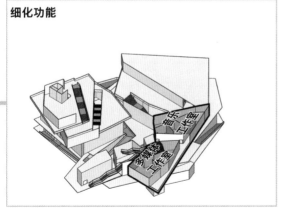

图 38

细化功能

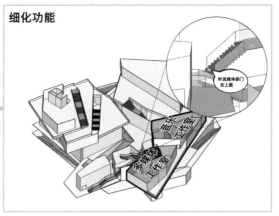

图 39

细化功能

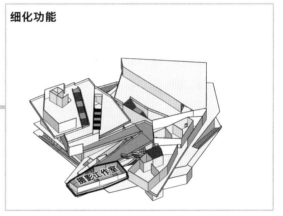

图 40

细化功能

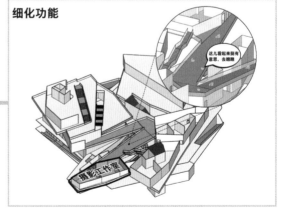

图 41

细化功能

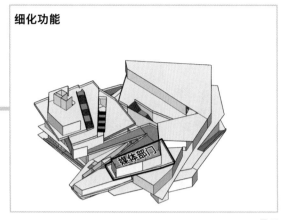

图 42

至此，内部功能空间完成。再罩上我们折叠出来的壳儿，媒体中心就基本成形了（图 43）。

建筑表皮

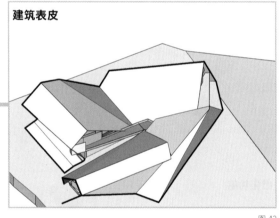

图 43

建筑立面选用玻璃材质，夜间可通过投影炫技，充分显示新媒体中心的建筑性质，并在建筑表皮设置观展区，丰富折叠后的"褶皱"（图44）。结构上以柱子和全包建筑形体的网架结构组合，共同支撑起"高大上"的新型媒体建筑（图 45）。最后融入环境，在建筑基地中同样设立环绕建筑的坡道平衡场地高差，方便来自四面八方的人进出（图 46）。

建筑表皮

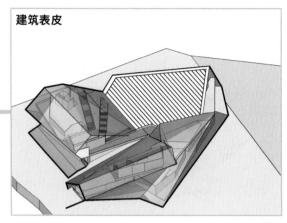

图 44

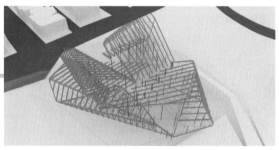

图 45

融入环境

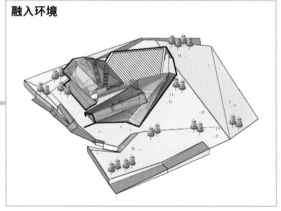

图 46

这就是 CAAT Studio 建筑事务所设计并中标的德黑兰新媒体中心，一个追随时代，为大众媒体打造的新媒体中心（图 47 ~ 图 50）。

图 47

图 48

图 49

图 50

建筑师的核心竞争力应该是为这个时代创造美，而不是为给个交代创造美图。任何时代都像一间房子，大多数人眼前都是墙，只有少数人能找到门。但时代的残酷之处在于你以为只要待在房子里就能安度余生，却不知房子已然摇摇欲坠，在埋没你的那一刻，连个白眼都懒得给你。

图片来源：

图 1、图 20、图 45、图 47 ～图 50 来自 http://www.caatstudio.com，图 8 改绘自 https://www.unstudio.com，其余分析图为作者自绘。

END

今日 520'，宜抛弃甲方，独自寻欢

图1

名　称：海上浮城（Oceanix City）（图1）
设计师：BIG 建筑事务所
位　置：虚拟海面
分　类：社区建筑
标　签：模块化，漂浮城市
面　积：500 000 m²

有人说，结婚的反义词不是离婚。结婚是为了追求幸福，离婚也是。人生本质上是一个单刷的游戏，有王者组队带飞是运气，但升级打怪靠的还是独自上路的勇气。从这个角度来说，建筑师很像一个活在旧时代的传统典范，相信自己的职业人生要靠另一个人的成全才能圆满。但很可惜，另一个人叫甲方，没钱就算了，还总是假大方。

我们一边吐槽甲方不通情理、难以沟通，一边又想方设法地去沟通；我们一边抱怨甲方的想法难以满足，一边又绞尽脑汁地去满足。如果甲方是一切设计问题的根源，那直接解决掉甲方不就好了吗？谁离了谁，还不能过了咋地？

BIG 建筑事务所的大 B 哥（比雅克·英格斯）最近看所有甲方都不顺眼，是所有，没有例外。原谅你 B 哥一生不羁放纵爱自由。换句话说，老子不伺候了，要去拯救地球了。真的是去拯救地球。大 B 哥可能看过电影《未来水世界》：2500 年的地球两极冰川大量消融，地球成了一片汪洋，人类只能建起浮岛在水上生活（图 2 ）。

图 2

虽然这样的未来未必会到来，但随着全球变暖，海平面上升，不少国家和城市确实正在消失，比如，有数据表明，马尔代夫将在 100 年后沉入海底。到 2050 年，世界上最大的 10 个城市中有 9 个都将面临海平面上升带来的问题。

BIG 英雄主义爆棚，觉得与其畏惧上升的海平面，不如将这占据地球 2/3 以上面积的广阔资源利用起来，直接在海上建造漂浮城市，让人类发展出海上新文明。漂浮城市的说法其实也不算新鲜，事实上现在已经有 300 万人生活在水上了。在柬埔寨，淡水湖洞里萨湖的居民就生活在浮动房屋中。但人家大 B 哥要玩的是高科技。此处，BIG 利用了一项创新的海岸保护技术——生态岩石（Biorock）。

拆房部队小科普：这种岩石是电解积聚溶解在海水中的矿物质所形成的物质，只要有电流流动，结构就会无限制地增长，如果损坏也会自动修复，也就是说，如果用生态岩石支撑起漂浮着的建筑底座，那么随着时间的迁移，建筑结构反而会越来越坚固。这种礁石比混凝土或岩石海堤和防波堤便宜，而且在海岸保护和海滩生长方面也更有效。生物礁石是任何大小或形状的，是可渗透的、多孔的、生长的、自修复的结构，通过内部折射、衍射和摩擦来耗散波能。它们不会像坚硬的海堤和防波堤等那样引起海浪的反射，最重要的是生物珊瑚礁恢复的速度比海平面上升的速度快，是适应全球海平面上升的最具成本效益的方法。

以上看不懂没关系，BIG 自己也不见得完全明白。我们只需要知道，这玩意儿技术成熟可落地，价格实惠量又足就行了。总之就是，BIG 发现了这个新技术，然后决定搞个设计方案拯救沿海各大城市。虽然没有甲方，但 BIG 还是很严谨地考虑到经济成本和易普及、可持续的问题。毕竟，新科技产品投入市场最重要的就是抢占先机，如果产品本身过于复杂，那就只能起到一个科普新技术的作用——瞬间满世界都是物美价廉的替代品。所以，BIG 没怎么犹豫就选定了模块化。

模块化生产的建筑形体，具备自由生长的潜力，且将模块首先在陆地上造好，然后再拖到海上固定在适当位置，能够节约经济成本（图3～图7）。

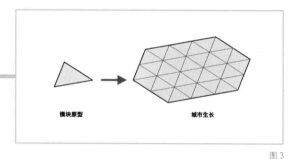

图 3

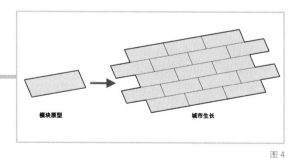

图 4

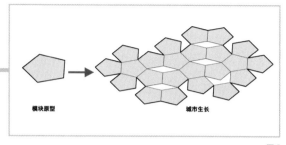

图 5

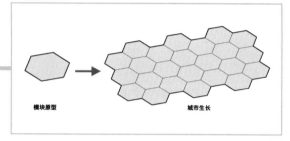

图 6

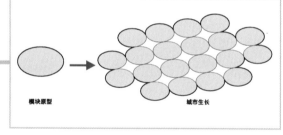

图 7

由于是在水上建造建筑，所以除了考虑模块易于组合、拼接无缝隙外，还需要考虑模块原型在水中的稳定性，增强城市"海上漂"的能力。

但其实也没有太多选择，因为你只能考虑边最少的三角形和无限边的圆形两种临界情况。面积相同的三角形和圆形建筑底盘，在水中的浮力及阻力相同，但在生长拓展形成城市的时候，三角形可以拼接得更加紧凑，在形成同等规模城市的时候占水面积更小（图8）。

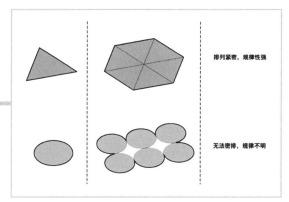

图 8

所以，三角形胜出，成了漂浮城市的最基本单元——社区的原型，而三角形组合形成的六边形（考虑到蜂箱内部的井然有序，六角形被广泛认为是最有效的建筑形状之一）则成为下一级村落的原型。

原型确定后还需要确定原型的大小——没有甲方就是这点不好，什么数据都得自己定。按照BIG的设想，一个三角形模块就是一个城市社区，而我们要找到一个合适的社区尺度以保证人们日常居住生活和工作的舒适性。那么，问题来了：你说要保证人们生活的舒适性——人在哪儿呢？也就是说，漂浮城市所定位的目标人群是谁？

BIG将注意力集中在如纽约、洛杉矶、迈阿密、伦敦、伊斯坦布尔、利马、布宜诺斯艾利斯、里约热内卢、悉尼、布里斯班等城市，此外，亚洲的许多重要城市，如首尔、东京、大阪、曼谷、孟买、香港、深圳、上海等也在范围内。理由其实很简单：这些城市有钱、有需求。而且，作为各个国家的主要城市，本身就面临着巨大

的压力，如何合理调整人口密度（根源问题），改善交通拥挤、住房困难、环境恶化、资源紧张、物价过高的局面，成为城市未来发展的重大问题（图9）。

图 9

也就是说，BIG以解决未来海平面上升的潜在危机为出发点进行了策略转移——我们暂且不谈未来，就说当下。海上的新城市空间可以修正如今城市发展出现的"僧多粥少"的根源问题，与此同时为应对海平面上升提供了策略（图10）。

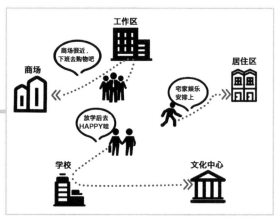

图 10

反正现在的巨型城市都在新建卫星城和开发区，还不如选这个漂浮城市：一方面缓解城市压力，一方面还应对了未来的灾难。即时快乐和延时快乐同时满足，实用又科学（图 11）。

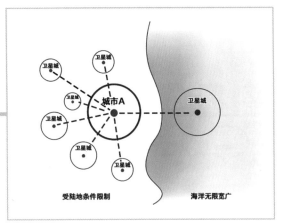

图 11

BIG 依据人们日常步行的适宜速度 4—5 km/h，以及不会感觉累的适宜步行距离 500 m，确定了最小模块社区的规模为 2 hm²，可容纳 300 人同时生活。同时，较小的社区规模平衡了居住建筑和公共建筑的体量，公共建筑不再需要动辄几万平方米，只需要为本社区提供服务。所以，6 个三角形为一组，拼接在一起变成一个六边形，构建一个 12 hm² 的小村庄。三角形尖角倒圆角，优化边界空间。BIG 计划通过复制、粘贴，形成可以容纳 10 000 人、面积约为 750 000 m² 的群岛（图 12 ~ 图 15）。

社区模块

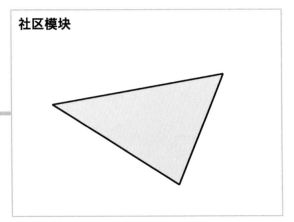

图 12

消解锐角

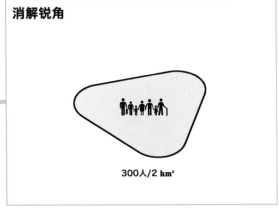

300人/2 hm²

图 13

村庄组团

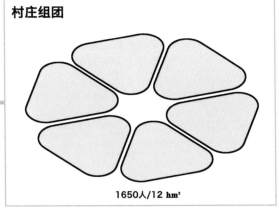

1650人/12 hm²

图 14

城市生长

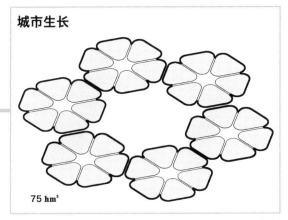

75 hm²

图 15

每一个三角形社区中的建筑同样选择基础的六边形形体，与场地设想呼应。社区中建造 4—7 层的低层建筑，以抵抗海上较强的风力作用（图 16、图 17）。每一个社区组团都要实现自给自足，居住、零售、餐饮、研究实验、共享工作等功能都得安排上，生活、工作和娱乐缺一不可（图 18）。然后，扩大建筑顶面，收缩底面，使内部空间和公共领域自遮阳，提供舒适性和较低的冷却成本，同时可以最大限度地获取太阳能（图 19、图 20）。

置入建筑

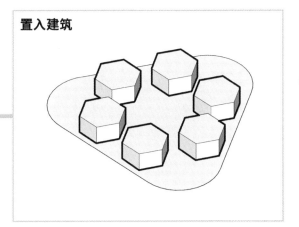

图 16

建筑分层

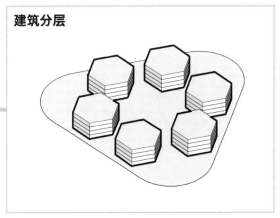

图 17

功能分区

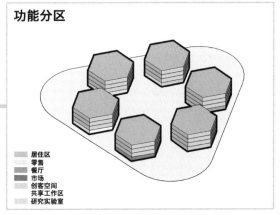

居住区
零售
餐厅
市场
创客空间
共享工作区
研究实验室

图 18

169

形体调整

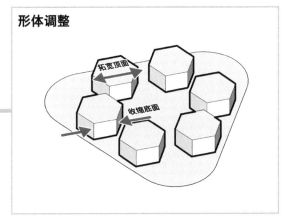

拓宽顶面

收缩底面

图 19

形体调整

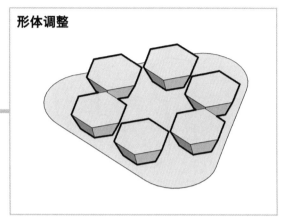

图 20

建筑材料方面优先选择当地采购的材料——竹子和木头，以便于维护和在使用结束时拆卸，比如，抗拉强度是钢的 6 倍的速生竹子的碳足迹为负，还可以在社区种植（图 21）。

建筑材料

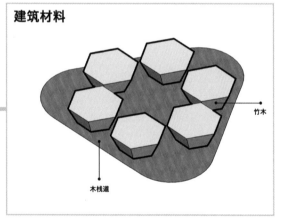

竹木

木栈道

图 21

社区农业是每个平台的核心。在平台下面，生物岩浮礁和养殖的海藻、牡蛎、贻贝、扇贝和蛤类能清洁水资源，并促进生态系统的再生。有机农产品将在气养和水养系统中高效种植，并辅以传统的户外农场和温室。食物垃圾将被收集在气动管道中，并转化为能源和堆肥。平台将收集淡水和海水，灰水将被捕获并回收再利用，不会排放到海洋中（图 22 ～ 图 27）。

社区农业

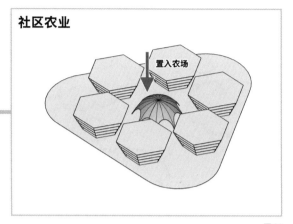

置入农场

图 22

功能分区

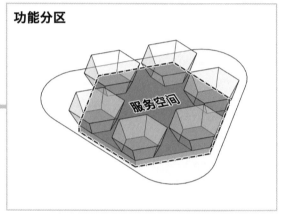

服务空间

图 23

细化功能

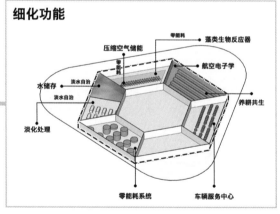

零能耗
压缩空气储能
藻类生物反应器
水储存
淡水自治
航空电子学
淡水自治
淡化处理
养耕共生
零能耗系统
车辆服务中心

图 24

栖息地再生

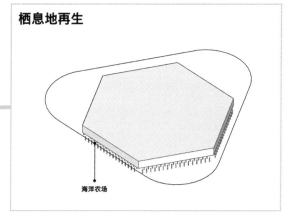

海洋农场

图 25

栖息地再生

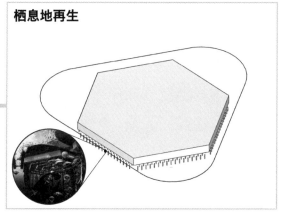

图 26

技术支持

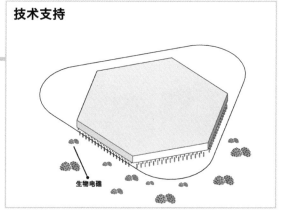

生物电礁

图 27

解决完实际问题，我们继续回到海面上完善建筑形体。改变六边形模块的形式，形成花样多多的建筑形体——真的好像各种口味的小饼干呢，有没有（图 28）？将倒过角之后的三角形边缘加以利用，设置绿化、生产、公共活动等空间（图 29）。

社区模块

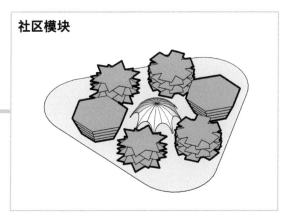

图 28

社区边缘

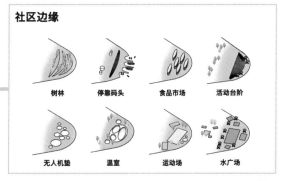

| 树林 | 停靠码头 | 食品市场 | 活动台阶 |
| 无人机垫 | 温室 | 运动场 | 水广场 |

图 29

6 个社区可以聚集在受保护的中央港口周围，以创建面积为 12 hm² 村庄，最多可容纳 1650 名居民。一个有遮盖的内圈被社交、娱乐和商业功能围绕，以鼓励公民聚集并在村庄中移动，居民可以轻松步行或驾驶电动汽车、乘船穿越村庄（图 30）。

171

村庄原型

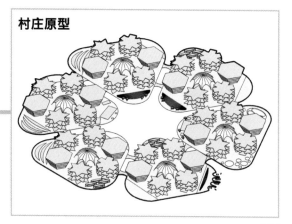

图 30

选择易于建造和拼装的各种矩形组合，并改变六边形建筑的排列顺序，进一步丰富村庄内的建筑形式（图 31、图 32）。

村庄原型

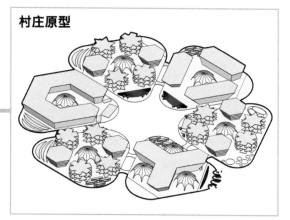

图 31

村庄原型

图 32

然后，6 个村庄可以连通，以达到临界密度，并形成一个拥有 10 000 名居民的城市。城市中心形成了一个大型的受保护港口，每个城市将包括 6 个特殊的社区，这些社区设有公共广场、市场，以及学习、健康、运动和文化中心，这些地标性社区将吸引整个城市的居民，并以独特的身份锚定每个社区（图 33 ~ 图 35）。

城市生长

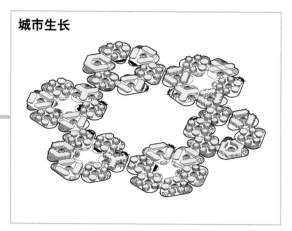

图 33

公共建筑

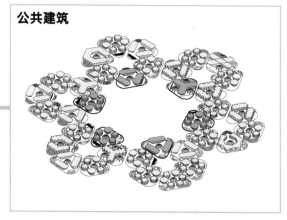

图 34

公共建筑

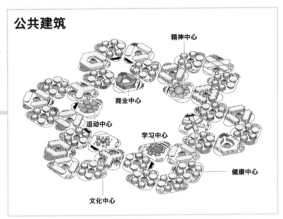

图 35

在漂浮城市中，人们可以采取电动共享和互联交通的混合形式实现健康出行（图36）。最后，再优化一下漂浮城市。在城市周围设置突破性的"前哨基地"，在为居民提供落脚点的同时，允许额外的能源和食物生产（图37、图38）。

图 36

完善城市

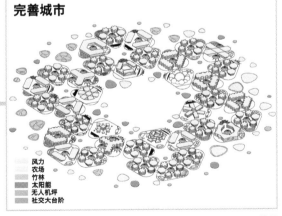

风力
农场
竹林
太阳能
无人机坪
社交大台阶

图 37

融入环境

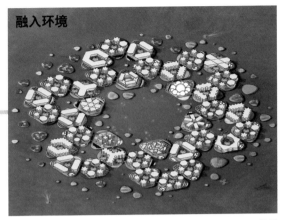

图 38

至此，漂浮城市的设计就完成了。按照BIG的说法，这个架构可以适应任何文化，如一座中东漂浮城市或者东南亚漂浮城市，抑或一座斯堪的纳维亚漂浮城市，只要配上带有当地文化特征的立面就可以了（图39～图41）。

中东地区

图 39

东南亚地区

图 40

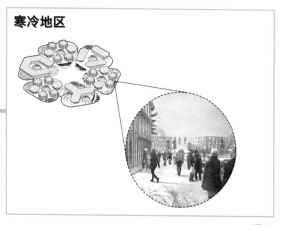

图 41

图 44

这就是 BIG 在没有甲方的情况下，自己当家做主设计的海上浮城，一个漂浮在海上的"救生圈"（图 42 ~ 图 45）。

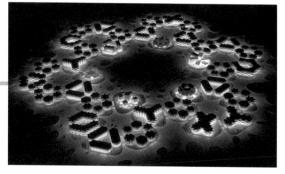

图 42

图 45

虽然 BIG 的理想很丰满，但现实竟然——也不算瘦。麻省理工学院海洋工程中心愿意提供技术支持，并得到了联合国人居署的支持：在"可持续漂浮城市"（Sustainable Floating Cities）的圆桌讨论会上首次公布了该方案。联合国常务副秘书长阿明娜·穆罕默德（Amina Mohammed）在演讲中说道："气候相关风险对当今的城市造成越来越大的威胁，漂浮的城市可以成为应对这一挑战的新模式。"另有一个 Oceanix 公司主动冠名，愿意与 BIG 合作进行前期投入并当说客，已经与全球 10 多个城市进行了接洽。

建筑为改变生活而设计，不是为甲方而设计。世上本无夕阳产业，只有夕阳企业和"夕阳"的人。等风来，不如追风去。

图 43

174

图片来源:

图 1、图 42 ~ 图 45 来自 https://big.dk/#projects-sfc,
图 2 来自 https://inf.news/entertainment/401f90870100
520b22d37d17bc6ca353.html, 图 36 改绘自 https://big.
dk/#projects-sfc, 其余分析图为作者自绘。

END

建筑师是怎么把一手好牌打烂的

图1

名　称："100公顷"（ITMO Highpark）（图1）
设计师：MVRDV建筑设计事务所
位　置：俄罗斯·圣彼得堡
分　类：教育建筑
标　签：自生自灭，随机性秩序
面　积：100 000 m²

设计就像中药，你以为很苦了，其实不对，熬一熬会更苦的。正所谓出图之日，入土之时，入得土中土，方能画完楼上楼……的楼上的楼上的图。

据说熬鹰熬到最后，都是鹰"挂"了，人胜了；为什么熬图熬到最后却是我"挂"了，图剩了，还剩了一堆？但你有没有想过，这一切很可能就是一场梦，醒了之后只有你自己很感动？明明做什么样的方案，画什么样的图纸，搞什么样的设计，决定权都掌握在你的手里啊，你才是建筑师不是吗？就像满大街的菜馆，粤鲁川苏，煎炒烹炸，萝卜白菜，火锅奶茶，做的都是拿手菜，卖的都是独一份，至于顾客（甲方）满不满意，那是另外一回事儿。反正你做成什么样，都会有人不满意。

卫星城尤日内是俄罗斯圣彼得堡的一个新区，也是圣彼得堡政府大力发展的战略项目，并被列入俄罗斯政府的优先项目候选名单（图2）。

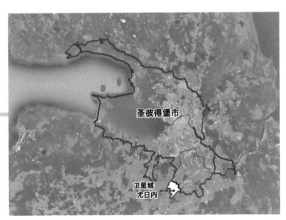

图2

一般政府说要大力发展，就意味着要搞点大项目，俄罗斯也不例外，只会搞得更大。

俄罗斯政府同圣彼得堡市、尤日内新区以及ITMO大学在卫星城发起了一个叫作"100公顷"的联合项目竞赛。简单说就是要搞一个100 hm² 大小的科技产业园区，包括ITMO大学新校区、技术谷和商业园3个部分。

ITMO大学新校区计划容纳3600名研究生及博士生、400名教师和1000多名其他人员，校园占地80 hm²，总建筑面积为180 000 m²；技术谷说白了就是依托大学的双创基地和孵化器，计划占地16 hm²，总建筑面积为140 000 m²；商业园占地4 hm²，总建筑面积为60 000 m²。

100 hm² 选地位于卫星城边界，东侧紧邻铁路与站点，西侧紧邻城市公路。交通便利，位置优越（图3）。

177

图3

重要项目肯定要被认真对待。一般情况下，这个"认真对待"会体现在一而再，再而三，三而四五六七轮的方案征集上。早在 2018 年，"100 公顷"项目就完成了一轮规划，初步划分了功能分区和交通网络（图 4）。然后，常规操作，再来一轮国际竞赛，邀请各路大罗金仙参加。

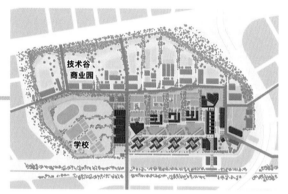

图 4

新一轮竞赛除了要求规划设计外，主要任务是开发内部和外部公共空间的结构（也就是让你把建筑设计出来），并且甲方依据自己想出的卫星城建设进程，还搞了个分期建设计划表：第一阶段（2020 年末 /2021 年初—2022 年）建设主要的教育园区（一个主教学楼、宿舍、一个学生俱乐部、餐饮场所、容纳 2000 人的礼堂）；第二阶段（2022 年—2023 年下半年）建设关于 IT、光子学、量体技术、生命科学和健康领域的 4 个研究中心，体育设施（室外运动场、室内运动场馆），文创中心，展示中心，企业孵化器；第三阶段（不知道啥时候）建设技术谷、商业园。

总结一下，除了大学新校区，其他都是"浮云"。这一手牌抓起来，按理说不算太差。好歹前面也有个规划打底了，好好做建筑就行了，估计甲方主要也是想看看形象。

但甲之蜜糖，乙之砒霜。在已有规划框架下做设计，对擅长单体设计的建筑师来说可能是个好事儿，可对某些喜欢整体思考统一构架的建筑师来说，就是个限制了，比如，天生反骨的 MVRDV 建筑设计事务所。

在 MVRDV 看来，原有规划中的教学和创新两个功能虽然相互融合，但明确的功能分区好似人为拟定了楚河汉界，其设想的吸纳、协作和试验的教学模式并不能很好地实现（图 5）。

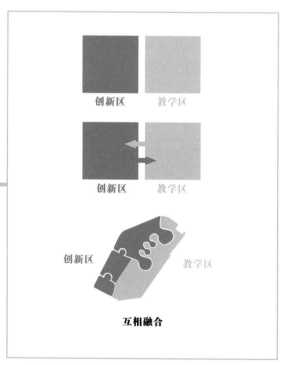

图 5

那么，请问 MVRDV 的各位团员：这个不好实现，什么样的好实现呢？MVRDV 邪魅一笑：不，你应该问什么样的最好实现。好实现的方案可能有很多，但最好实现的只有一个，就是瞎做、乱做、随便做、想怎么做怎么做，我们可以称之为：破罐子破摔自生自灭设计大法！自然形成的随机性秩序是本设计大法的底层逻辑，基本操作就是给每一个功能空间一个合适的形态，然后连一连，连成啥样算啥样（图6）。

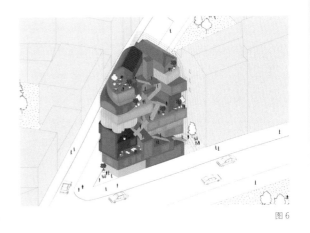

图6

MVRDV 觉得规划和建筑在本质上是一回事儿：建筑就是小城市，规划就是大建筑。他们决定推翻"先路网后建筑"的传统规划方法，模拟自发的秩序，采用一种类似于乡村生长的模式，不刻意寻找结构和层次。那么，问题来了：这种随机自发的秩序到底怎么实现？来！别眨眼，看好了：你只需要手握一堆盒子块，然后"啪"地那么一扔，盒子落在地上啥样就是啥样！这就是自然的随机性，一种不被人力干涉的空间模式，一种混乱的秩序。嗯，早告诉你了：破罐子破摔嘛（图7~图9）。

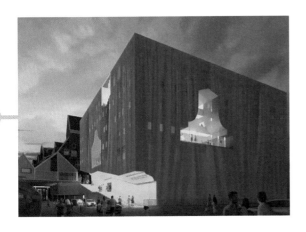

图7

图 8

图 9

好了，底层逻辑在手，接下来开始实操，MVRDV 在自己的空间模式中疯狂蹦迪。虽然关系是扔出来的，但功能还得亲力亲为。首先要做的就是给"盒子"拟定功能。

根据任务书的要求，对各个建筑及室外活动空间进行差异化设计，彰显未来校园的个性。这里对园区内各功能进行细分，并给予一个合适的形态，以便于人们日常的使用，至于具体什么形态，您瞅着开心就成。

室外活动场地：操场、足球场、小剧场，以及各种形状和尺寸的绿化空间，形状有方的、圆的、爬坡的、田字格放射的、十字交叉的（图 10）。

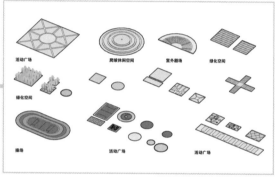

图 10

校园建筑：拥有超大中庭的豪华主教学楼、围绕方形变异的 4 个研究中心、礼堂、圆顶学生俱乐部、小尺度坡屋顶宿舍、大尺度坡屋顶学术文创中心、U 形体育场、U 形企业孵化器以及展示中心和餐饮场所（图 11）。

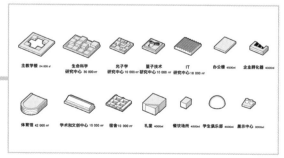

图 11

技术谷：各种样式的建筑供各企业随意挑选，并配套爬坡式的停车楼（图12）。

图 12

商业园：平坡屋顶各来一组（图13）。

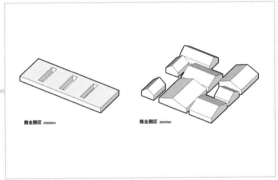

图 13

体块有了，接下来得给建筑开窗。毕竟不是过家家，总得先完成真实的建筑设计才是。此时，MVRDV 面临两种选择：一种是每个建筑独美，大家开得都不一样，进一步突出个性；另一种是统一开窗元素，求一种稳定感。

MVRDV 认为自己的建筑形式已经足够丰富，应该给大家找个平衡，找个串联因素才是正解。于是玻璃幕墙配合统一几个尺度的随机开窗形式被应用到了每个建筑上。随机开洞呼应设计的底层逻辑，同时又形成了一定的规律。此外，屋顶绿化和上人广场又呼应了地面层的绿化及活动空间，于变化中寻得不变的因素（图14～图17）。

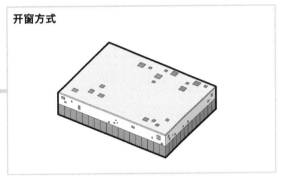

开窗方式

图 14

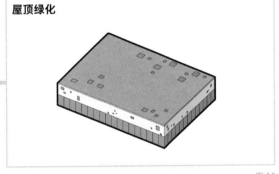

屋顶绿化

图 15

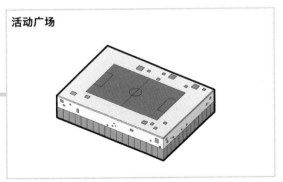

活动广场

图 16

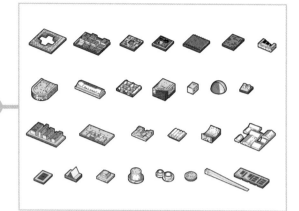

图 17

然后，大建筑师逐渐没有了求生欲，甲方的分期建设计划也被果断瓦解，毕竟 MVRDV 是要把所有建筑堆到一起，要是分期，怎么留地还是个问题。

有了问题，就把"问题"解决掉。不如就不留地了，一股脑儿给设计完，帮甲方提高一下效率。毕竟你 2013 年提出的尤日内城市规划，到 2021 年还连个影儿都没有呢，我不按套路出牌也不过分吧？

单体建筑设计完成，接下来拼合组装成学校，同时完善交通系统。先来个高空自由落体，破罐子破摔自生自灭，将大大小小的盒子丢到校园里（图 18 ）。

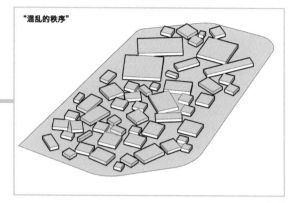

图 18

然后，把这些盒子根据任务书要求的功能面积进行分区。毕竟园区太大，在保证底层逻辑正确的情况下，咱还得一片一片完成。

学校运动区在南侧的功能布局保持不变，只不过区别于原规划，MVRDV 将场地东侧全部设置为运动场所，未来供学校、商业园和技术谷人员共用。学校其他教学及娱乐空间设置在北侧核心区域，商业园和技术谷分别沿街设置（图 19 ）。

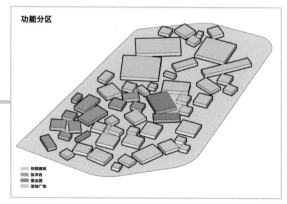

图 19

接着将已经设计好的各个建筑填进来。第一步，确定基准点。以 ITMO 大学的主教学楼为基准点，先将其锚定在园区建筑的核心（图 20 、图 21 ）。

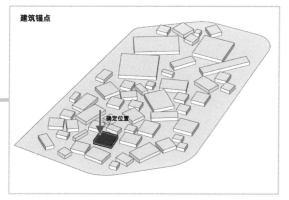

建筑锚点

确定位置

图 20

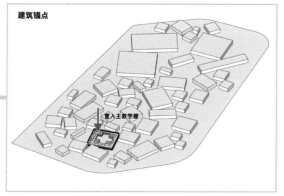

建筑锚点

置入主教学楼

图 21

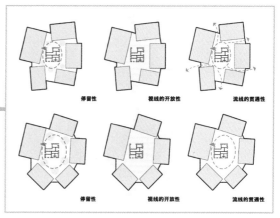

停留性　　　视线的开放性　　　流线的贯通性

停留性　　　视线的开放性　　　流线的贯通性

图 22

校园建筑

图 23

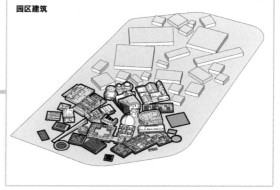

园区建筑

图 24

校园内的其他建筑围绕主教学楼展开，为了保证整个园区使用上的合理性，需要局部调整一下组织关系。

此处各个建筑的组织逻辑与我们之前研究的"搓麻将"逻辑一致，各建筑边界呈现角对边的状态，形成具有一定引导性的漫游路径；建筑角对角处形成停留空间，可设置绿化小节点等休闲空间（图22、图23）。在基本原则的指导下，完成整个片区建筑、广场及路径的设计（图24～图28）。然后，完善建筑的漫游路径，将漫游路径和建筑形式结合，形成第二套屋顶漫游系统。上房揭瓦考虑一下（图29）。

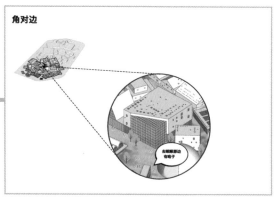

角对边

图 25

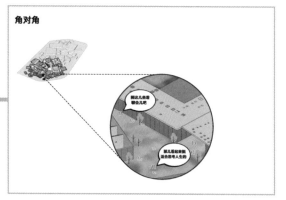

角对角

图 26

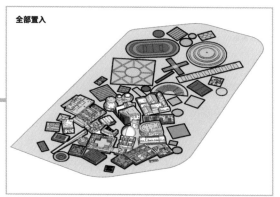

全部置入

图 27

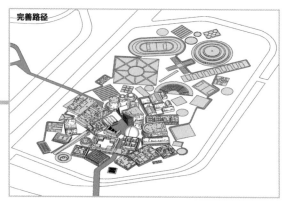

完善路径

图 28

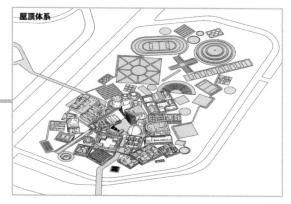

屋顶体系

图 29

最后，种点儿树融入一下环境（图 30 ）。

融入环境

图 30

这就是 MVRDV 建筑设计事务所设计的 "100 公顷"，一个立志把一手好牌打烂的学校（图 31、图 32 ）。

图 31

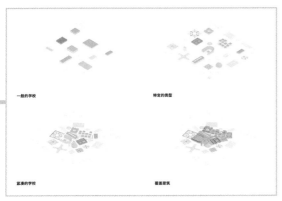

图 32

然而，屠龙的少年都活在童话里，现实只会残忍地告诉你——根本就没有龙。故事的最后，不按套路出牌的 MVRDV 还是败了。中标的方案长图 33 这样，在保持原有规划的大体布局的基础上，对园区进行了升级和更新。

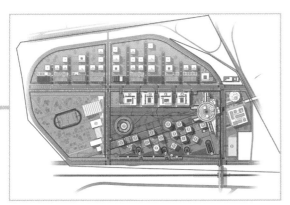

图 33

不过估计 MVRDV 也不在乎，人家都敢把一手好牌打烂了，还会在乎牌局输赢吗？鸡蛋，从外打破是食物，从内打破是生命，建筑亦是，大不了换个场子接着嗨。人生苦短，保持任性。

图片来源：

图 1、图 31、图 32 来自 https://www.mvrdv.nl/projects/386/the-next-itmo，图 4、图 5 改绘自 https://startdevelop.com/projects/yuzhniy，图 33 来自 https://archi.ru/russia/86786/letyaschii，其余分析图为作者自绘。

END

185

我就嘴贱吹了个牛，
没想到让中标方案翻了车

图1

名　称：挪威奥斯陆国家博物馆（图1）
设计师：REX建筑事务所
位　置：挪威·奥斯陆
分　类：文化建筑
标　签：缠绕，集体协同
面　积：130 000 m²

给你讲一个恐怖故事：从前，有个建筑师中标
了，然后，项目没了。铁打的甲方，流水的项目。
真正想游泳的只有磁铁打的建筑师。

据非科学不完全统计，一个建筑方案能活到建
成之日不翻车的概率比拉鱼的车翻车后鱼的成
活率都低。钱没了，地没了，甲方也没了，这
种情况翻车都翻得比较彻底，可以死而无憾了；
钱多了，地大了，甲方膨胀了，这种情况翻车
都是被嫌弃、被抛弃，算是死不瞑目了；钱少了，
地小了，甲方迷惘了，这种情况翻车也翻不彻
底，翻过来又翻回去，每半年就诈尸让你改
改方案，改完继续玩消失，半死不活，唯一能
做的大概就剩下转发锦鲤。

但今天我们要说的这种情况比较罕见：钱多，
地大，甲方好"骗"，没想到建筑师自己翻了车。
翻车理由竟然是——甲方太好"骗"了！

2002 年，奥斯陆市政府发起了挪威国家博物馆
的国际竞赛，请记住这个年份。基地位置就选
在了 Vestbane 西站，这个火车站曾经是服务于
挪威西部的奥斯陆火车总站，现在早已停用，
改为地面停车场，四周被上下 700 年的各种历
史建筑包围（图 2）。

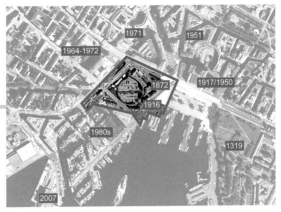

图 2

基地南部临海，整体分为两块。东侧地块面积
较大，约为 23 000 m²，西侧地块面积较小，
约为 4300 m²。基地内部还有两座历史保护建
筑——诺贝尔和平中心和国家展览馆，共同的
名字叫作"不能拆"（图 3）。

图 3

建筑功能主要就是两部分：戴希曼图书馆
（15 000 m²）和斯坦森博物馆（4000 m²）。
但是未来可能、也许、大概还会进一步开发第
二个博物馆（Big Museum，10 000 m²）、演艺
剧场（Oslo NYETheater，9000 m²）以及影院
（8000 m²），还有若干商业、住宅和办公项目。

未来可能、也许、大概这种事就等于"不必管他",把地留出来就行,重点还是要把眼前的事弄明白了。正常建筑师估计都会这么想,REX 建筑事务所虽然不算太正常,但也是这么想的。

首先,REX审视建筑基地,掐指一算定住中心位,也就是让建筑的主体功能占据基地的主体地位,边角料可用于未来其他项目的开发(图4)。

图4

结合功能面积要求竖起建筑体块,基地其他位置则可以用于未来项目的分阶段发展。至于将来甲方是再次招标还是续签合同,REX 都不关心,反正人家有信心让博物馆镇住全场(图5、图6)。

置入建筑

图5

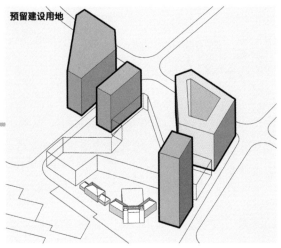

预留建设用地

图6

接着就是这个壳里建筑功能的具体排布。通常像博物馆和图书馆这种"亲戚"文化机构的合并或多或少都会互相影响——安静的会热闹一点儿,热闹的会更热闹一点儿。可 REX 想要在保证这两个机构本身特异性的同时,还能产生协同作用。说白了,就是 1+1=11,虽然都还是 1,但组合起来比 2 大。

此时,阅建筑无数的你一定想到如何操作了:给两个建筑功能设置个性化的体块,然后塞进去,独美(图7)。

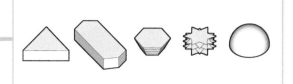

图 7

那集体的协同作用如何实现呢?两个造型各异的建筑应该怎么融合呢?我们要的不是无灵魂的靠近,而是 360° 无死角的贴合,所以我们应该放眼三维空间,搞个体积规划。

好的,体积规划可以,但到底怎么办?两相融合的最好方式就是缠绕!你是风儿,我是沙,缠缠绕绕到天涯(图 8)。请注意! REX 所谓的缠绕与我们以前拆过的平田晃久的空间缠绕是不一样的,简单说,平田晃久的缠绕倾向于纠缠,追求的是剪不断理还乱,总有解不开的小疙瘩的一种空间关系,多向缠绕的目的就是形成交接,产生新的空间活力点(图 9)。

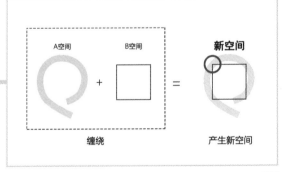

图 8

图 9

如果说平田晃久的纠缠美学是为了让空间形成双重系统,发生相互作用的化学反应,产生缠绕节点,那么 REX 口中的缠绕就是简单粗暴的物理接触,更倾向于捆绑,就是顺杆往上爬,棍上绕根线的组织关系,一个向甲方输出观点的噱头(图 10)。

图 10

组织关系乍一听没有空间关系丰富和高级，但
建筑本就无所谓高不高级，主要看解决什么问
题，有效才是硬道理。

两个机构共存的时候，一个机构做绳，另一个
机构做积木。积木负责造型，而绳就负责缠绕
连通。对应到建筑空间上就是一个做成独美的
建筑体块，另一个做成开放的大楼梯，然后让
大楼梯环绕建筑体块（图11、图12）。

个性化建筑体块

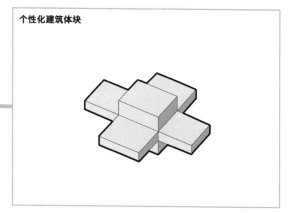

图 11

开放阶梯环绕

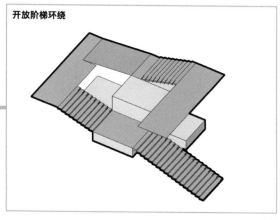

图 12

方法有了，接下来根据功能面积要求实操。选
择面积较大的图书馆做成开放楼梯，博物馆做
成形式多样的建筑体块。个性化的体块置入博
物馆功能，主要向沿街面展开，同时保证其在
二维和三维空间上的张力（图13）。

博物馆体块

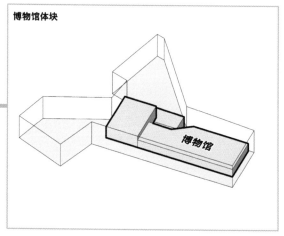

博物馆

图 13

接着，首层结合大楼梯整体设置为图书馆，在三维空间中，大楼梯环绕博物馆体块上升，同时保证主临街面的建筑形象（图14）。优化建筑形体，博物馆体块继续凹造型，沿主街面掏洞变形，强化博物馆独立的建筑形象（图15），为不同的文化机构选用不同的材质（图16）。再继续深化，在博物馆中加入实体空间，容纳服务功能，进一步加强博物馆和图书馆在三维空间上的联系（图17），然后置入家具，打造开放式的空间布局（图18～图21）。最后糊个漂亮的外立面就大功告成了（图22）！

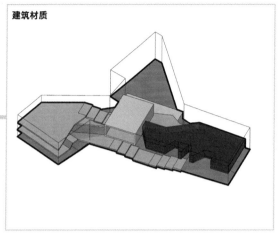

建筑材质

图16

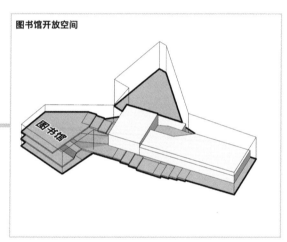

图书馆开放空间

图14

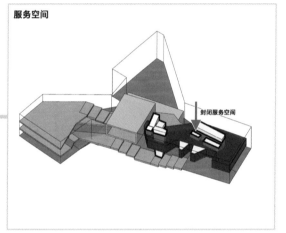

服务空间

封闭服务空间

图17

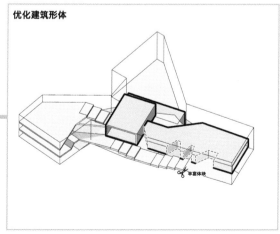

优化建筑形体

半高体块

图15

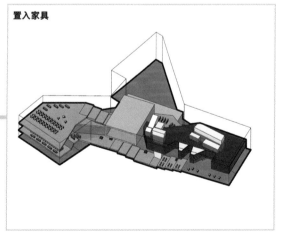

置入家具

图18

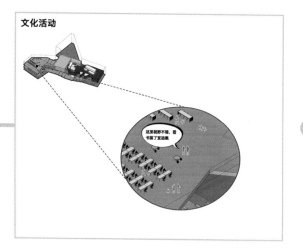

文化活动

图 19

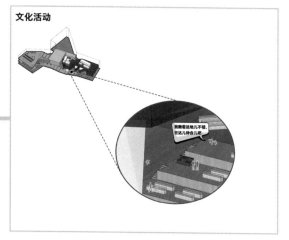

文化活动

图 20

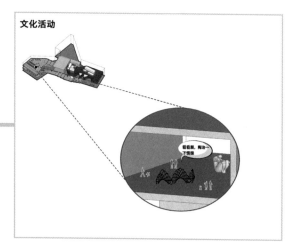

文化活动

图 21

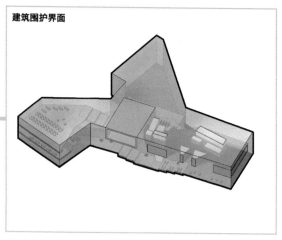

建筑围护界面

图 22

前方"高能"!

不管怎样，这也算是挪威国家级的设计竞赛，饶是 REX 见惯大风大浪，也不敢就说板上钉钉。心里没底，嘴上就没谱。我的意思是说，建筑师们一般都会在投标汇报的时候给自己的方案拔拔高、上上价值——俗称忽悠，或者吹牛皮。

为了增加自己的胜面，REX 给自己的项目稍微拔高了一下：既然甲方有未来容纳更多其他机构的想法，那我们这种缠绕组织关系可以继续利用。简单说就是，您直接往上继续垒积木，啥样的积木都行。各个文化机构独美，横竖是被我"图书馆"这根绳给箍住了。最关键的一点是，不论项目进行到哪个阶段，不管建到什么程度，我的建筑都是完整且完美还可以正常使用的（图 23）。

个人身份　　　　集体协同

图 23

大家都知道，拔高、吹牛皮的关键技巧是：让甲方情绪高涨但理智尚存，也就是听得很高兴，但谁也没当真。但是，也不知道是 REX 太真诚，还是挪威甲方太实诚，总之，甲方相信了 REX 吹的牛皮，不但给 REX 评了个一等奖，还立刻又收购了一个文化遗址。

2007 年，奥斯陆市将 REX 的设计批准为监管计划，又购买了文化遗址，并委托 REX 研究超出原始竞赛方案的文化遗址的潜在方案组合，还把未来或许要建的两个剧场、影院也提前到了现在，让 REX 按照绳子缠积木的想法把 5 家文化机构都整合到这个综合体当中，弄一个百花齐放又相互兼容的热闹场面。甲方表示十分期待（图 24）。

多家文化机构

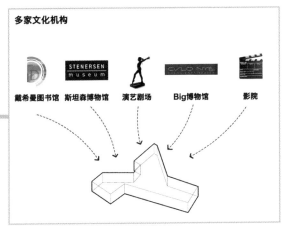

戴希曼图书馆　斯坦森博物馆　演艺剧场　Big博物馆　影院

图 24

这玩意儿想想都知道不可能，先不说能不能放得下，单是连接的问题就解决不了。这是房子，又不是真积木，摆上去就行，也不知道甲方怎么就着了道。REX 也是有苦说不出，自己吹的牛，跪着也要吹完啊。

于是为了能装得下，REX 开始拓宽建筑体块，在场地的物理限制和监管计划的影响下形成了一个三维的建筑围护结构，这也就决定了建筑的最大体积、高度和深度（图 25、图 26）。

建筑围护结构

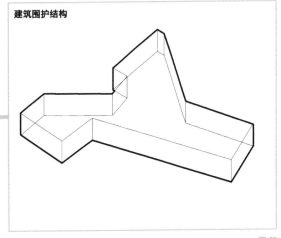

图 25

建筑围护结构

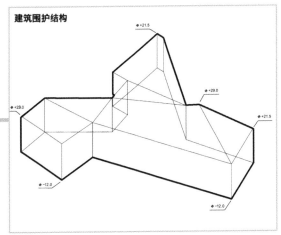

图 26

为每个机构设置一个适合的建筑形体，仍然以戴希曼图书馆为绳，将其设置为三维立体开放阶梯式阅览空间，其他4个文化机构依然独美（图27）。然后就是大力出奇迹的时刻，将5个文化机构硬塞进去，甲方交代的任务就大功告成了（图28、图29）。

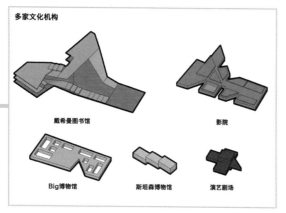

图 27

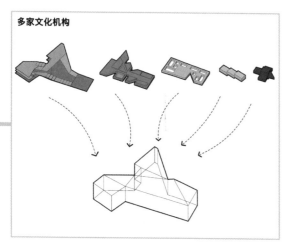

图 28

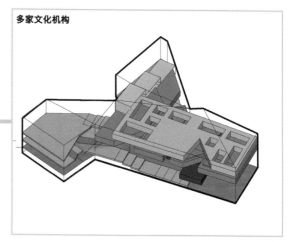

图 29

然而，塞是塞进去了，但这怎么看也不像个能够顺利建设并投入使用的样子啊，光这个结构就不够被结构师砍的。于是，为了将自己的牛皮吹完，REX 决定继续搞研究——说白了就是糊弄到底。然后，这个可行性研究就一直研究到了现在也不可行（图30）。

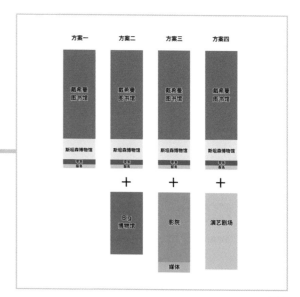

图 30

为了显示自己的诚意，REX 又精益求精、诚心诚意地出了一套相当高级、相当真实的效果图（图 31、图 32）。十多年过去了，REX 费劲研究了半天，老车站还是停留在原始停车场的状态，想要达到的 1 + 1=11 的缠绕效果啥时候能够实现估计还得继续研究。

图 34

正所谓，方案"高精尖"，干活"原始人"；设计有风险，吹牛须谨慎。甲方走流程，乙方有套路。没承想，糊弄到头糊弄累，忽悠反被忽悠误。

图 31

图 32

这就是 REX 建筑事务所设计的挪威奥斯陆国家博物馆，一个中了标又翻了车的方案（图 33、图 34）。

图片来源：

图 1、图 2、图 31 ~图 34 来自 https://rex-ny.com/project/oslo-vestbane/，图 4、图 24、图 30 改绘于 https://rex-ny.com/project/oslo-vestbane/，其余分析图为作者自绘。

END

图 33

建筑圈最成功的洗脑：越老越吃香

图1

名　称：Gadi 私宅（图1）
设计师：PMA madhushala 建筑工作室
位　置：印度·塔莱加奥恩达巴德（Talegaon Dabhade）
分　类：居住建筑
标　签：公共属性，中庭
面　积：650 m²

有人的地方，就有江湖，而如今的江湖，有了个新名字：内卷。毕竟是个打打杀杀的游戏，只是，侠义不再，逍遥风流也不再了。不变的，只有不是你死就是你亡的结局。

虽然建筑圈已经卷得连西北风都得去扫落叶了，但是，大家都在坚守"生命第一"的底线：咖啡杯里泡枸杞，抽烟嚼着护肝片。活得久就是胜利，岁数大才是本钱。对，我们建筑师都是养生内卷，毕竟，行业共识是：越老越吃香。比起创收，长寿，才是建筑师最大的内卷。别人出道即巅峰，建筑师得癫疯了才能出道；别人出名要趁早，建筑师得趁着岁数大才配拥有姓名。

也不知道是不是别人家的行业都不需要攒经验，反正建筑圈就是很魔幻：六七十岁还年轻，七八十岁才脸熟，八九十岁得个奖，百十来岁不算老。每当卷不动的时候，建筑师都会数着自己眼角的皱纹和不多的头发，安慰自己"我还年轻"，可要我说，虽然你我凡人没胆子辞职，也没本事转行，但不妨考虑换个赛道。

在印度塔莱加奥恩达巴德的土地上，活跃着一个叫 Maratha Sardars 的家族，他们身世显赫，形象光辉。当家族传承到两位新继承人的时候，大兄弟们希望建造一座全新的住宅，彰显家族新的荣光。两兄弟给新家选的基地离 Talegaon Sanskruti 湖不远，环境优美宜人（图 2）。

图 2

2010 年才成立的建筑工作室 PMA madhushala（就叫它小 P 吧）接受了委托。建筑空间依人的需求而生，这点在私人住宅设计中体现得尤为显著。毕竟，你的甲方是唯一的空间体验者和评判者。而全世界的土豪住宅都得先有一个大院子，印度土豪也不例外（图 3）。

197

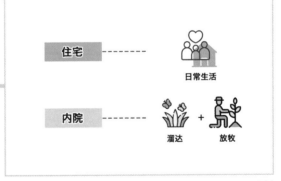

图 3

所以，小 P 上来先对基地进行了划分，形成了住宅（含院落）和未来拓展用地两个部分。

对，土豪就是这样，私宅都能划出拓展用地一期、二期（图 4）。

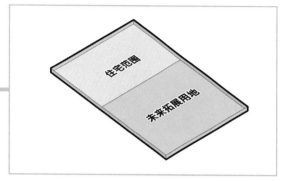

图 4

虽然印度土豪和全世界其他土豪一样都喜欢大院子，但有一点不一样，那就是家庭祭祀。准确地说，这应该是全印度人民的习俗。具体到居住空间里，就是将一个祷告空间置于房子的中央，其他功能房间如起居室、卧室、厨房、餐厅围绕这个空间布置（图 5）。这个家庭祭祀祷告的空间按照私密性划分应该属于非私密的公共空间（图 6）。

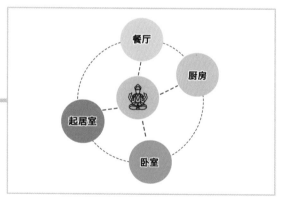

图 5

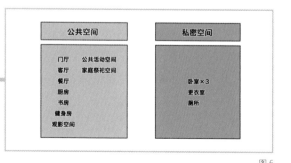

图 6

至此，我们先暂停一下，因为后面的剧本得现编。如果可以选的话，大部分建筑师应该都更希望做大艺术馆、大博物馆、大体育馆这样的大公共建筑吧。毕竟这种项目自带热搜体质，主角光环，就算做成了屎，也能假装成巧克力。不然，你以为建筑师玩命多活几年就是为了积攒居住面积吗？除了长寿，公共建筑竞标算是第二大内卷现场了。但很可惜，建筑师和公共建筑项目的数量比还赶不上工科学校的男女比例，而且，好看的项目也一样会和好看的建筑师一起玩——反正不是你。

刚刚成立不久的小 P 虽然没有公共建筑的命，却得了公共建筑的病，死活得把小住宅搞出大公共建筑的气势。前面讲到家庭祭祀空间是印度住宅的重要组成部分，也是每个家庭成员都会使用的空间。一个建筑里，每个人都会使用的空间是什么空间？那不就是公共属性最强的——非正式空间吗（图 7）？！

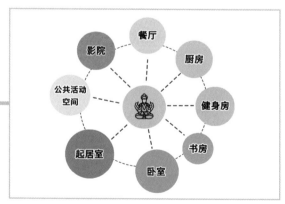

图 7

既然都非正式了，那自然就要运用公共空间
的设计手法。将祭祀空间置于场地的核心，
成为聚集性最强的公共空间（图8）。而公共
建筑里的公共空间除了具备聚集功能外，通常
还具有连通的作用。小P一不做二不休，直接
将祷告空间环绕大楼梯做成了一个具有连通
作用的中庭，极大地突出了其公共属性（图
9~图12）。

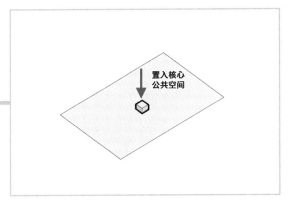

图 8

公共中庭

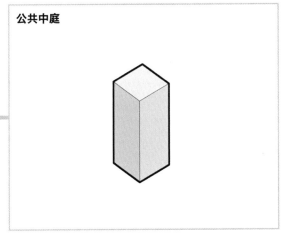

图 9

核心功能空间

拓展公共空间

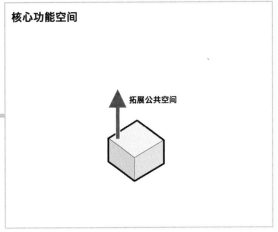

图 10

连通空间

置入交通

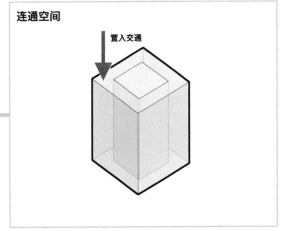

图 11

199

置入交通

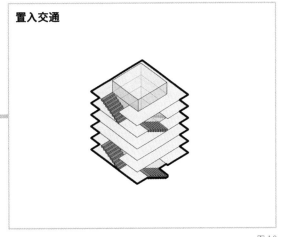

图 12

此时，这个家庭祭祀的空间已经不仅仅是一个功能房间了，它已经成了这所住宅建筑的"统帅"，其他功能空间将围绕其展开。说白了，将这个玩意儿扩大10倍做个商场图书馆都没毛病（图13、图14）。

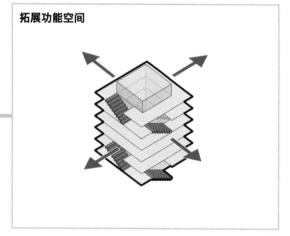

拓展功能空间

图 13

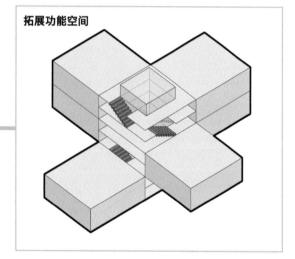

拓展功能空间

图 14

基本组织逻辑确定，接下来开始深化。小P以祭祀空间为核心向外悬挂其他空间，并引入了网格加以控制（图15）。接下来，将各功能房间环绕核心在三维空间上进行组织，入口外加门房，并与门厅连接，将门厅及客厅抬升至1.2 m，环绕核心公共空间向下设置泳池、观影室及卧室（图16）。向上2.4 m处设置餐厅及厨房，沿楼梯向上3 m处（在第一间卧室的垂直方向上）设置第二间卧室（图17、图18）。继续向上5.4 m处设置家庭公共活动空间及健身房，6 m处设置第三间卧室（图19、图20）。

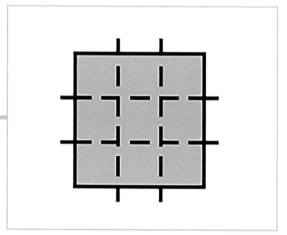

图 15

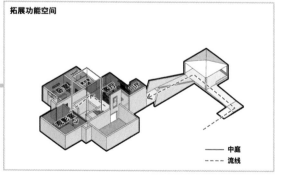

拓展功能空间

—— 中庭
---- 流线

图 16

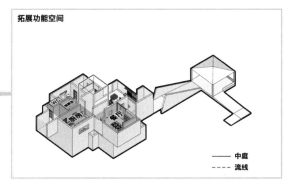

拓展功能空间

—— 中庭
---- 流线

图 17

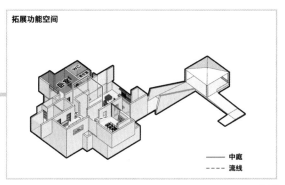

拓展功能空间

—— 中庭
---- 流线

图 18

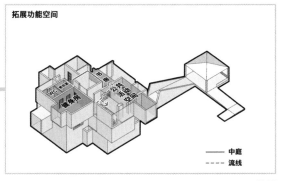

拓展功能空间

—— 中庭
---- 流线

图 19

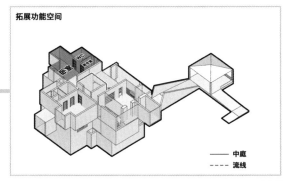

拓展功能空间

—— 中庭
---- 流线

图 20

整座私宅从下往下体现了业主一天内的行动轨迹，打造了一种可持续的独立生活方式。然后，封个顶是不是就可以收工啦（图 21）？不不，都说了小 P 满身公共建筑的病，怎么能忘了展示花里胡哨的造型能力呢？

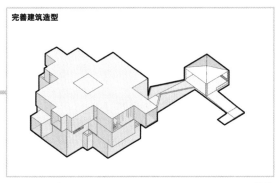

完善建筑造型

图 21

首先，优化核心公共空间造型，对其进行扭转变形，并开不规则洞口（图 22、图 23）。由于基地位于印度的西部沿海地区，属热带季风气候区，降水量大且气温高，湿热的气候，需要厚实的墙体来对抗。印度人民为了保证自己住宅内部的舒适性，通常会选择在最外侧砌筑厚实的墙体与高温环境隔绝，这也形成了当地传统民居小堡垒似的建筑形象（图 24）。

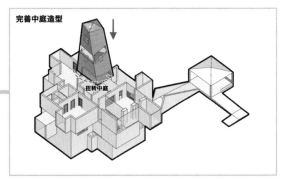

完善中庭造型

扭转中庭

图 22

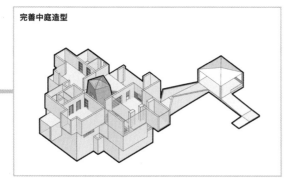

完善中庭造型

图 23

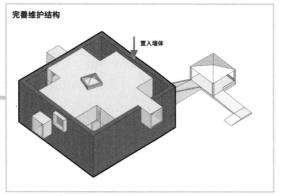

完善维护结构

置入墙体

图 24

既然厚墙不能改变，但咱们可以把墙砌出个花来啊。于是，小 P 就搞了个浪花朵朵开的厚实外墙（图 25）。

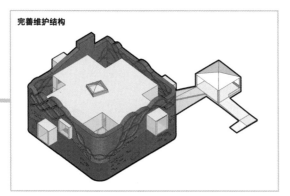

完善维护结构

图 25

墙面由垂直分层的水平带构成，以利于不同间距的施工需求。石材作为基底在下部支撑，砖块在上部形成曲线开口，开口大小可根据内部空间的不同功能进行有机调整（图 26）。

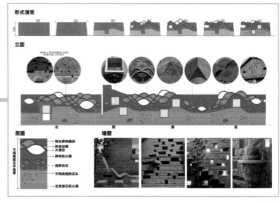

图 26

外墙围合之后，就自然地与内部的十字建筑形成 4 个内部小院落。小 P 当然不会给兄弟俩留着种菜，还是给每个小院落都设计了漂亮的景观（图 27）。

图 27

此外，这个小项目还采用了多项被动系统以实现可持续性和最小化的能源消耗。设置在倾斜屋顶的光伏太阳能电池板为项目供应所需能源，绿化用水来自雨水收集与相应的污水处理系统（图28）。最后，将用人安排在土地的外围，和住宅保持一定的距离（图29）。

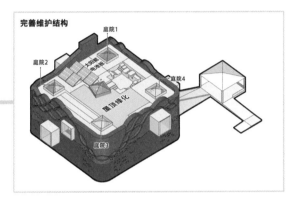

图28

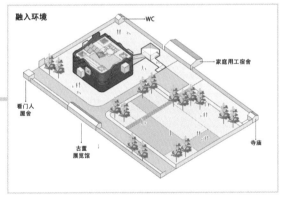

图29

这就是年轻的建筑工作室 PMA madhushala 设计的 Gadi 私宅，一座把小住宅当大公共建筑设计的房子（图30、图31）。

图30

图31

机会偏爱有准备的人，可问题是，机会又不是你肚子里的蛔虫，脑子里的回路，怎么会知道你有准备？高射炮打蚊子，可能确实大材小用了，但至少可以让全世界知道你有高射炮。

天地转，光阴迫。一万年太久，只争朝夕。

图片来源：

图1、图27、图30～图31 来自 https://www.archdaily.cn/cn/965337/gadisi-zhai-pma-madhushala?ad_medium=gallery，图26 改绘自 https://www.archdaily.cn/cn/965337/gadisi-zhai-pma-madhushala?ad_medium=gallery，其余分析图为作者自绘。

END

如何忽悠甲方高价回收二手方案

图1

名　称：俄罗斯天然气工业股份公司总部（图1）
设计师：MVRDV 建筑设计事务所
位　置：俄罗斯·圣彼得堡
分　类：办公建筑
标　签：无规则拼接，体块嵌入
面　积：47 253 m²

一个优秀的建筑师活得就像个逗哏演员，说学逗唱，帅卖怪坏，十八般才艺轮番使，每天都得琢磨怎么表演才能让观众（甲方）开心又快乐。而一个幸福的建筑师活得就比较像个捧哏演员。"对""好""当然啦""就是嘛""没错""可不是嘛""啊？""干吗呀？""怎么啦？""是吗？""没听说过"——就这么些词儿，每天来回倒腾，还能近距离看戏。但一个成功的建筑师，说的都是单口相声，自己逗完自己捧，自己挖坑自己填，自己忽悠自己圆。

今天要说的其实是一个设计故事的下集，整个剧情连起来应该是：建筑师如何把一手好牌打得稀烂之后，又想方设法填坑自救，再忽悠一个新甲方，让二手方案能被高价回收。

全球三大碳排放量最高的企业之一的俄罗斯天然气工业股份公司（以下简称"俄气"），"曾经"打算在圣彼得堡建造一座欧洲"最高"的塔楼作为公司总部门面担当，听着就不太靠谱是不是？这个世界根本就没有最高，只有更高。俄气也发现了这一点，很可能房子还没盖完就已经不是"最高"了，所以他们果断改变策略，不要"最高"，要"独一无二"。

他们找的"独一无二"是奥赫塔河（River Okhta）和涅瓦河（River Neva）汇合形成的在圣彼得堡独一无二的三角形半岛，他们要在这里把公司总部建设成可持续建筑的标杆(图2)。

图2

财大气粗的俄气没有搞什么国际竞赛，而是直接邀请了7个建筑界大佬。很显然，咱们的主角团MVRDV建筑设计事务所（就叫它"M团"吧）就在邀请名单里。在故事的上集里，M团刚刚在圣彼得堡尤日内新区的ITMO大学校园规划竞赛"100公顷"里失败了，但M团觉得这个失败只能证明甲方眼光的失败，不能证明自己的设计失败。那怎么能证明自己的设计没失败？很简单，拿出来再卖一次（图3）。

图3

等一下，一个是规划，一个是建筑，这也能共享互换？别人不能，但M团能。毕竟在M团的认识里，城市就是大建筑，建筑就是小城市嘛。横竖就是堆方块玩，你管这个方块到底是个房子还是个房间呢！保证追求自发随机秩序的底层逻辑不变，M团直接把简单几何形体丢一丢，自生自灭就能出来个办公建筑（图4）。

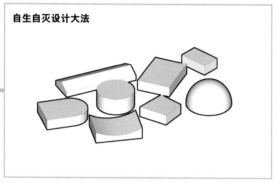

图4

但是，你追求自发随机秩序没毛病，可你非逼着甲方也得一起追就不对了。这一堆乱七八糟的放在一起，你说是漫游路径、自发秩序，但在甲方看来就是无组织、无纪律，没形象、没效率。规划、建筑都一样（图5、图6）。

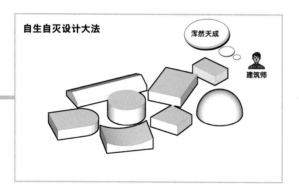

图5

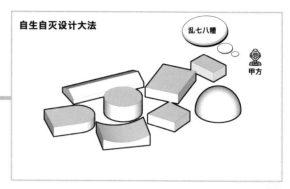

图6

成功建筑师的必备技能就是自己逗自己捧，如果逗完了观众没反应，那就得自己捧起来。M团上一次的乱七八糟校园规划包袱没响，这一次就得再好好拾掇一下争取翻出响来。

这种自生自灭、乱七八糟的设计布局最亟须解决的就是混乱的交通。M团追求的自发随机对使用者来说就是日常迷路，要想让甲方为自己的理想埋单，总得让建筑好用起来，所以加个清晰的流线设计是十分重要的。

说干就干，置入高效路径，让你咋走就咋走（图7）。

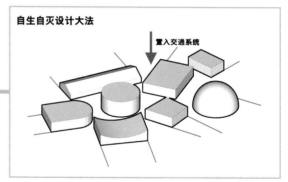

图7

但这样做甲方满意不满意先不说，M团坚持多年的底层逻辑从根上遭到了破坏，失去自发随机也就失去了实践这套空间模式的意义——那甲方何必找M团？便宜的有的是。

前方"高能"。我们之所以将交通单独置入，说白了还是把它当成了一个连接其他功能空间的其他空间，那如果我们将交通空间也当成和其他实体空间尺度相似的功能块，混在其他功能空间当中，不就可以了吗（图8、图9）？

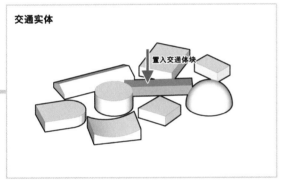

交通实体

图8

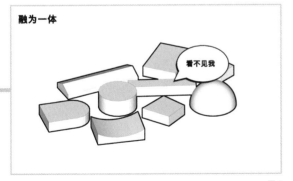

融为一体

看不见我

图9

敲黑板！这就叫将有组织嵌入无组织当中，实现不加异质体的自我管理，既不破坏M团的底层逻辑，又留出了向甲方解释的空间，简直完美。

下面我们就在新方案里加上交通体块试试。首先，根据功能面积把体块定制出来。由于体块组合起来的形式已经十分丰富，所以在体块本身的选择上，M团就没用太花里胡哨的，都是基本图形。同时，控制体块单层面积在5000 m² 以内，让看起来大大小小的体块平衡稳定（图10）。

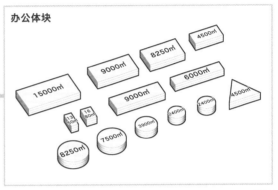

办公体块

图10

其次，是设计精髓——随便乱丢，随机散布。至于外轮廓形状就省点儿心，绕着基地直接放吧（图11）。优化体块，给体量较大的体块弄个中庭，拥抱一下自然（图12）。选择体块置入交通系统。此处交通体块的选择还是有些讲究的，不能随便选个体块，至少要能对整体空间产生控制力（图13）。

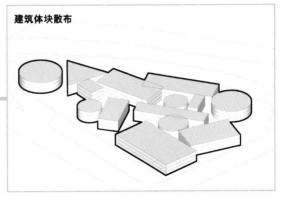

建筑体块散布

图11

置入中庭

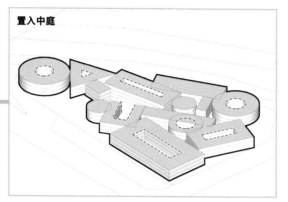

图 12

置入交通功能

交通体块

交通体块

交通体块

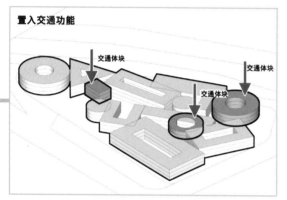

图 13

永不过时的鱼骨布局派上用场了，主心骨交通的逻辑性和控制力都很强，可以拿来用一用了（图 14）。沿建筑控制力最强的对角线方向设置与办公体块尺度相同的超长体块，将其指定为交通体块（图 15）。

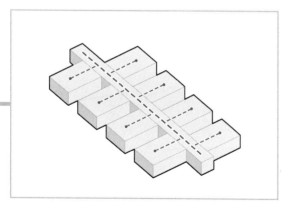

图 14

置入交通功能

交通体块

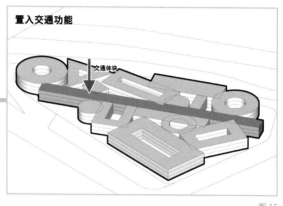

图 15

当 M 团自我满足的时候，交通体块隐身，自发随机秩序的底层逻辑依然不倒（图 16）。M 团忽悠甲方的时候，交通体块显灵，表层逻辑解决使用问题（图 17）。不仅如此，M 团还为自己的做法找到了一个十分冠冕堂皇的理由，即从传统的圣彼得堡庭院街区的结构中汲取的灵感（图 18）。

置入交通功能

我隐身了

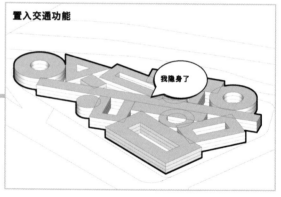

图 16

置入交通功能

我摊牌了

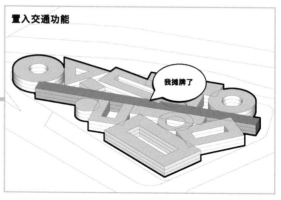

图 17

图 18

由于这次邀请赛是开发概念设计，对各房间具体的功能面积没有明确要求，所以建筑师自由发挥的余地极大。M 团为每个建筑块都设置了独立的门禁系统，甲方可以根据将来的使用需求自由组合、自由搭配（图 19 ~ 图 21），每个颜色代表一个现在还不知道是什么的功能。

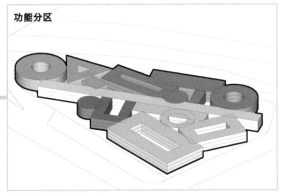

功能分区

图 19

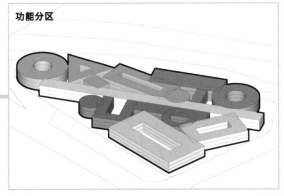

功能分区

图 20

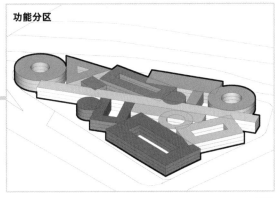

功能分区

图 21

至此，高效交通流线的问题解决了。看看还有没有其他问题，咱们集中解决一下。那必然还是有的……

M 团一直坚持的定制体块、化整为零的做法，在鸟瞰视角是很美丽、丰富的。然而，正常人并不会飞，人视角度不但很难感受到丰富的图形的乐趣，还很容易"逼死强迫症"。当然，在大型规划项目当中，由于视角相对于建筑开阔许多，使用者可适当感知到建筑图形的丰富性（图 22、图 23）。

上帝视角

这个空间我很满意

建筑师

图 22

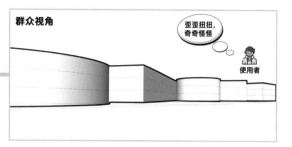

群众视角

歪歪扭扭，奇奇怪怪

使用者

图 23

莫慌。缺乏感知视角，那咱就给大家提供一个视角。M团大力出奇迹，直接将建筑整体抬升，还地为林，为广大人民群众提供了一个仰视的视角（图24、图25）。

抬升建筑体块

整体抬升

图 24

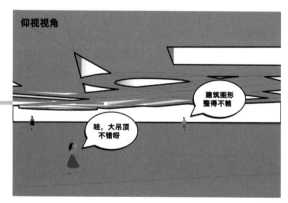

仰视视角

建筑图形整得不赖

哇，大吊顶不错呀

图 25

此外，在感知图形乐趣的同时，底层架空的公园又因上部图形而产生了一定的限定感和辨识度，M团的小碎块相当于为来此处玩耍和上班的朋友提供了一份"地图"。想去哪儿，往上一看，直接到地方。该漫游漫游，该高效高效（图26）。

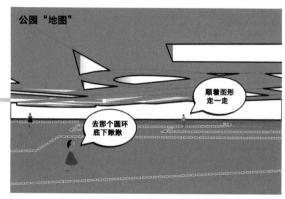

公园"地图"

顺着图形走一走

去那个圆环底下跳跳

图 26

至此，问题差不多都解决完了，接下来再细化一下功能。任务书要求总建筑面积为180 000 m^2，其中包含正式功能：办公空间；非正式功能：城市广场、咖啡厅、博物馆、餐厅等公共空间（具体的由设计师看着办吧）。

首先要做的是，建立办公空间和底层公共空间的联系。抬升建筑体块后，底层以木柱支撑，办公空间充当"树冠"层（图27）。

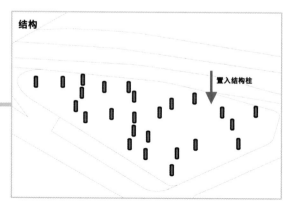

结构

置入结构柱

图 27

底层开放广场上设置一个健康中心、一个物流中心、一个博物馆和一个会议中心来增加活力，各公共空间分布在场地各处控场，再给广场弄一个好看的星形就齐活儿了（图28、图29）。

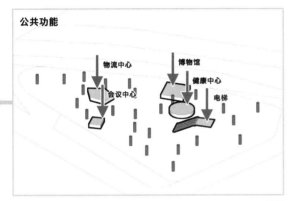

图 28

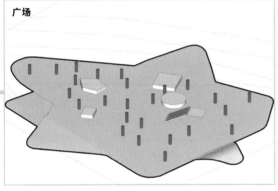

图 29

其次，处理一下办公空间。部分建筑体块向下旋转，直接连接地面，加强底层广场和建筑空间的联系，同时调整部分体块的形态和层数，使建筑形体更加丰富（图30、图31）。置入核心交通，满足疏散需求（图32、图33）。建筑体块间设置水平连廊，满足日常使用需求，加强空间联系（图34）。

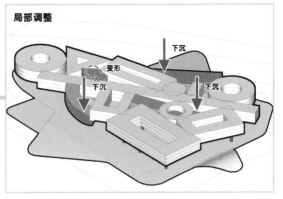

图 30

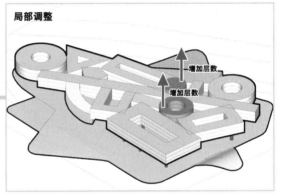

图 31

211

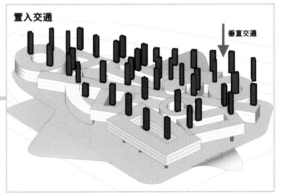

图 32

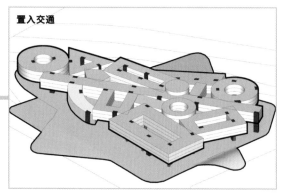

置入交通

图 33

置入水平连廊

水平连廊

图 34

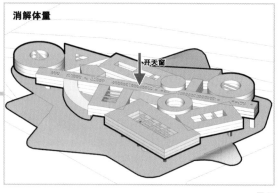

消解体量

开天窗

图 36

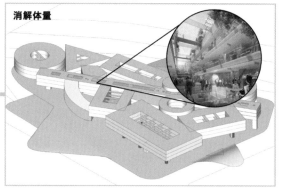

消解体量

图 37

前面 M 团为求平衡，其设置的交通体块和功能体块的尺度相同，但我们在实际使用时，并不需要一条那么宽、那么豪华的走廊。所以，开天窗对交通体块进行"瘦身"，在满足实际需求的同时，也加强了与地面的公共空间的视觉联系（图 35 ~ 图 37）。

由于建筑形体已经足够丰富，立面就不怎么需要设计了，直接用玻璃幕墙搞定。除此之外，为给不同建筑形体之间找到统一元素，M 团继续用开天窗的方式处理所有体块（图 38）。

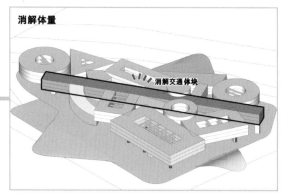

消解体量

消解交通体块

图 35

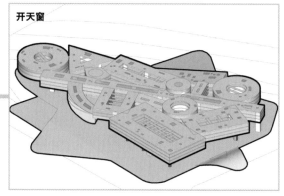

开天窗

图 38

至此，建筑就做得差不多了，但这个天然平坦的屋顶不能白白浪费了（图39）。

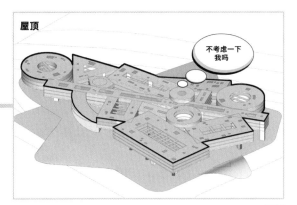

图 39

M团在屋顶设置原生植被形成景观，使建筑和地面公园彻底融为一体。上下两重公共活动空间还怪吸引人的呢。这样，建筑就是景观，景观就是建筑，M团在设计中力求的"绿色转变"清晰体现（图40）。

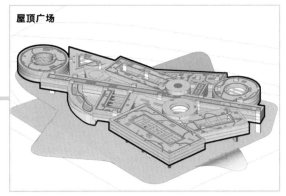

图 40

使用太阳能电池板技术，在顶部加太阳能凉棚，从屋顶包裹到外墙，以提供充足的太阳能（图41、图42）。

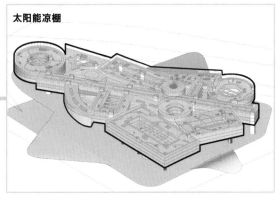

图 41

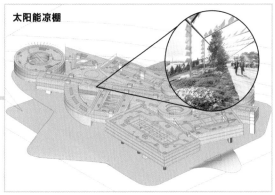

图 42

最后，顶部凉棚开洞，给树木以生长空间，一个自下而上的森林木制建筑收工（图43）。

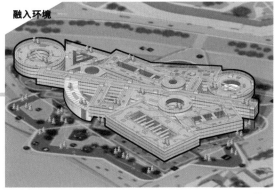

图 43

这就是 MVRDV 建筑设计事务所设计的俄罗斯天
然气工业股份公司总部，一个"很M"的方案（图
44 ～图47 ）。

图 44

图 47

尽管 M 团精心设计，三翻四抖地捧自己，却还
是没能获得甲方的认可，最终被日建设计打败，
获得了竞赛的第二名（图48）。

图 45

图 48

图 46

至此，建筑就做得差不多了，但这个天然平坦的屋顶不能白白浪费了（图39）。

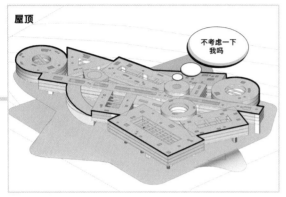

图 39

M 团在屋顶设置原生植被形成景观，使建筑和地面公园彻底融为一体。上下两重公共活动空间还怪吸引人的呢。这样，建筑就是景观，景观就是建筑，M 团在设计中力求的"绿色转变"清晰体现（图40）。

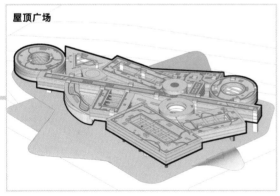

图 40

使用太阳能电池板技术，在顶部加太阳能凉棚，从屋顶包裹到外墙，以提供充足的太阳能（图41、图42）。

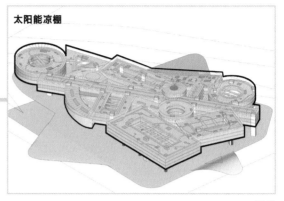

图 41

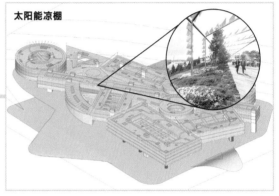

图 42

最后，顶部凉棚开洞，给树木以生长空间，一个自下而上的森林木制建筑收工（图43）。

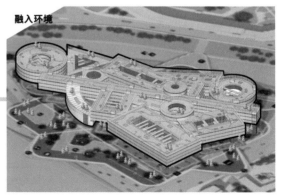

图 43

这就是 MVRDV 建筑设计事务所设计的俄罗斯天然气工业股份公司总部，一个"很 M"的方案（图44～图47）。

图 44

图 45

图 46

图 47

尽管 M 团精心设计，三翻四抖地捧自己，却还是没能获得甲方的认可，最终被日建设计打败，获得了竞赛的第二名（图48）。

图 48

但是金子总能被人挖出来，甲方可能也是在家闲着没事儿，需要找事儿战斗一下，这个竞赛忽然得到了高度关注。俄罗斯的建筑评论家玛丽亚·埃尔基纳（Maria Elkina）在社交媒体上发起了一份请愿书，要求修改比赛结果，寻求一个更特别的设计。听说，请愿书已经有2800多人签名，所以说结局走向尚未可知，谁能笑到最后还不一定呢。

没有问题的理想肯定是空想，能被修正的理想才是理智的。二手理想还是要有的，万一能改好呢？

图片来源：

图1、图44~图47来自 https://www.pinsupinsheji.com/h-nd-1601.html，图48来自 https://www.rbc.ru/spb_sz/02/03/2020/5e5ccb359a7947fa464c7ad5，其余分析图为作者自绘。

END

方案借鉴行为『大赏』：
照做可以，照抄不行

图1

名　称：奥黛丽·艾玛斯馆（图1）
设计师：OMA事务所
位　置：美国·洛杉矶
分　类：宗教建筑
标　签：氛围营造，日常公共空间
面　积：5110 m²

对于一个领工资的建筑师来说，ddl 不是 deadline（截止日期）的缩写，而是 daddy line（甲方画线）的缩写。甲方不改，就完事儿了；甲方要改，事儿就没完了。做方案最痛苦的莫过于惊涛骇浪地改过十几版，甲方意见就像复读机：感觉不对。做方案最快乐的是，网上冲浪抄了十分钟，甲方一见钟情又中意，马上拍板。而做方案最让人痛并快乐着的就是，甲方拿出个方案逼着你"抄"——专业名词：借鉴。

甭管甲方拿出来的是鸟巢还是鸟的巢，你"抄"出来的都不是个鸟。借鉴得不像，甲方看不上你；借鉴得太像，所有人都看不上你。借鉴界的保命格局：照猫画猫的是抄袭，照猫画虎的叫敷衍，照虎画猫的才敢涨设计费。而照着老虎画成狗的，那叫诈骗。

洛杉矶的韩国城中心地带有一座摩尔风格的犹太教堂——威尔榭大道教堂，这是洛杉矶历史最悠久的犹太教堂，由建筑师阿布拉姆·M.埃德尔曼（Abram M. Edelman）设计，于 1929 年完工（图 2）。

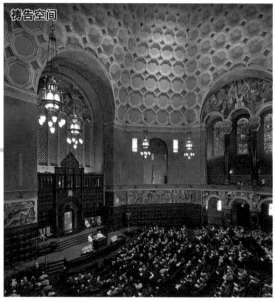

图 2

随着城市生活的不断丰富，大教堂觉得自己也应该与时俱进。想什么来什么。在一位做好事要留名的奥黛丽·艾玛斯（Audrey Irmas）女士捐赠了 3000 万美元后，大教堂马上决定新建一座以其名字命名的奥黛丽·艾玛斯馆（Audrey Irmas Pavilion）（图 3）。

217

图 3

叫什么不重要，反正这座新建筑的主要作用就是给教众们提供新的公共活动空间，简单说就是那些不能在神圣、庄严的大教堂里举行，但又只面向犹太教众开放的集体活动，比如说，搞个演出、比赛、聚会什么的。

任务书写明的功能要求有：大型公共活动空间（用于举办集体祷告、宴会、集市、会议、表演和艺术活动、婚礼等，最大可容纳 1000 人活动）、私密礼拜空间 250 ㎡、教堂大厅 125 ㎡、厨房 70 ㎡、会议室 80 ㎡、会议室 75 ㎡、露台 220 ㎡。其他公共空间，建筑师可自由发挥。换句话说，我们这次要做的其实就是一个有宗教氛围的日常公共空间，介于宗教空间和日常空间之间，显得既不过分神圣，让人敬畏，又不过分随意，失了氛围——关键词：氛围。

宗教空间和日常空间最大的区别其实就在氛围感上，教堂建筑通常以超尺度的纯粹空间渲染神圣氛围，并规范人的行为；而日常空间则以人性尺度存在，对人的行为及心理感受影响较弱（图 4）。

图 4

画重点：我们本质上要做的就是一个人性尺度的日常化的纯粹空间。所以，怎么做？

来来来，向左看！你大哥杵在这儿呢，还想要什么自行车？别忘了你的任务是补充日常空间，俗称跟班、跑腿加拎包。最直接、高效的方法就是与隔壁教堂一脉相承，既不抢其风头，又兼具现代建筑相对简洁的形象和空间。再说清楚些就是照虎画猫，将原教堂拆解，从中提取宗教元素并进行简化，使其符合教徒日常活动的需求。

说干就干，找线头工作开始，从大到小，一点一点来。首先，我们来瞅瞅教堂的空间布局。其祷告空间位于建筑核心，除去前厅外，教堂东西两侧也分别设置了入口。尽管教堂进行了抹角处理，但我们还是能感受到十字形空间布局的存在（图 5）。

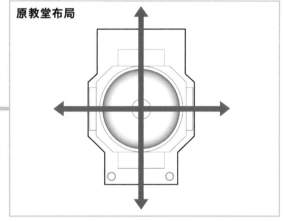

原教堂布局

图 5

空间布局与原教堂对应，我们也得在自己的建筑中弄个十字布局出来。对标新馆任务书要求，这里将设置一大一小两个祷告空间，我们依据功能的私密程度及面积将其分置在一、二层（图6）。调整空间尺度使其符合人性尺度，并使建筑总高度与原教堂和谐，但不再出现如教堂祷告空间那般具有超高神性的空间（图7）。

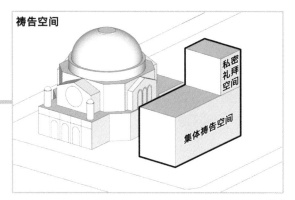

图6

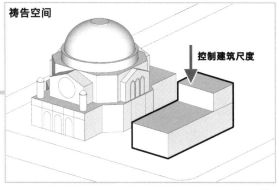

图7

其次，是要把两个祷告空间都做成十字形（图8）？不不，这样看起来未免太过实诚，显得不大聪明的样子。照虎画猫可以再简单一些，让我们机智地着眼于三维空间结构，直接将上下两个祷告空间互相垂直布置就算呼应了：一个面向主街，往建筑里迎人；另一个面向原教堂，既对景也是致敬。

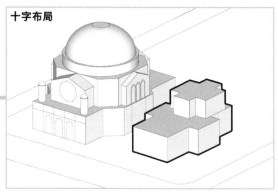

图8

由于上下体量相差较大，此处将露台结合二层私密礼拜空间设置，直接对景原教堂（图9、图10）。

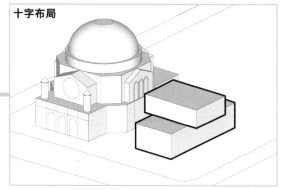

图9

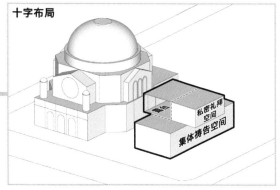

图10

大的空间结构解决了，人性尺度的日常空间也有了，但你有啥证据证明这是一个犹太教背景的活动中心，而不是城市普通的活动中心？换句话说，空间的纯粹感怎么弄？别急，再来瞅瞅原教堂。大教堂内部装饰繁复，而摩尔式教堂常用阿拉伯文或者几何图形的装饰，同时彩色玻璃和天窗的运用也是氛围组的一把好手（图11）。

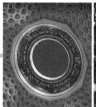

图11

开天窗的手法我们可以直接拿来，至于营造氛围的室内装饰，我们还得简化一下。那么，问题来了：怎么简化才算最简化？去除符号性，直接填颜色最简单粗暴，还有什么比纯色空间更加纯粹的吗？拿出你PS软件里的吸色工具，吸出原教堂内饰的两大色相黄色和绿色，然后填色，首层黄色、二层绿色（图12、图13）。

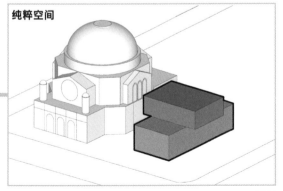

图12

图13

至此，我们营造人性尺度的日常化纯粹空间的主线任务已基本完成。刚刚处理内部空间的时候，我们将几何图形的象征元素直接且完全去除了，现在需要再整点象征元素点一下题，毕竟，这是命题作文。原教堂的拱顶及扇形祷告空间可以拿来用一用（图14）。

图14

同样要先简化宗教元素，我们提取拱顶和梯形两个基本形式，将其分别对标到一、二层空间上，象征元素不就有了（图15）？至此，照猫画虎的借鉴操作算是差不多了，罩个外壳加以完形，就可以开始愉快地排布常规功能了（图16）。

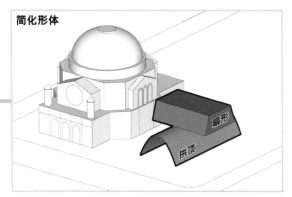

简化形体

扇形

拱顶

图 15

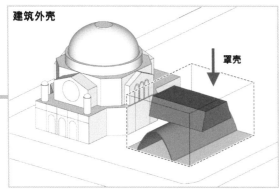

建筑外壳

罩壳

图 16

先聚焦首层的主要活动空间，赋予木材质，用木头包裹的挤压拱顶建立起多功能的中央聚集空间，用于大型祷告、宴会、集市、会议、表演和艺术、婚礼等公共活动（图17、图18）。

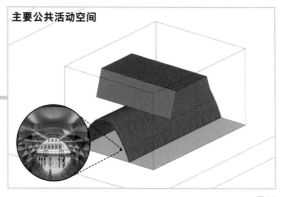

主要公共活动空间

图 17

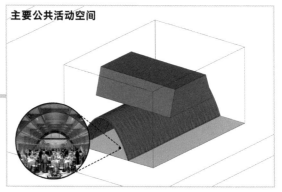

主要公共活动空间

图 18

拱形空间与外壳之间的空余部分设置服务空间，用于容纳照明、机械等设施。同时朝向原教堂的一侧开入口，设置可直接连通二层的走廊、楼梯。此外，加楼梯、电梯、交通核满足建筑内部的疏散需求（图19）。

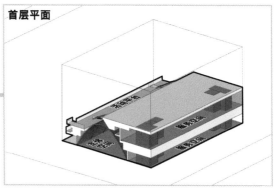

首层平面

图 19

接着来到二层的露台和私密礼拜空间。

露台直接朝向原教堂，摆些椅子给大家欣赏风景，设置礼拜空间前厅、厕所及其他服务空间（图20）。继续向上来到三层，该层没有任务书要求的功能，直接开天窗做绿化和非正式空间就好（图21、图22）。继续向上至屋顶，这可是宝贵的非正式空间啊，休闲花园是标准配置（图23）。

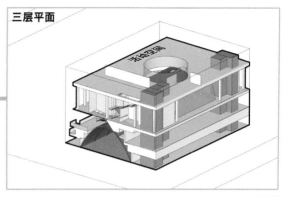

三层平面

图22

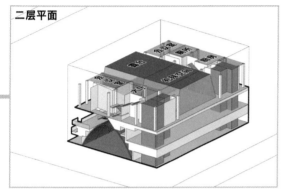

二层平面

图20

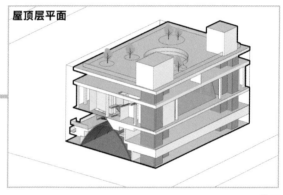

屋顶层平面

图23

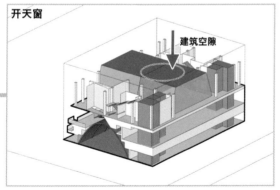

开天窗

建筑空隙

图21

至此，内部空间基本上做完了。再来瞅瞅外部形象，是否做到既谦卑又有底蕴了呢？换句话说，要做立面啦。

首先，是体块上的大动作，将建筑体块远离原教堂，往威尔榭大道方向整体倾斜，在向圣殿致敬的同时向城市开放，邀请游客进入（图24、图25）。当建筑倾斜后，内部空间顺势调整（图26～图29）。

建筑形体

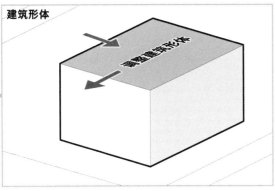

图 24

建筑形体

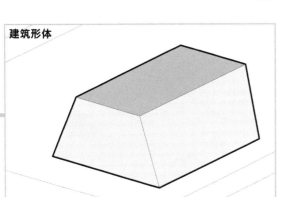

图 25

首层平面

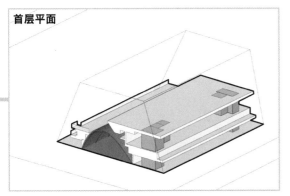

图 26

二层平面

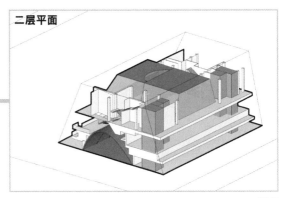

图 27

三层平面

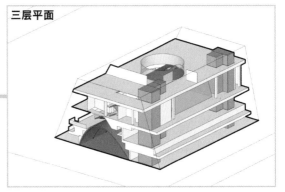

图 28

屋顶层平面

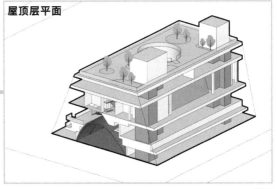

图 29

建筑内部三个相互连接的空隙一起建立了多样化的功能集合——从公共活动到祷告礼拜，再到放松休闲。每个空间内都有一系列开口，过滤光线并框定景观（图 30 ~ 图 32 ）。

建筑空隙

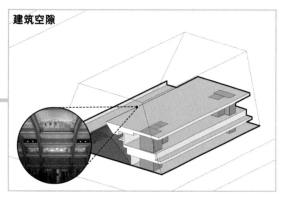

图 30

建筑空隙

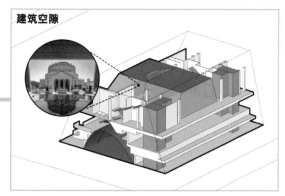

图 31

建筑空隙

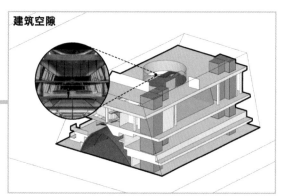

图 32

然后正式开始设计立面。很久没碰到好好做立面的建筑了，是不是还有点小激动？

完善立面的时候，首先要考虑的是保证拱形和梯形绝对突出的地位，以此暗示其宗教背景，那剩余的立面就不能抢了这两个基本图形的风头。换句话说，咱们做顺手的糊满墙的立面可能不顶用了：你要全部做实墙处理，采光不行；全糊玻璃幕，这两个图形又变成了两个大窗户，不突出。所以，得好好开窗做个正经立面了。想不到好点子？那就继续看老教堂（图 33、图 34）。

建筑立面

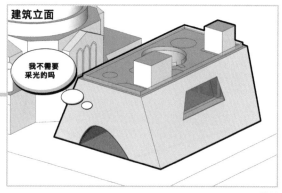

图 33

建筑立面

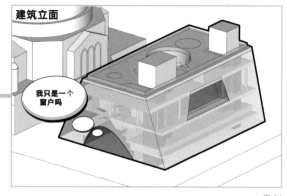

图 34

此处，建筑师借鉴了寺庙内部墙壁装饰的六边形，碎化处理后开矩形窗，以满足内部采光。此外，为了不使矩形元素形成阵列规模占据主导，将带有矩形窗口的单个六边形单元随机旋转，打乱秩序（图 35、图 36）。收工（图 37）。

224

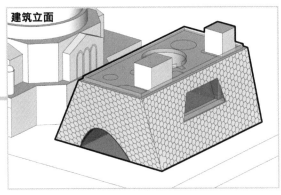

建筑立面

图 35

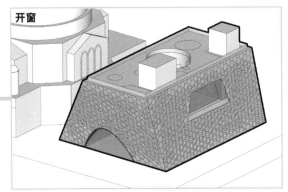

开窗

图 36

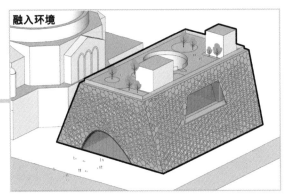

融入环境

图 37

这就是 OMA 事务所设计的奥黛丽·艾玛斯馆，一个照虎画猫的虔诚小弟（图 38 ~ 图 45 ）。

图 38

图 39

225

图 40

图 41

图 43

图 42

图 44

图 45

法国有一句谚语说："世界上没有美，只有真。"对建筑设计来说，百分之百的绝对原创不说是凤毛麟角，也是麟角凤毛。借鉴也好，致敬也罢，重点都不是像不像，而是真不真。你的真心就是，为自己省事，还为甲方成事。

图片来源：

图1、图38～图45来自 https://www.oma.com/projects/audrey-irmas-pavilion，其余分析图为作者自绘。

END

多少设计，死于『自杀』

图1

名　称：斯特拉斯堡欧洲学校（图1）
设计师：OMA 事务所
位　置：法国·斯特拉斯堡
分　类：教育建筑
标　签：社交合理，功能交通块
面　积：15 927 m²

混得好的建筑师不是社交厉害就是设计厉害，或者社交和设计都厉害。而混得不好的建筑师就只有干得比牛多，吃得比牛多，活得却比牛还差——牛还能挤出奶，我们只有满肚子草。

斯特拉斯堡大学是欧洲顶尖的高等学府，毫不令人意外地坐落于德法边境名城斯特拉斯堡。优质教育资源可是稀缺资源，所以斯特拉斯堡市长决定好好蹭一下热度——建造一座自带名校光环的中小学，你可以简单地理解成斯特拉斯堡大学附属中小学。基地就选在了斯特拉斯堡欧洲政府区的一片树木繁茂的地方，毗邻伊尔河，有树有水，环境优越（图2）。

图2

虽然出身显贵，但也得吃五谷杂粮。至少从任务书里，咱也没看出有什么"三头六臂"。教学楼10 000 ㎡，包括中学生教室5000 ㎡、小学生教室5000 ㎡；艺术中心2400 ㎡，包括艺术空间800 ㎡、科学空间800 ㎡、表演空间800 ㎡；行政楼2400 ㎡，包括报告厅600 ㎡、办公1200 ㎡、技术间600 ㎡。还有幼儿园2000 ㎡、食堂2000 ㎡、图书馆1500 ㎡（图3）。

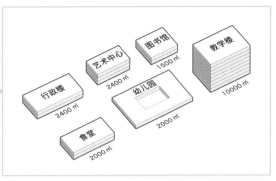

图3

放到基地里，也是一个正常校园的样子。甭管是斯特拉斯堡、约翰内斯堡还是十里堡、八里堡，估计盖个学校都长这样（图4）。虽然离甲方自诩高品位的要求还有点距离，但也还算简单实用。最多再整个空中连廊，摆一下造型也就齐活了（图5）。

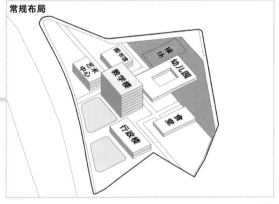

常规布局

图4

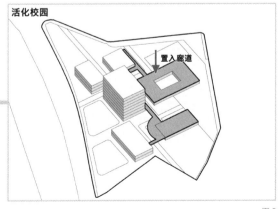

活化校园

置入廊道

图5

然后，不出所料，这个方案出图之时就是它入土之日。虽然是甲方毙了它，但作为建筑师，我们也并没有赋予它生命力，也就是没有活力。

任务书只规定了一个教学楼，虽然面积较大，但层数也多啊，就算占了中心位，也只是一人位。而学生们每天的大部分时间肯定都在上课。换句话说，学校里除了教学楼这一亩三分地，其他大部分场地都没什么人气（图6）。

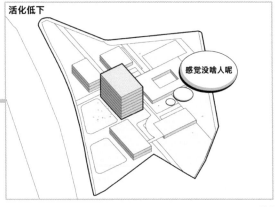

图6

那应该怎么解决呢？来来来，下面看看"社牛"建筑师怎么做。什么叫"社牛"？就是自己抛梗自己接，管你尴尬不尴尬！而放荡不羁、爱社交的库哈斯（就叫他库总吧）绝对是"社牛"界的天花板。首先，库总一上场就是这片基地被我承包了的气势——我的草原我的马，我想咋耍就咋耍。什么布局合理、功能合理，在库总这里就是统统不合理，唯一合理的就是——社交合理。

有人才有社交，哪里人最多？上面说了，是教学楼。如果用教学楼连接其他各个功能建筑，是不是就算提高活力了（图7）？所有楼放到一起，交通组织是个大问题啊，廊道连接可还行（图8、图9）？

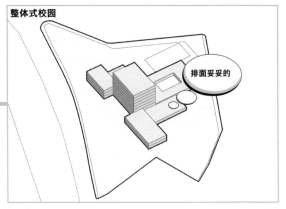

图7

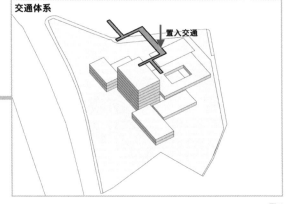

图8

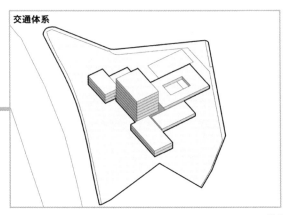

图9

如果你是这样想的，恭喜你已达到"社牛"界地板砖阶段。这么做倒也不是不可以，只是库哈斯有更猖狂的做法：加廊道的本质上不就是加连接吗？那不如将教学楼本身就当个连接岂不更省事儿？也就是教学楼既充当功能块又充当交通块，连接各个非正式空间，效率和活力兼备（图10、图11）。

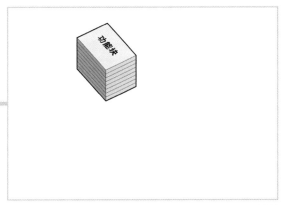

图 10

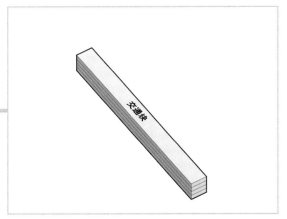

图 11

具体到建筑空间上，永不过时的鱼骨状布局可以拿来用一用了。主心骨兼作交通和功能体块，堪称完美（图12）。

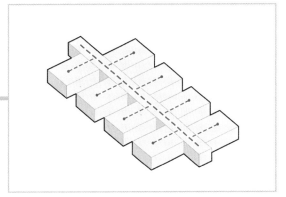

图 12

回到场地，先确定一下主心骨的位置，简单分个区。其实也没什么位置，就是贯穿场地（图13）。

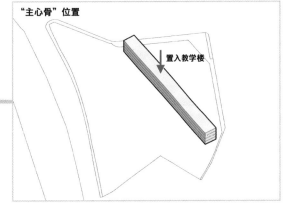

图 13

临湖一侧景观较优，设置为绿化广场，并将除了教学楼的其他各个功能都悬挂在此面，教学楼的另一侧设置为校园活动场地。说白了，这个教学楼就是校园主干道。鸠占鹊巢，就是这么猖狂（图14、图15）。

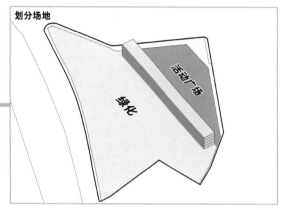

划分场地

活动广场

绿化

图 14

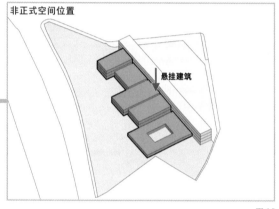

非正式空间位置

悬挂建筑

图 15

猖狂归猖狂，其他建筑块和教学楼的连接方式，
还是得好好思考。自己抛梗自己接，重点是要
接得住。根据功能和与教学楼联系的紧密程度，
大概可以有下面几种做法。

1. 硬接法，直接接上去，适用于行政楼
（图 16）。

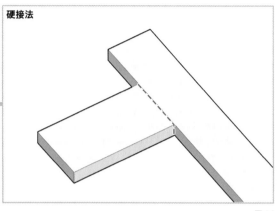

硬接法

图 16

2. 硬接但共用部分空间法，适用于艺术中心
（图 17）。

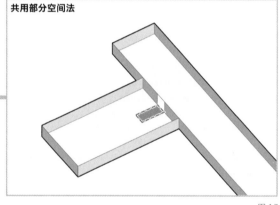

共用部分空间法

图 17

3. 体块插入法，适用于图书馆和食堂（图 18）。

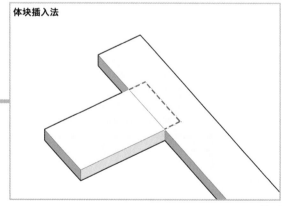

体块插入法

图 18

4.体块贯穿法，适用于同样为教学空间的幼儿园（图19）。

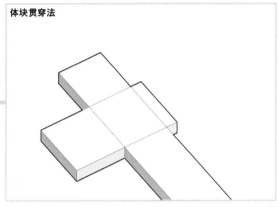

体块贯穿法

图 19

连接问题解决了，但整个学校不能就是这么一个方正的墩子啊。库总发言：我可以丑，但不能不特别（图20、图21）。

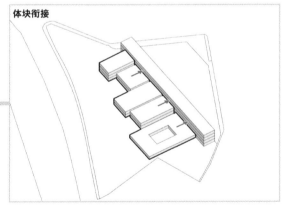

体块衔接

图 20

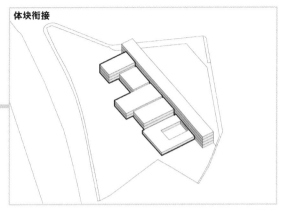

体块衔接

图 21

收到！不就是特别的丑吗？为各个建筑定制一下体块，使其符合功能对空间的要求，同时各个建筑相互独立，满足建筑的识别性和人们的使用需求。定制体块也没什么复杂的，还是从圆形、矩形这样的基本图形中选择，对广场进行一定的限定和划分（图22）。

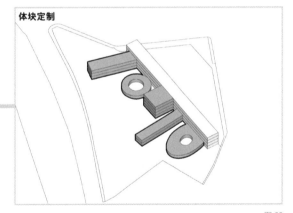

体块定制

图 22

然后对这个既整体又分散的建筑进行细化，让它"特别"好用。最先要解决的问题就是这个大长条到底怎么用。建筑体量过长，就是流线过长，空间就很单调。莫慌，流线过长，先分段呀。将长条一分为二，分别设置为中学生教学空间和小学生教学空间（图23）。

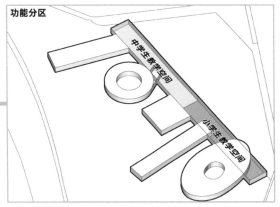

功能分区

图 23

前面各种非正式体块的嵌入已经形成一定的节奏了，接下来继续插入空间打断长条，加强节奏感（图24）。

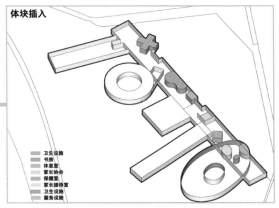

体块插入

卫生设施
书房
休息室
家长协会
保健室
家长接待室
卫生设施
服务设施

图 24

再来细化一下首层平面。长条依据之前的功能分区，设置中小学教室，靠近运动场分别设置两个出入口。艺术中心与教学楼连接处设置共用空间，调整图书馆形体呈螺旋状向上，优化阅读空间体验感。行政楼与教学楼硬接，设置气派的行政大厅营造氛围。调整食堂形体为Y形，分别设置食堂和厨房。幼儿园则环绕中庭设置幼儿教室（图25～图29）。再置入交通，满足疏散要求（图30）。

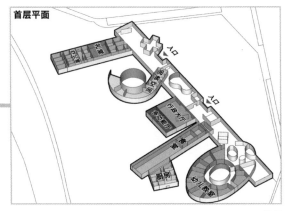

首层平面

图 25

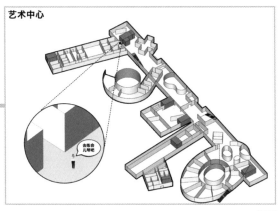

艺术中心

图 26

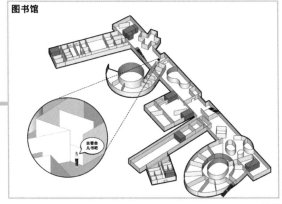

图书馆

图 27

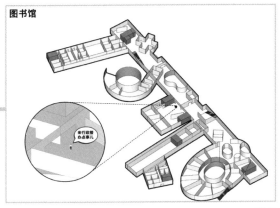

图书馆

图 28

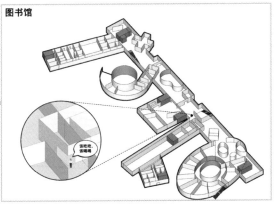

图书馆

图 29

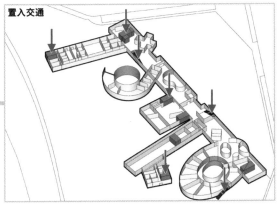

置入交通

图 30

在二层空间里，中学和小学过渡地段设置礼堂，自然分隔空间。在开放空间中设置封闭教室，自然形成空间的节奏。艺术中心继续设置表演空间，行政楼中设置行政管理办公室，食堂二层由饭店承包，设置为开放的用餐大厅。幼儿园设置屋顶花园，供大家玩乐（图 31）。

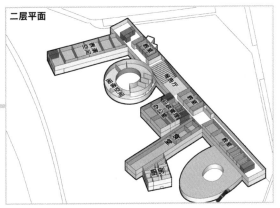

二层平面

图 31

三层继续设置教室，满足教学需求。艺术中心设置表演空间，图书馆继续设置向上的阅读空间，行政楼设置行政管理办公室（图 32）。四层满布教室，完成教学 KPI（关键绩效指标）。在行政楼中设置技术室（图 33、图 34）。

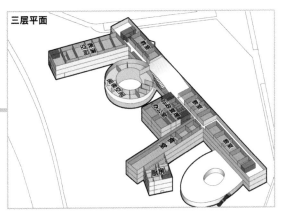

三层平面

图 32

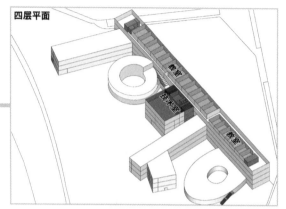

图 33

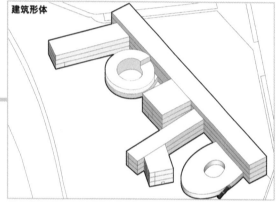

图 34

至此，内部空间算是搞定了，最后再来搞搞立面。众所周知，库总不做立面，所以简单弄弄。非正式空间设置大落地窗，教学楼底层同样用玻璃窗，上部三层开格子窗（图 35）。

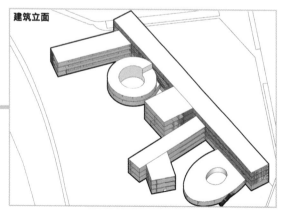

图 35

最后，完善一下活动场地。收工（图 36）。

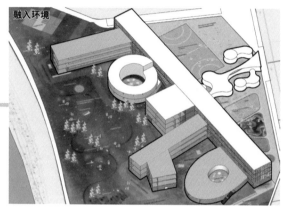

图 36

这就是 OMA 事务所设计的斯特拉斯堡欧洲学校，一个"社牛"天花板的狂野学校（图 37 ~ 图 40）。

图 37

图 38

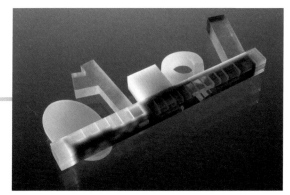

图 39

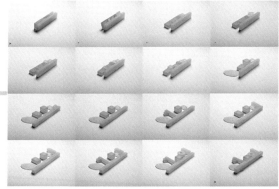

图 40

约翰·班扬（John Bunyan）在《天路历程》里有句话叫：杀别人的人只能杀死那人的肉体，而自杀的人不仅杀死了自己的肉体，也杀死了自己的灵魂。设计的灵魂没有高低贵贱、美丑雅俗，只有独立，或是不独立。甲方可以毙了你的方案，却没办法抹杀你的灵魂，除非，你以自杀抵抗他杀，设计里只有方案，没有灵魂。

图片来源：

图 1、图 38 ~ 图 40 来自 https://www.oma.com/projects/european-school-strasbourg，图 37 来自 https://www.heintz.archi/projets.php?cat=10，其余分析图为作者自绘。

END

建筑师，请不要把自己活成一座孤岛

图 1

名　称: 巴西里约热内卢"艺术之城"(Cidade Das Artes)项目(图1)
设计师: 克里斯蒂安·德·包赞巴克
位　置: 巴西·里约热内卢
分　类: 文化中心
标　签: 消解体量，切片
面　积: 90 000 ㎡

你不麻烦别人，不过是怕别人麻烦你。你不批评别人，不过是怕别人批评你。你不和甲方聊设计，不过是怕甲方和你聊设计——因为你很可能聊不过他，又不敢打他，脸上笑嘻嘻，心里骂咧咧：这么懂自己做啊！别在这儿过嘴瘾。

建筑师很容易就活成了一座孤岛，离得再近也不愿与陆地相连。我们认为这是独立思想的品格，也是自由精神的代价。我们在波光粼粼的海面上顾影自怜，却忘了，深海之下的神秘大陆连接了一切。真正的孤岛早已在波涛汹涌中被磨平了棱角，化为砂砾沉寂在海底。

在巴西里约热内卢的西部，有一座建成约40年的新城区——巴拉－达蒂茹卡区。不是上帝之城，也不是罪恶之都，这里更像一个坐落在大海与群山之间的神仙福地，别有洞天（图2、图3）。

图2

图3

神仙福地当然就得有点儿清新脱俗的神仙建筑，更何况，现在的巴拉－达蒂茹卡区最重要的地标就是南侧14 km长的海滩！换句话说，只要走出海滩，你就不知道自己在哪里了。所以，在2002年，里约热内卢市市长计划在巴拉－达蒂茹卡区为巴西交响乐团建造一座音乐厅。

说是音乐厅，实际上就是想再造一个音乐版的基督山。

整个项目建筑面积达90 000 m^2，包括一个15 000 m^2、可兼作1800座音乐厅或1500座歌剧院的爱乐音乐厅，3000 m^2的500座室内音乐厅，1000 m^2的电子音乐厅，5000 m^2的巴西交响乐团总部，以及一个10 000 m^2的音乐学校。另外，还有4000 m^2的娱乐服务设施，包括艺术影院、媒体图书馆、餐厅、商店、展厅等。

239

这配置，这阵容，妥妥的地标啊！市长亲切地把这个项目称作艺术之城，基地就选在了这座新城的正中心——Americas大道与Aurton Senna大道两条高速公路交会形成的三角形地带上（图4）。

图4

要不说市长是个人才呢，选的这块地简直比地标还要"彪"。虽然基地位于巴拉－达蒂茹卡区的正中心，却被两条封闭高速公路环绕。说白了，这里就是一个高速路上的交通大转盘，比孤帆远影碧空尽还要孤的孤岛，这是让大家都飞过去啊（图5）。

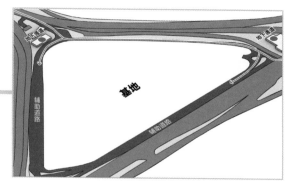

图6

很可惜，巴西人民没有隐藏的飞翔技能。好在市长发现自己可能有点作，请来了1994年普利兹克奖获得者，法国建筑大师——包赞巴克来救场。但这事儿大师也没辙，人家这是封闭高速公路，总不能为了你这个音乐厅就直接废成人行横道吧？大师也只能吭哧吭哧开个下高速的口连接场地辅路，再在场地北侧及东侧与地铁站相邻的地方加设地下通道进行连通（图6）。真的已经尽力了。

图5

那么，灵魂拷问来了：一个交通成本这么高的艺术之城，凭什么吸引人们来？毕竟艺术又不能当饭吃。包大师在这个问题上思路非常清晰，别说孤岛上的音乐厅，就是菜市场上的音乐厅都不见得有几个人愿意进。所以，果断加外挂！

这年头人最多的地方，除了收费的医院就是免费的公园了。但这种四邻不招的地方，就算建免费公园，也得建一个有主题、有特色、有新意的公园。术业有专攻，果断找外援！所以包大师直接找了著名的景观设计师费尔南多·卡伦乔（Fernando Caruncho）来设计了一个以热带水生植物为主题的公园——给他的音乐厅撑场面（图7）。

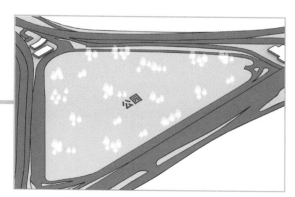

图7

既然外挂了公园，那么建筑就只能架在空中了，总不能埋在地下吧（图8）？为了使公园四周完全开放，将建筑放在靠中间的位置（图9）。

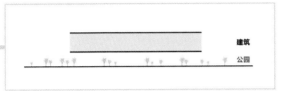

图8

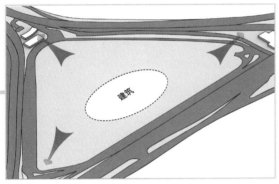

图9

确定大致位置后再规划建筑体量。根据任务书的要求，艺术之城项目可以分成3个功能块：500座的室内音乐厅（3000 m^2）、1800座可切换为歌剧院的爱乐音乐厅（15 000 m^2）和音乐学校（10 000 m^2）（图10）。

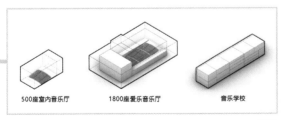

图10

由于场地足够大，3个主要功能块面积也都较大，而且爱乐音乐厅层高要求较高，垂直叠加会使建筑更高、各种流线更加复杂，因此，直接将3个体块平铺在场地上（图11）。

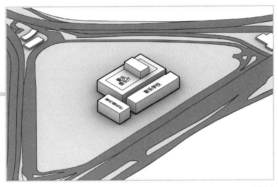

图11

这3个功能块基本就等于3个建筑，就算分开设计问题也不大。鉴于市长的地标情结，包大师还是毅然决然地决定做一个整体建筑，而唯一能连接这三者的就只有公共空间了（图12）。

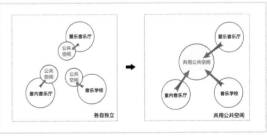

图12

当然，共用公共空间也有多种共用方式。权衡之后，选择公共空间在中间连接（图13）。除了三大主要功能区外，任务书还要求了近10 000 m^2 的其他公共功能区（图14）。

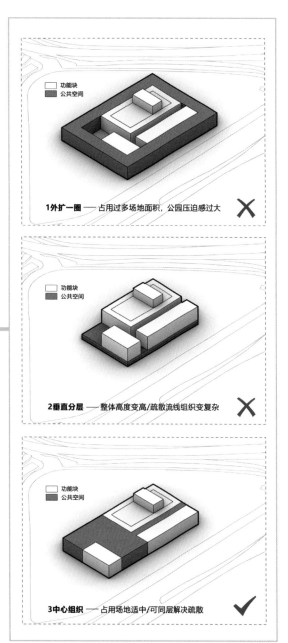

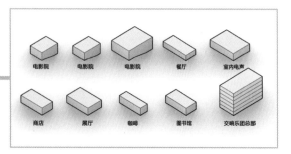

图 13

图 14

由于三大主要功能都比较独立，因此将电影院、餐厅、展厅、商店这堆娱乐功能也变成一个独立体块占据一角，顺便将交响乐团总部放在 500 座爱乐音乐厅一侧平衡体量。至此，就形成了四足鼎立、共用中间大厅的局面（图 15、图 16）。

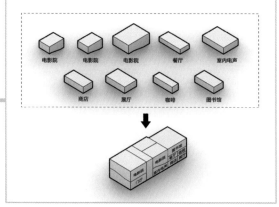

图 15

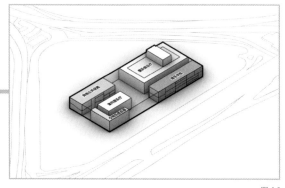

图 16

将整体体量从地面抬升 10 m（图 17），然后在体量外罩一个美丽的罩子，收工（图 18）？

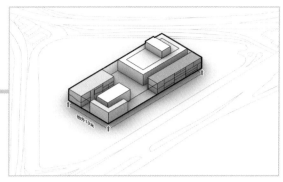

图 17

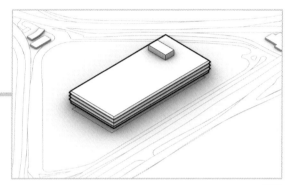

图 18

要是就这么结束了，就不用找包大师了，找我也一样，保证收费比大师便宜一半还多。先不说什么罩子美不美，毕竟这事儿各花入各眼；也不说什么巨大体量压迫公园，毕竟整块地本来就都是音乐厅的。就说一点，里约热内卢常年高温，罩个罩子就变成了大型温室。怎么？听音乐会还附赠桑拿浴吗（图 19）？

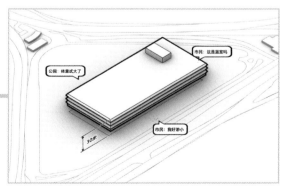

图 19

真正的设计才刚刚开始。包大师先将罩子去掉，只留下屋面板，使建筑内部开放空间与周围环境相互渗透。通透的灰空间将是纳凉休闲的最佳场所，人们还能顺便在 10 m 高台上遥望四周的山景和海景（图 20、图 21）。

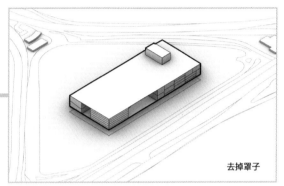

图 20

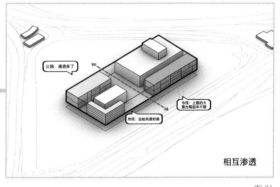

图 21

243

去掉罩子以后，空间是变通透了，但内部的实心疙瘩们依旧体量巨大，走在里面就像走迷宫——四周全是墙。因此，包大师继续消解体量，也就是消解掉内部"块"的感觉（图 22）。

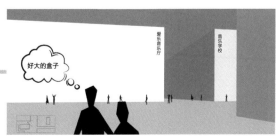

图 22

怎么才能消解"块"？当然是切"片"啊，也就是将三维的体用二维的面去塑造，抽出40 m的大刀沿着东西方向对整个建筑进行切片（图23、图24）。切完以后你就会惊喜地发现，爱乐音乐厅是个封闭的实心疙瘩，没法切（图25）。

直的没法切，那就掰弯了切吧。将最外侧片墙弯曲变成弧形墙，两道弧形外墙自然围合形成爱乐音乐厅内部完整空间。而人在公共空间看到的各个端部会因为弧度的出现而比原本垂直墙体变窄很多，以此消解了实心爱乐音乐厅的体量感（图26～图28），再将弧形墙围合运用到各个功能块中（图29～图32）。

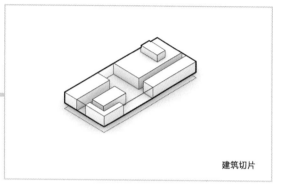

建筑切片

图 23

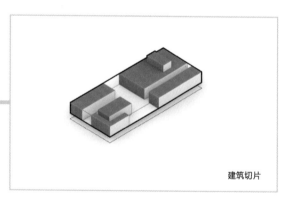

建筑切片

图 24

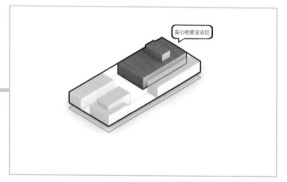

实心疙瘩没法切

图 25

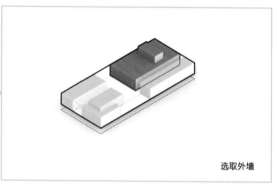

选取外墙

图 26

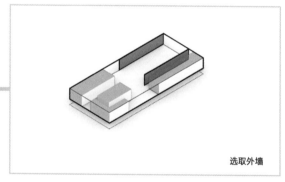

选取外墙

图 27

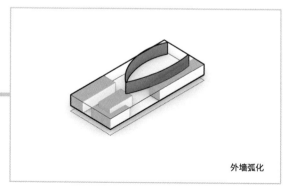

外墙弧化

图 28

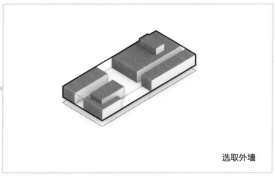

选取外墙

图 29

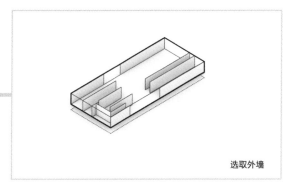

选取外墙

图 30

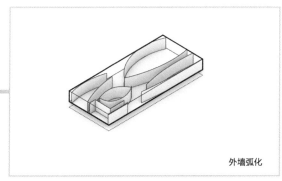

外墙弧化

图 31

图 32

但弧形墙也是墙，还铺天盖地地存在。接下来根据各个部分的特点排布功能，细化空间，然后时刻不忘消解体量，也就是消解这些大片墙（图 33），先从爱乐音乐厅开始（图 34）。再对弧形空间进行功能分区，将爱乐音乐厅核心部分放在弧度变化小的一侧，在弧形相交的位置设置空间灵活的门厅，在爱乐音乐厅南北两边设辅助性功能（图 35）。

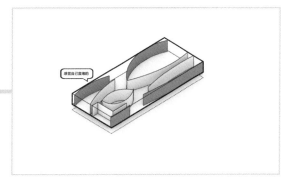

图 33

图 34

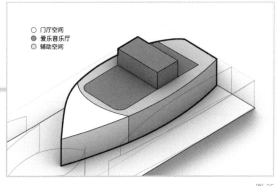

○ 门厅空间
● 爱乐音乐厅
○ 辅助空间

图 35

切削门厅部分的弧形墙体底部，留出地面部分的空间向外部开放（图36），南北侧外墙较长，将片墙切成两半并互相错位，在减小南北向墙体长度的同时增加片墙数量——也就是增强面的感觉（图37）。

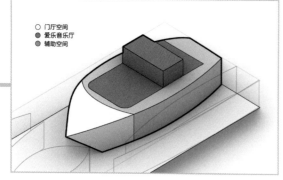

○ 门厅空间
● 爱乐音乐厅
● 辅助空间

图36

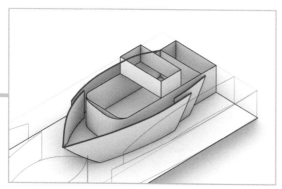

图37

继续细化内部功能。在一开始的任务书里，甲方就想要一个能在1800座音乐厅及1500座歌剧院之间相互切换的剧院空间。1800座音乐厅及1500座歌剧院在空间布局上有什么区别呢？

音乐厅是观众包围舞台，也就是中间是乐池，周围是一圈观众席；而歌剧院是舞台前面是观众，后面是后台，两边有银幕，顶部还有各种设备（图38）。所以，主要可变的部分其实是在舞台区。在固定观众席的周围布置座位塔楼，靠近舞台的四座塔楼可以自由移动，通过移动这些座位塔楼来改变厅内布局（图39～图41）。然后在地面层及爱乐音乐厅各层入口围绕爱乐音乐厅设平台，作为门厅及休息厅（图42）。

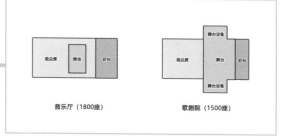

音乐厅（1800座）　　歌剧院（1500座）

图38

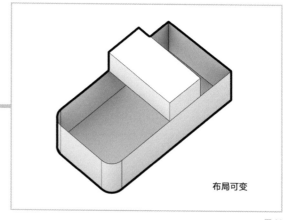

布局可变

图39

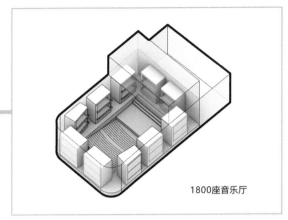

1800座音乐厅

图 40

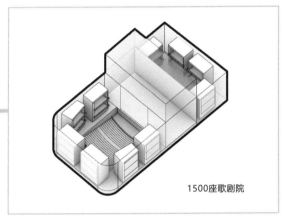

1500座歌剧院

图 41

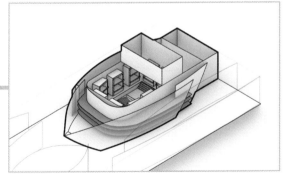

图 42

在门厅上部，由于弧形墙体切削后的围合关系，形成了一个类似大台阶的公共空间。包大师将这里设计成一个特色休闲活动区，并用一组顺应弧形墙的异形楼梯将人群引导到门厅上方的休闲区及各层爱乐音乐厅空间入口平台（图43、图44）。

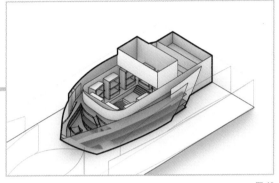

图 43

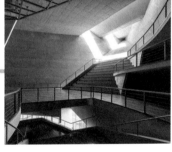

图 44

在爱乐音乐厅两侧布置卫生间及疏散交通核等辅助功能（图45），然后对室内音乐厅部分（图46）的弧形空间进行功能分区。将爱乐音乐厅设置在离中间开放空间较远的一边，较近一侧设为门厅空间。交通空间布置在二者之间（图47）。

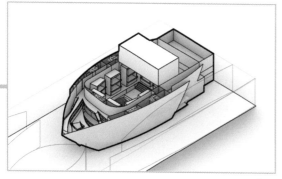

图 45

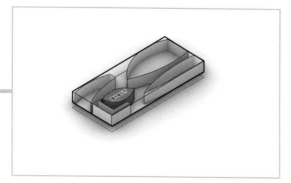

图 46

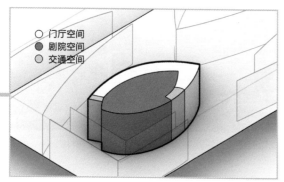

○ 门厅空间
● 剧院空间
◑ 交通空间

图 47

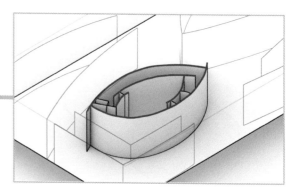

图 48

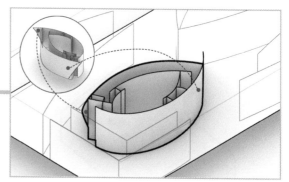

图 49

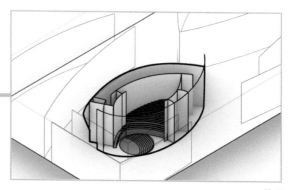

图 50

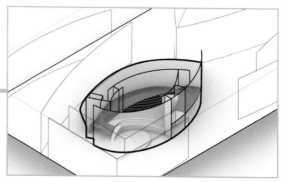

图 51

在内部加入墙体进行分隔（图 48），继续调整墙体，对外侧两部分墙体进行切削，消解体量感（图 49）。由于弧形墙体弧度变化较大，所以将爱乐音乐厅顺应叶子形平面进行布置。舞台在端部设计成圆形（图 50）。门厅部分加入顺应弧墙的坡道连接门厅及爱乐音乐厅入口（图 51）。

接下来，是音乐学校部分（图52）。音乐学校
部分形体较长，长长的墙体还是让人堵得慌，
所以将墙体切成梯形，再切成多段（图53）。

图52

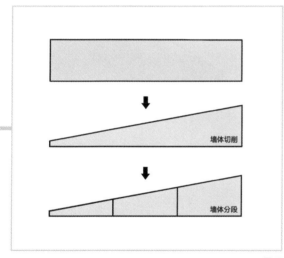

墙体切削

墙体分段

图53

音乐学校的主要功能空间是多个不同高度的排
练室，正好可以利用高度关系布置排练室以
适应梯形墙体。按高度排布好各个排练室，将
体块分成三个部分，在三者中间加入交通空间
（图54）。根据体块关系调整墙体位置，三
个片墙组合沿弧形方向错位，形成三组小体量
（图55）。

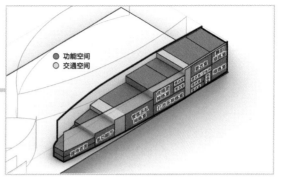

● 功能空间
● 交通空间

图54

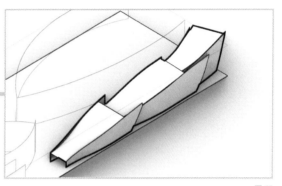

图55

交响乐团总部部分（图56）以办公空间为主，
在L形体量中间部分挖出门厅空间联系两侧体
量，并在两侧分别加入交通核满足疏散要求（图
57），南侧立面使用同样的方式切削片墙，形
成梯形空间（图58）。

图56

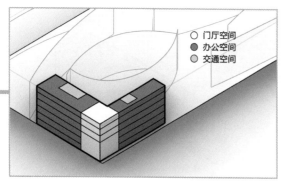

○ 门厅空间
● 办公空间
○ 交通空间

图 57

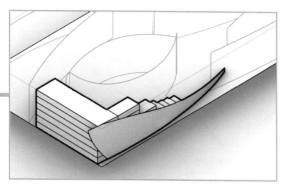

图 58

在交响乐团总部及音乐学校部分底层相交位置
设置媒体图书馆，使两个部分连成一体，并在
相交处设计大台阶，将人引导到图书馆顶部，
使其成为公共活动平台（图 59）。

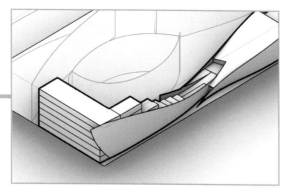

图 59

最后，是其余的公共娱乐部分（图 60），同样
采用削减墙体的方式提高通透性，功能块也使
用退台状排布。将高度较高、面积较大的电影
院放在最大墙体一侧的顶部，底部为电影院入
口门厅。其余的电声室、商店、展厅、咖啡厅
分别在一层排布。在靠近内侧的端部设计大台
阶引导人群到达顶部餐厅，并插入交通核（图
61），墙体根据体块进行切削（图 62）。再细
化端部门厅空间，并加入楼梯引导人群进入电
影院（图 63）。

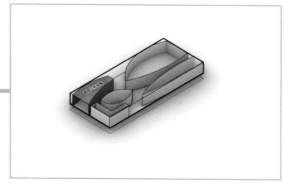

图 60

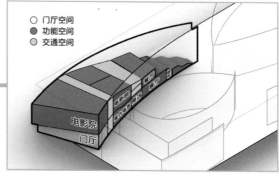

○ 门厅空间
● 功能空间
○ 交通空间

电影院
门厅

图 61

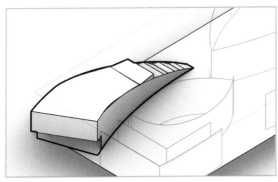

图 62

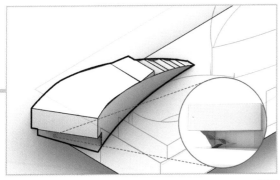

图 63

至此，各个部分通过功能与弧形形体的相互调整，得到最终的样子（图 64、图 65）。

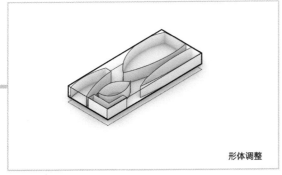

形体调整

图 64

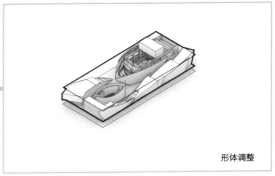

形体调整

图 65

由于弧形墙体的切削，音乐学校及公共娱乐部分呈退台状，调整后被整体拉长，占用了部分共用的开放空间。将建筑底面沿公共娱乐及音乐学校部分变形，成为平行四边形底座，放大开放空间，根据底面变形，调整端部形状（图 66）。

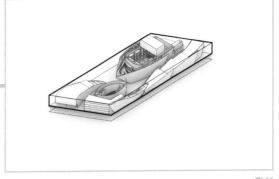

图 66

当然，这还没完。接下来要继续塑造四个体块挤出的公共空间。在东、西、北三个方向设出入口，加入三条坡道与地面公园连接（图 67）。地面层挖洞，使开放空间能直接看到底层花园（图 68）。各体块之间加入平台相互连接（图 69）。

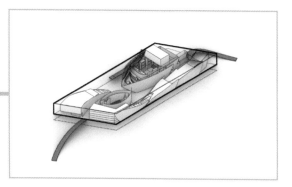

图 67

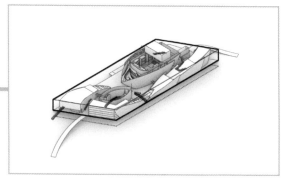

图 70

加盖封顶，在公共空间对应的屋顶随机开三角形洞，在两个爱乐音乐厅与邻近建筑产生的过道空间处挖条形洞，给内部空间带来惊喜小光线（图 71、图 72）。

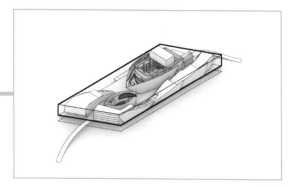

图 68

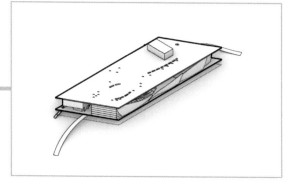

图 71

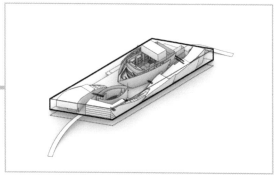

图 69

加入楼梯连接建筑首层与公园地面层，形成足够的疏散交通。在公共空间中紧靠功能块的位置加入楼梯，形成连续的交通空间（图 70）。

图 72

最后加入一点儿细节。

1.结构。利用墙体承重，将上部片墙向下延伸
并变形，以几个地面接触点为支撑。这里的墙
体相当于巨大托臂的承重墙。再在公共空间局
部加入柱子辅助支撑（图73、图74）。

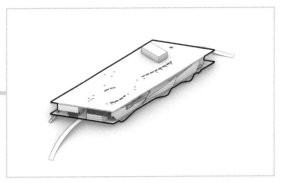

图 75

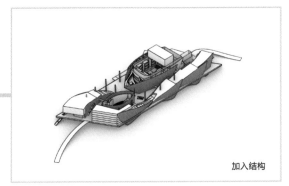

加入结构

图 73

图 76

图 77

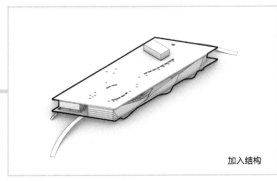

加入结构

图 74

2.表皮。墙体全部使用混凝土，东西向各体块
的部分墙体转变为玻璃，在形成的空中露台边
缘加入斜细钢柱进行装饰，目的也是增加支撑
（图75～图77）。

最后，与队友作品合体，将整个建筑放到景观
设计师费尔南多·卡伦乔设计的热带水生植物
公园中（图78）。

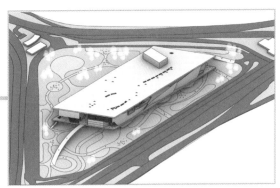

图 78

这就是克里斯蒂安·德·包赞巴克设计的巴西里约热内卢"艺术之城"项目（图79~图84）。

图 79

图 82

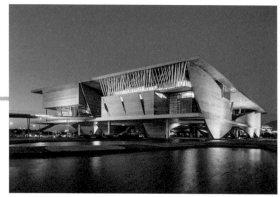

图 80

图 83

图 81

图 84

包赞巴克应该算是普利兹克大师圈里存在感不算太高的一位，究其原因，大概是法国人更愿意追求别致，而非极致吧。但我很喜欢包赞巴克的一句话："我是一个快乐的人，建筑师的职责就是让城市快乐起来。"放弃那些故作高深、故作高明、故作高级的高姿态吧，就算做不了简单、快乐的建筑，至少做一个简单、快乐的建筑师吧。

END

设计者的失语，是既失去家乡又无法抵达远方

图1

名　称：德黑兰 Shahr Farsh 地毯城（图1）
设计师：FMZD 事务所
位　置：伊朗·德黑兰
分　类：商场
标　签：空间尺度，特殊限定
面　积：110 000 m²

建筑师习惯以旁观者的姿态去审视别人的生活，构建自以为的传奇。繁华的都市需要比光怪陆离更陆离的纪念碑，宁静的乡村就需要比田园牧歌更牧歌的山水画。而在纪念碑与山水画之间的世俗生活，是属于普通人的烟熏火燎，是理想星空下可以被忽略的光亮。我们都有过这样的生活，但我们假装忘记了，同时也忘记了，生活本身就是风景。

德黑兰著名的地毯公司 Shahr Farsh 最近打算开拓业务，新建一个中东最大的手工编织和机织地毯销售中心，简称"地毯城"。地毯公司现有 3 个卖场，最远的一个直接建在了里海边，其余两个集中在伊朗首都德黑兰。而这第 4 个卖场选在了德黑兰郊区，基地面积很大，足有50 000 ㎡，周围是豪华郊区配置：机场、厂房、高速公路 3 件套（图 2、图 3）。这个选址除了面积大没有任何优势（图 4）。

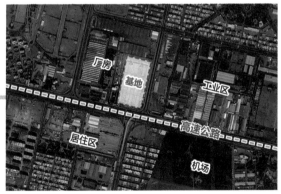

图 2

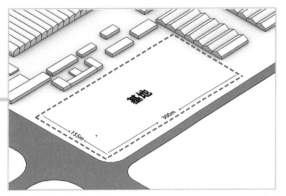

图 3

图 4

很明显，这就是一个典型的市郊仓储式商场，基本可以当成一个伊朗宜家处理，没毛病。

唯一的毛病就是，你不是一个伊朗人。

伊朗是波斯地毯编织艺术的发源地，浓郁的地毯文化也是伊朗地域文化的精髓，伊朗人对地毯的狂热基本等于四川人对辣椒的偏执。对其他人来说，地毯是家的装饰品；对伊朗人来说，有地毯的地方才是家。伊朗人在地毯上出生，在地毯上玩乐，在地毯上祈祷——没有什么事儿是在一块地毯上不能解决的，如果有，那就再铺一块（图 5）。

图 5

因此，在 FMZD 事务所眼里，地毯不是商品，而是活动空间。也就是说，在伊朗，地毯具有空间属性（图 6）。一块地毯就是一个活动空间，多块地毯就形成了多个活动空间。那么，问题来了：地毯城是干什么的？就是批发地毯的吗？不！这里是全伊朗地毯最多的地方！换句话说，这里就是具有最多活动空间的地方啊（图 7、图 8）。

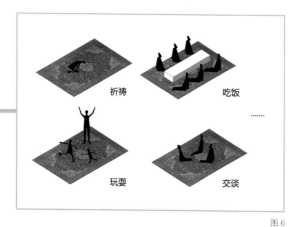

图 6

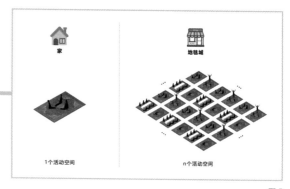

图 7

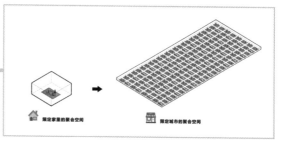

图 8

这或许是一个外人很难理解的设计点，却是伊朗人实实在在的生活，也是 FMZD 事务所很明确的目标——设计一个以地毯为空间限定的综合体。综合体里由地毯限定的空间主要分为两大类：卖地毯的空间（售卖空间）和用地毯的空间（社交空间）。这两类空间基本可以对应两类人群，也就是来买地毯的人和不买地毯（玩）的人。两类人的目标都比较明确，相对应的两种空间看起来也是相互独立的。但是，别忘了本次的甲方是地毯公司，人生理想就是卖出更多的地毯。所以，在甲方眼里，就没有不买地毯的这类人存在——这个世界上只有立刻买地毯和过一会儿再买地毯两种人。因此，FMZD 最终将人群变成了两类：买地毯的人和通过社交准备买地毯的人（图 9）。

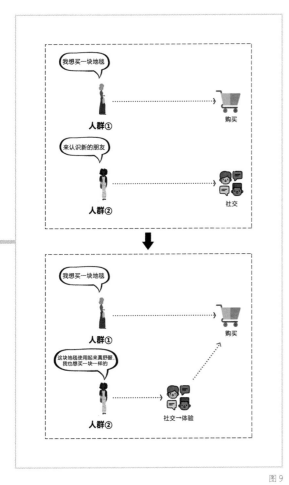

图 9

两类人群的关系，也体现了两类空间的关系。除了使第一类人快速进入售卖空间外，还需要通过社交空间引导第二类人进入售卖空间，而社交空间和售卖空间的关系大致可以分为3种情况（图10）。

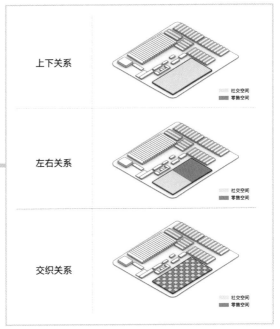

图 10

接下来开始分析。左右关系和上下关系都能实现第一类人快速进入售卖空间的目的，而交织关系因为两种空间接触过于紧密，难以实现购买的高效性。所以，交织关系淘汰（图11）。

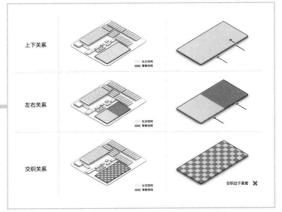

图 11

继续分析。上下关系里，两种空间的接触面较大；而在左右关系里，两种空间的接触面过小，且两个空间流线组织较独立，很可能会流失掉一部分潜在客户（图 12）。所以，最后选择上下关系作为两大空间的关系，将售卖空间置于下层，社交空间置于上层（图 13）。

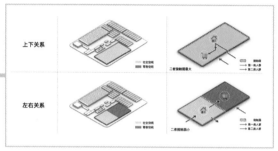

图 12

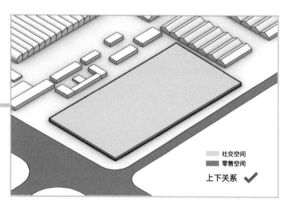

图 13

在确定关系后，别忘了我们的综合体是一个以地毯来限定空间的综合体。现在，两种空间垂直分层都平铺在场地上，场地是一块 300 m×155 m，面积不到 50 000 m² 的矩形，由地毯限定产生的社交空间在尺度上与基地尺度相差巨大。那么，问题又来了：怎样使地毯限定的空间与建筑限定的空间达到统一呢？也就是，小的使用尺度如何与大的形式尺度达到统一？

最简单的方法自然就是"模块"了。根据一般客厅地毯的尺寸，FMZD 事务所选择了 5.1 m×5.1 m×3 m 的立方体作为模块单元密铺场地（图 14）。

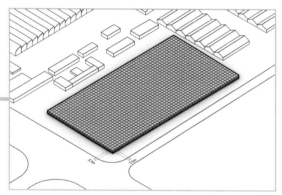

图 14

而在 5.1 m×5.1 m 的尺度下，人们可以完成室内外的多种活动，还可以通过几个单元块的组合满足不同规模的活动需求（图 15）。"室外空间—社交空间—售卖空间"这样的组织关系在平面上很容易实现，但现在两种空间是垂直关系，让人先到达二层社交空间再进入一层售卖空间的做法很可能会劝退一部分不想爬楼的人（图 16）。

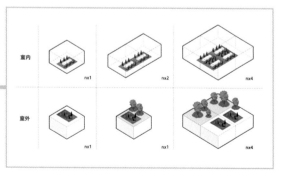

图 15

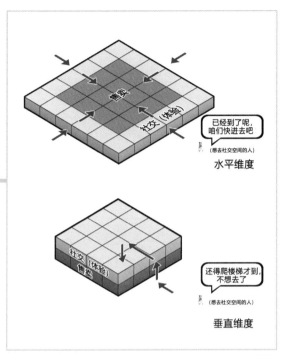

图 16

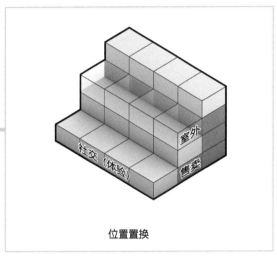

位置置换

图 18

怎么办？FMZD 事务所使用位置置换的方式来实现连续的空间组织，也就是在保持两种空间总量不变的情况下，将售卖空间从单层变成多层，其余社交空间则依附在其周围（图17 ~ 图 19）。

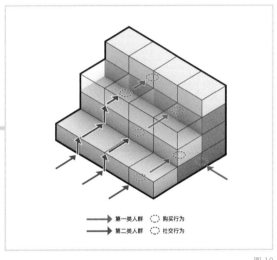

图 19

由于单元块尺度较小，为了使这种退台形式能够满铺场地，且保持售卖空间高度不会过大，可以调整各层单元块的高差，形成平缓的可上人台阶。与售卖空间同层相接位置的单元块成为室内社交空间，其余单元块则利用顶面形成广场及景观空间（图 20、图 21）。

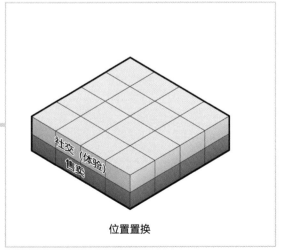

位置置换

图 17

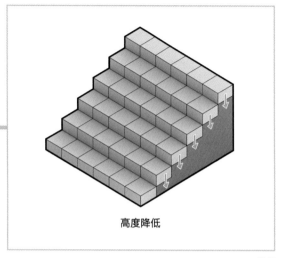

高度降低

图 20

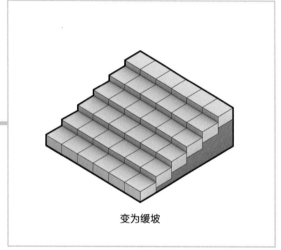

变为缓坡

图 21

基本原则就是这样，下面看具体如何操作。先对底层的售卖空间的功能进行细分。伊朗人往往是先买好地毯，再购置搭配地毯的其他家具，所以，在销售链上增加和居家相关的室内装饰及家具业务。在邻近两条道路的一侧设置地毯售卖区；在紧邻一条道路的位置设置地毯的周边产品——家具及室内装饰等居家产品售卖区；在最北侧设置地毯加工存储区（图22）。

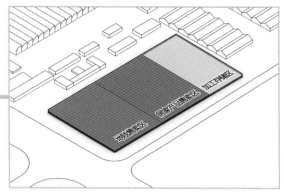

图 22

接下来，寻找置换点，也就是形成室外广场的位置。从水平向来看，最理想的空间组织应该是社交体验区包围售卖区的模式，但由于北侧并不是人流的主要来向，所以调整空间组织关系，将置换点设在靠近主要道路的一侧（图23、图24）。

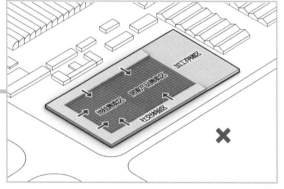

图 23

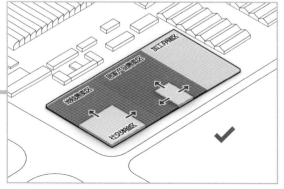

图 24

选定街角为地毯区的置换点，在次级道路靠近仓库的一侧选定居家区的置换点。从这两点开始，社交空间下压到地面层，然后向四周呈台阶状扩散（图25～图27）。由于置换点单元块的压低，因此其周围的售卖空间需要加高（图28）。

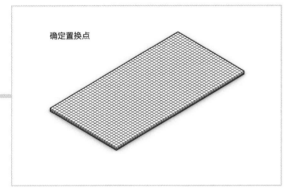

确定置换点

图 25

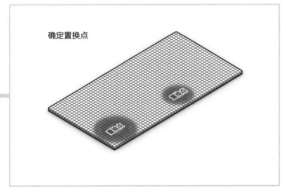

确定置换点

图 26

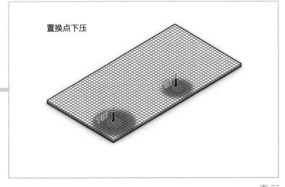

置换点下压

图 27

周边抬升

图 28

沿街面的起伏已经出现，而靠近北侧的仓库区域还是没有用上。这里不再需要地面层的广场，因此，将地毯区及居家区中间的位置挖掉部分单元块，形成一个院落，让社交空间通过院落垂直渗透进入地面层（图29、图30）。

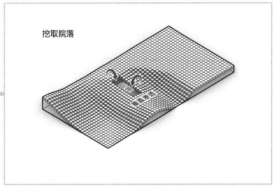

挖取院落

图 29

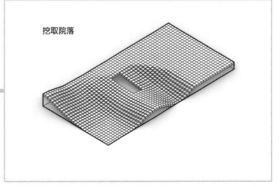

挖取院落

图 30

为了使形体更加平衡，将西北角一侧仓储空间以外的部分局部拉高，仓储空间上部的空间不再起伏（图31、图32）。

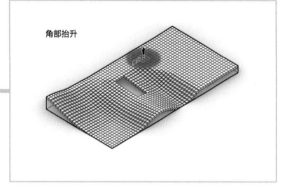

角部抬升

图 31

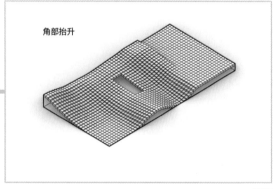

角部抬升

图 32

受社交空间的起伏形式影响，下部的售卖空间也随之起伏。对售卖空间再次进行功能细分，以 6m 为一层，售卖空间可以分成两层，将地毯加工存储区的沿街面也设为售卖区，顶部剩余的部分设为办公区，停车场则布置在地下一层（图33）。

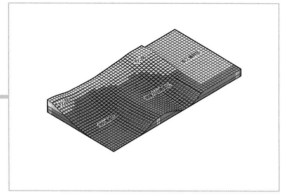

图 33

在售卖空间的沿街面加入独立的出入口，出入口呈十字交叉状，贯穿两个售卖功能区（图34）。

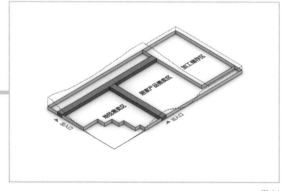

图 34

由于两个置换点形成广场的位置内部不能再使用，且这一部分周围形成的内部空间也不规则，所以将靠近广场部分的售卖区分割为大空间，边界为"十"字形的内部交通区。剩余部分分割为小店铺形式，居家产品区继续划分内部道路，在道路两侧组织小店铺（图35）。现在售卖空间内部布局已经形成了直接购买地毯的独立流线（图36）。

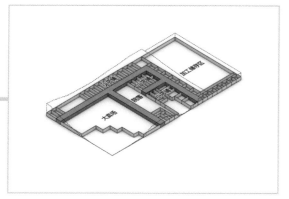

图 35

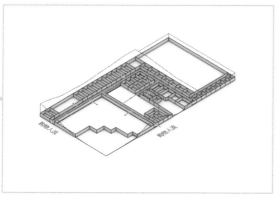

图 36

接下来，解决另一类人群的流线，也就是从社交空间进入售卖空间的流线。在两个广场位置选取单元块作为室内社交空间，但问题是最初置换点将单元块推倒成缓坡状，导致很少有单元块的高度可以符合人体活动的尺度（图 37）。

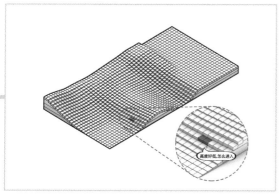

图 37

因此，接下来整合社交空间模块的尺度。将一些大盒子插入两个广场区，大盒子可以在不同方向插入与地毯售卖区接触的位置，形式上尽量错落，并适当调整不合适的单元块位置（图 38、图 39）。通过大盒子的置入，形成了多条可以从广场进入社交空间再进入售卖区的流线（图 40）。

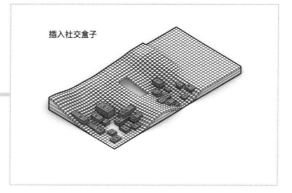

插入社交盒子

图 38

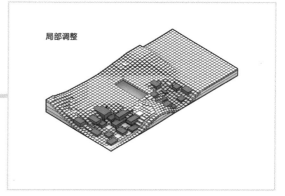

局部调整

图 39

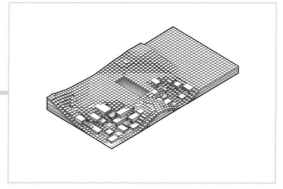

图 40

顶部的办公区由于不再需要与社交空间产生关系，可以直接从室外进入。但是，由于单元块尺度也存在不符合人体使用高度的情况，所以需要进一步整合。对办公空间进行分层，并在室外设置各层入口（图41）。

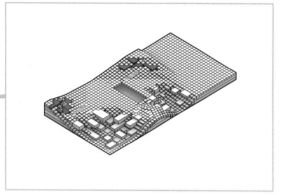

图41

地毯售卖区及居家产品售卖区之间的院落空间也需要形成对社交空间的渗透。将不同尺度的社交空间挂在院落的垂直面上，各层体量相对错落，并且一直延伸到停车场层（图42、图43）。

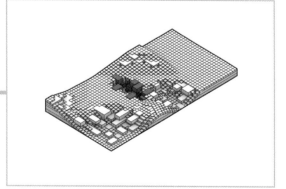

图42

图43

在各层加入交通核，并在交通空间中加入扶梯，在售卖区内部挖出中庭，形成从停车场层到二层的垂直联系（图44、图45）。至此，针对两类人群的空间流线就基本形成了（图46）。

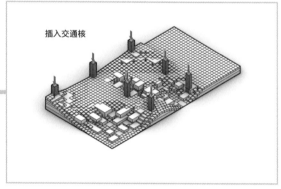

插入交通核

图44

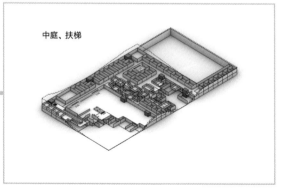

中庭、扶梯

图45

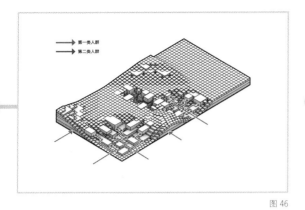

图 46

然后，细化各层平面（图 47 ~ 图 53）。

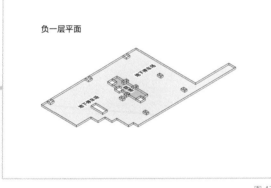

图 47

图 48

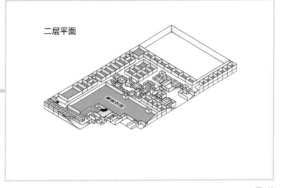

图 49

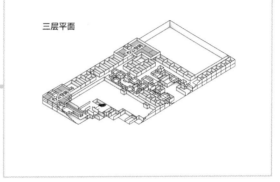

图 50

267

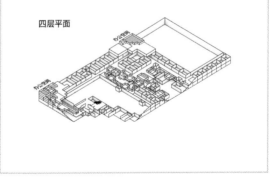

图 51

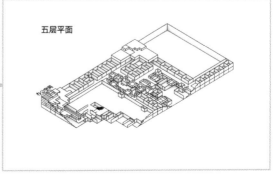

图 52

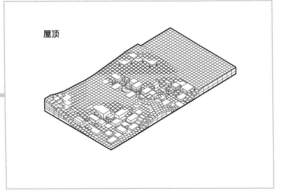

图 53

屋顶部分采用广场活动区及景观活动区相结合的形式。选取部分单元格作为景观格子，在屋顶种树。仓储空间屋顶不再需要社交功能引导进入，因此去掉这部分的社交格子，使用仓储空间所需层高即可（图 54、图 55）。

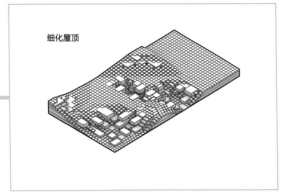

图 54

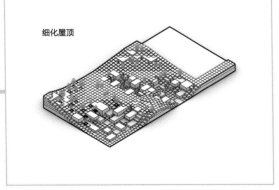

图 55

在与内部售卖空间同层的社交空间外立面开洞，引导人从屋顶广场进入内部空间，在高差较大的位置加入楼梯（图 56 ~ 图 58）。

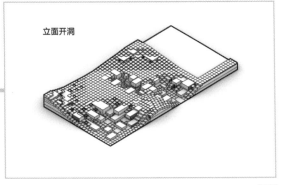

图 56

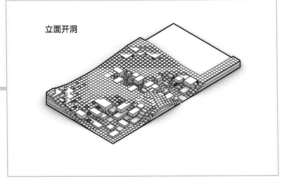

图 57

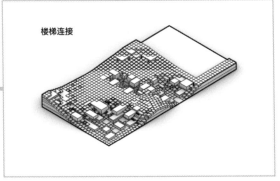

图 58

然后，为建筑开窗。社交空间的入口面和沿街店铺使用大玻璃窗，垂直院落堆叠的小盒子在不同面开窗（图 59、图 60）。最后，为建筑赋予混凝土材质（图 61）。

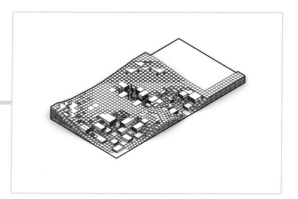

图 59

图 60

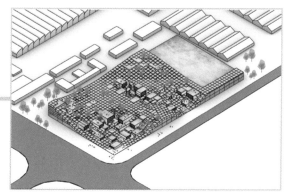

图 61

这就是 FMZD 事务所设计的德黑兰 Shahr Farsh 地毯城（图 62、图 63）。

图 62

图 63

"本土建筑"或许不能算一个时髦的词了，但这并不妨碍我们把立足本土的建筑做得时髦又有趣。本土，不是乡土。国际范儿的家乡，它不香吗？我个人很喜欢 FMZD 这个事务所，他们在某种程度上很像 2020 年夏天很火的五条人乐队：对家乡的语气都不是传统文人式的乡土回忆录，不滥情也不故作高远；对普通生活既有由内而外的实在观察，又有面朝大海的诗意。创作基础根植于乡土，但创作手法却离地很远，几乎浪到飞起。就像《梦想化工厂》里唱的：梦想变成蚊香也不错啊，别变成蚊子就好了。

图片来源：

图 1、图 43、图 60、图 62、图 63 来自 https://fmzd.co/projects/detail?id=14，其余分析图为作者自绘。

END

世界本是一座孤儿院，每个建筑师都在画地为牢

图1

名　称：伊尔库茨克 Smart School（图 1）
设计师：CEBRA 建筑事务所
位　置：俄罗斯·伊尔库茨克
分　类：学校
标　签：功能复合，心理空间
面　积：30 000 ㎡

小时候，我觉得孤单是很酷的一件事；长大后，我觉得孤单是很惨的一件事；学了设计，我觉得孤单就不是一件事儿。明明是我的方案，听我说话的人却越来越少，让我听话的人越来越多。表达者的宿命不是被误解，而是最终无话可说。当我以为的指点，都变成了指指点点，当我逃离的是非，都变成了是是非非，画地为牢可能是最孤勇的自我拥抱。

俄罗斯土生土长的谢土豪吃水不忘挖井人，富了不忘家乡恩，决定成立一个慈善基金会，专门为家乡修建孤儿院。

修孤儿院不是目的，解决孤儿问题才是根本。那么，孤儿面临的最大问题是什么？肯定是生存。但谢土豪不差钱，孩子们的生活和教育肯定有保障。而解决生存问题之后，凸显出来的就是孩子们成长过程中的心理问题。这个很复杂，简单说就是孤儿院里的孩子容易生活在自己封闭、孤立的世界里，缺乏来自家庭的特别关心和温暖。传统上，我们将解决此类问题的关键寄希望于领养家庭，但对孩子们来说，这就是看运气。所以，谢土豪的基金会在深入思考之后，试图探索一种新的孤儿院模式来更有针对性地解决孤儿成长中的心理问题。

基金会的研究成果很多，具体到孤儿院建筑上，就是以聚落式的教育社区取代传统孤立的孤儿院。再具体一点儿，就是这个综合教育社区包括多个学校，为3—18岁儿童提供新型教育模式，以及多种家庭寄养方式的孤儿居所——

孩子们不再像传统孤儿院一样居住在联排宿舍中，而是5—6个孤儿组成一个混龄家庭，每个家庭配备工作人员"爸爸、妈妈"照顾。

2015年，基金会发起了建立第一个新式孤儿院的国际竞赛。基地选在了伊尔库茨克市边界，贝加尔卡斯卡亚街（Baikalskaya Street）和安加拉河（Angara River）之间的一个斜坡上（图2）。

图2

基地总占地面积20 hm²，北侧是高速公路，南侧是安加拉河，西侧是别墅区，东侧是一片茂盛的森林，更远处是成片的乡村。北高南低，坡度变化平缓（图3）。

图3

竞赛的建筑可以分为两大类：学校服务部分和孤儿居所部分。学校服务部分：一个有 10 个班的幼儿园，一个可容纳 360 人的小学，一个可容纳 480 人的中学，体育中心（包括篮球场、游泳馆、健身房），还有行政服务中心、医疗中心、咨询中心的服务中心，以及包括剧院、图书馆、活动室、餐饮在内的文化中心。同时，这些公共空间也是周边市民的文化娱乐活动场所（图 4）。

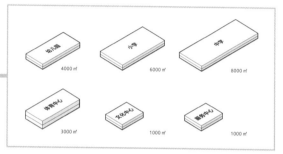

图 4

孤儿居所部分就是为 30 个新式寄养家庭提供独立住宅。由于高差的存在，把占地更大的学校部分放在坡度变化平缓的北侧；将孤儿居所放在邻近学校南部且坡度较平缓的西侧；操场则放在了南侧（图 5）。

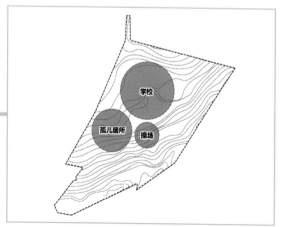

图 5

如果你足够敏锐就会发现，幼儿园、小学和中学的面积比一般情况要大了许多。事实上，日常使用的教室部分也确实只占了总面积的一小部分，那剩余的这么多空间是用来做什么的（图 6）？

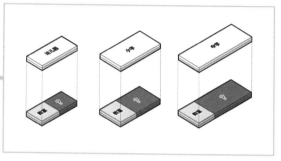

图 6

对！这部分空间就是基金会实现新教育模式的部分。除了设置普通教室让儿童获得常规教育外，还要能够设置多样的具有特定功能的空间，让 3—18 岁的儿童通过自主选择来获取课外知识，并培养兴趣爱好，同时通过混龄模式增强社交能力。

针对每个建筑，儿童的行为活动空间可以分成 3 种类型：正式空间（常规教室）、有功能的非正式空间（混龄课外知识空间）、无功能的非正式空间（完全的公共空间）（图 7）。

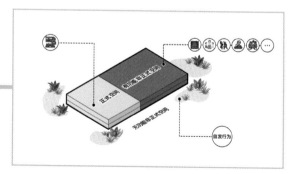

图 7

272

整个校园分成6个部分，够做一个规划的了。将6个体块呈3排摆在场地中：幼儿园、小学、中学组团，与其余3个中心岔开摆放；将服务中心放在靠近孤儿居所的一侧，方便服务住宿区；将体育中心摆在靠近操场的区域；将文化中心摆在靠近入口位置，方便周围的村民使用（图8）。

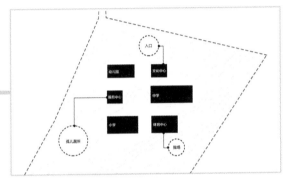

图8

摆好后，6个体块内都由正式空间和有功能的非正式空间组成，而6个体块之间的位置则散布着一些无功能的非正式空间（图9）。

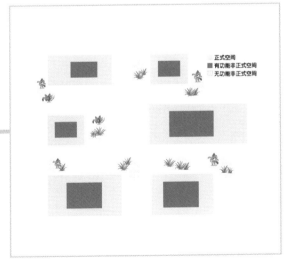

图9

设计目标是让3—18岁的儿童在混龄空间里增强社交能力，那么首先，我们得让这一群不同年龄的孩子待在一个空间里。有过童年的人都知道，小孩子喜欢和大孩子玩，而大孩子不喜欢带小孩子玩。鉴于人类幼崽的智力水平，差一岁就能差出一个银河系的发展现状，大孩子如果想在一个有6栋楼的校园里不让小孩子找到他们，估计很难。而作为一个建筑师，想要彻底杜绝大孩子甩开小孩子的操作，是根本不可能的，智商的鸿沟不可逾越。但是，我们可以帮小孩子降低找大孩子的难度，比如说，把所有非正式空间连成一个圈，小孩子跑不出这个圈，大孩子也跑不出这个圈，只要顺着圈找，总能抓到那个没藏好的。反正CEBRA就是这么想的（图10）。

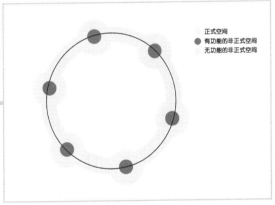

图10

思路是这么个思路，但具体到实际操作上也有难易之分。困难模式当然就是把整个校园当成一个建筑来设计，非正式空间上下翻飞、天马行空、一气呵成。简单模式就很简单了，基本原理和瓷砖拼花差不多，只要接口能对齐，就能闭眼吹成一朵花。作为一个高端的著名事务所，CEBRA果断选择了简单模式（图11）。

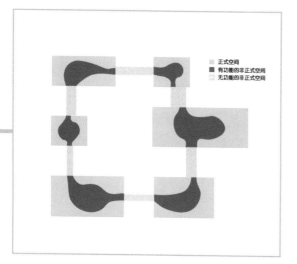

图11

每个建筑体块都采用正式空间围合非正式空间的形式，并在两端留出入口与其他建筑相连（图12）。

正式空间	正式空间	正式空间	正式空间
	非正式空间		
正式空间	正式空间	正式空间	正式空间

图12

接下来，按这种模式细化各个建筑。除了正常的上课，儿童的行为活动可以分为三大类（图13）。接下来依据6个建筑的组团属性细分非正式空间。3个教育组团都满足上述3类活动需求，但是根据年龄的不同，侧重点会不同（图14）。

兴趣活动	休闲活动	学习活动
陶艺　缝纫 绘画　舞蹈 音乐　乐高 烹饪　雕刻 表演　运动	休息　吃饭 交谈　玩耍 观影　观展 观演	阅览　自习 实验　演讲 小组讨论 查阅

图13

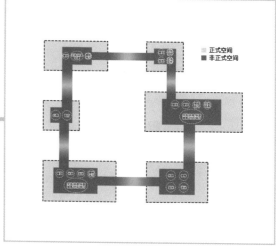

图14

细分以后会发现，有一些非正式空间需要封闭房间用于特定的功能，而有一些则需要完全开放以承载多种行为（图15）。

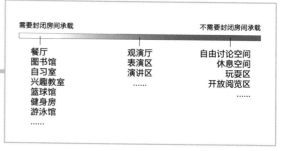

图15

因此，每个建筑调整成正式空间及需要封闭房间的非正式空间来围合开放的非正式空间（图16～图21）。

274

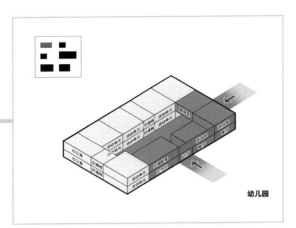

幼儿园

图 16

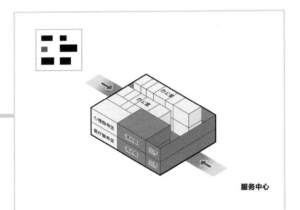

服务中心

图 17

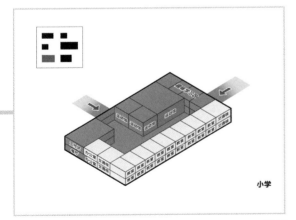

小学

图 18

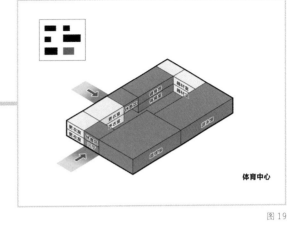

体育中心

图 19

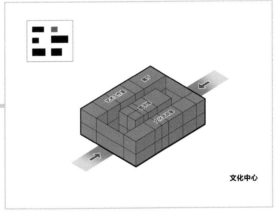

中学

图 20

文化中心

图 21

275

然后，将6个建筑体块放到场地中。由于每个体块都有连接口，因此，自然形成了一圈连续的路径（图22～图24）。

现在的各个部分都是规整的方盒子，间隔很大，在很大程度上弱化了它们之间的联系。所以，接下来是不是应该调整体块形态增强联系？比如说，圆形的向心力最强，是不是应该将各个体块都调整成圆弧形呢（图25）？

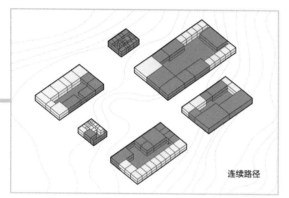

图22

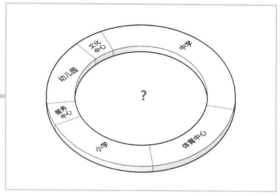

图25

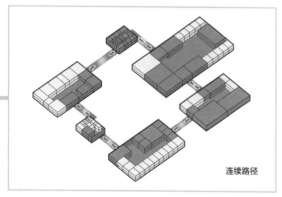

图23

理是这么个理，圆形的向心力确实最强，但不一定非要把体块调整成圆环，因为，太麻烦啦。持续选择简单模式的CEBRA可能熟读过《西游记》——相信只要法力高强，就能画地为牢，保护师父。然后，他们就真的画了一个圈，一个非常圆的圈，将6个体块象征性地缩了缩……

请问你是猴子请来的救兵吗（图26～图29）？

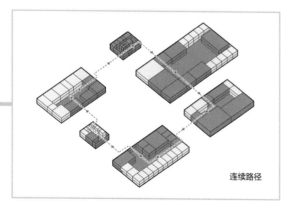

图24

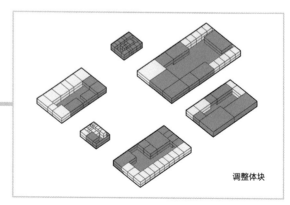

图26

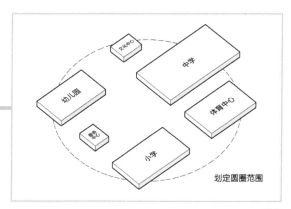

划定圆圈范围

图 27

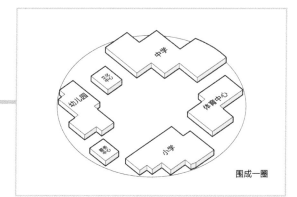

围成一圈

图 28

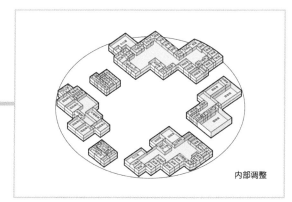

内部调整

图 29

不管怎样，反正缩成了一个圈后，各个部分之间的距离拉近，各教育组团内部的非正式空间也被打散成多个更加便于细分不同开放程度的活动场所（图 30）。

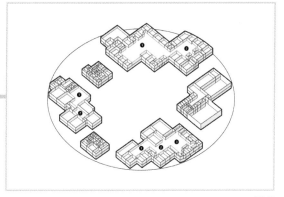

图 30

接下来，细化各个部分开放的非正式空间。

1.幼儿园。幼儿园活动单元与餐饮空间、趣味活动室、教师办公室一起围合出两个大空间（图31）。与文化中心相近的大空间挖掉二层楼板成为通高门厅，围绕门厅布置健身、玩耍器材，并通过大台阶引导孩子们到达二层玩耍平台（图 32）。

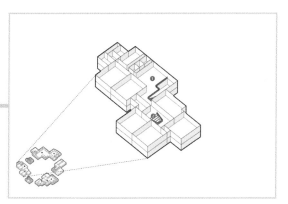

图 31

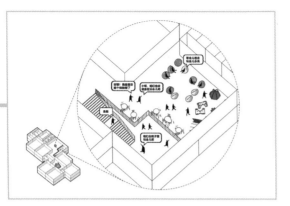

图 32

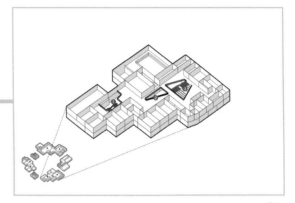

图 34

离服务中心较近的大空间开放性较低，用于儿童交流、观演等较安静的活动，用梯形台阶连接上下两层，并在邻近服务中心处设置出入口（图33）。

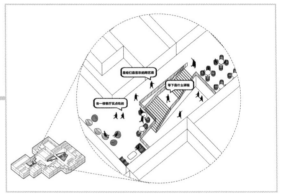

图 35

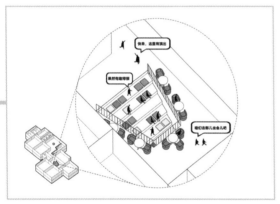

图 33

2. 小学。小学部分通过教室与餐饮空间、运动馆及趣味活动室、教师办公室的围合形成3个无功能空间（图34）。离服务中心较近的大空间作为入口大厅，挖掉二层楼板成为通高门厅，底层为咨询服务区。通过大台阶引导进入二层平台，设置休闲区（图35）。

中间的大空间较安静，挖出梯形通高增加上下层联系。底层作为小组讨论区，顶层为开放阅览区及自习区（图36）。邻近体育中心的大空间使用梯形台阶联系上下层，可以用于报告演讲以及交流休息。梯形台阶限定出的空间用于玩耍、休闲（图37）。

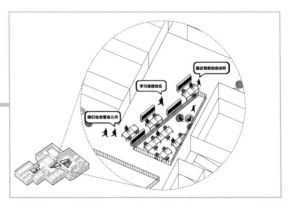

图 36

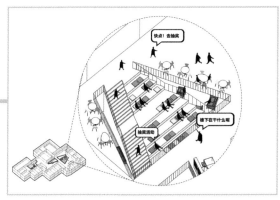

图 37

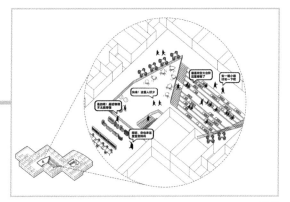

图 39

3. 中学。中学部分通过教室与餐饮空间、阅览室、实验室、教师办公室的围合形成两个大空间（图 38）。

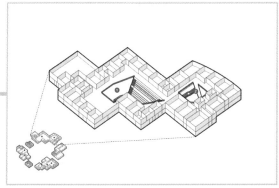

图 38

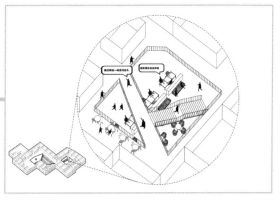

图 40

离文化中心较近的空间形成主入口门厅，设梯形大台阶满足观演、观影等功能需求，并在底层设舞台，梯形限定出的两侧空间则用于小组研讨交流（图 39）。离体育馆较近的大空间由于和上一个空间之间存在高差，因此用台阶联系。这一空间设定较安静的功能，如自习、研讨、阅览等。二层挖出中庭加强视线上的联系，使用斜向台阶分区（图 40）。

至此，非正式空间的连续路径形成（图 41）。为了继续强化连续性，进一步细化 6 个部分之间的非正式空间。由于场地存在高差，先建立 6 个部分在地面层的联系，用台阶连接有高差的部分。中学部分靠近南侧也存在高差，局部调整楼板高度并使用台阶连接（图 42、图 43）。

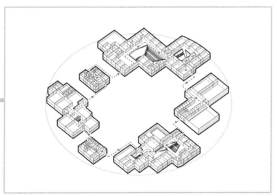

图 41

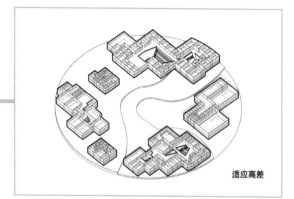

适应高差

图 42

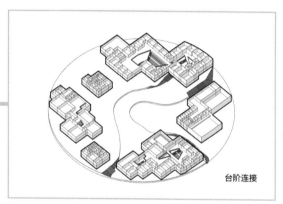

台阶连接

图 43

不管怎样，按照最初的设定，这 6 个建筑最终要连成一体。简单到底的 CEBRA 采用强限定的连廊以及半限定的屋顶来联系各个部分，换句话说，真正连成一体的只有屋顶。

在二层，将中学部分及小学部分通过连廊与体育中心连接，由于 3 个部分的二层楼板的高度不同，所以内部用台阶来解决高差（图 44）。

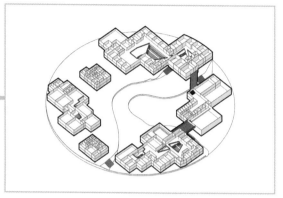

图 44

然后，就将 6 个部分用屋顶全部连起来。这里 CEBRA "祭出"了自己的惯用招数——坡屋顶。用不同坡度和方向的坡屋顶连接 6 个部分，屋顶边缘顺应圆形控制圈切掉不必要的部分，屋顶内部局部对应开放的非正式空间的位置，改变屋顶坡度，通过高度的错位形成侧面的采光口（图 45），再在屋檐下加入细柱进行支撑（图 46）。

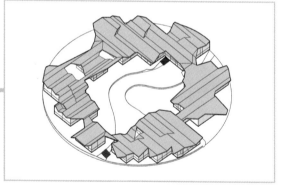

图 45

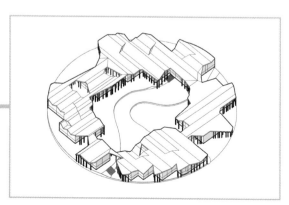

图 46

为了丰富非正式空间在垂直方向的连接，在二层局部加设平台与楼梯，形成室外平台（图47）。建筑立面采用和周围村庄相似的木材及镀锌板，屋顶及柱子使用镀锌板。再为建筑开大大小小的方形窗，散布在立面上（图48）。最后，孤儿居所的双拼住宅也采用和学校同样的坡屋顶形式以及立面材质。收工（图49）。

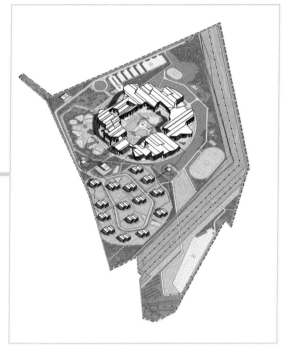

图 49

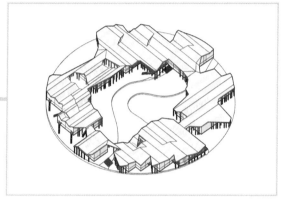

图 47

这就是 CEBRA 建筑事务所设计并中标的伊尔库茨克 Smart School（图 50 ~ 图 59）。

图 48

图 50

图 51

图 52

图 53

图 54

图 55

图 56

图 57

图 58

图 59

每个设计对建筑师来说都是一个圈，弧度就是决心，永远没有终点。只不过，有的圈是为了"@世界"，有的圈是为了套住自己。有人说，走得越远越发现世界本是孤儿院。如果人生注定独行，设计注定孤勇，那么，请你用智慧来证明孤独的价值，用真实来温暖孤独的寒冷。

图片来源：

图 1、图 50 ~ 图 59 来自 https://archi.ru/en/86177/ architecture-as-an-educational-tool，其余分析图为作者自绘。

END

搞设计不需要有理想，只需要有理

名　　称：东京荒川大厦（图 1）
设计师：日建设计（Nikken Sekkei）
位　　置：日本・东京
分　　类：办公
标　　签：界面空间
面　　积：824 m²

名　　称：伊朗 Zamin 办事处大楼（图 2）
设计师：Awe 工作室
位　　置：伊朗・亚兹德
分　　类：办公
标　　签：界面空间
面　　积：700 m²

图 1

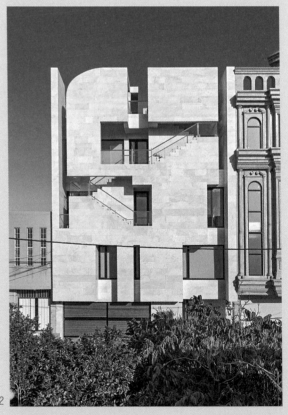

图 2

众所周知，理想是用来谈的，主要用来终止一切与钱有关的话题讨论。比如，你和老板提涨工资，老板和你谈理想；你和甲方聊设计费，甲方和你谈理想。又比如，结构和你讲加配筋，你和结构谈理想；施工和你杠"曲改直"，你和施工谈理想。

谈钱伤感情，谈感情伤钱。聊不下去的时候谈谈理想，就坡下驴，喝得潇潇洒洒，红尘做伴，吃得白白胖胖。所以，理想的本质就是个台阶，和你谈理想就是给你台阶下：你下，太阳照常升起；你不下，太阳依然照常升起，但就不一定能照耀到你了。毕竟，理想理想，有理才叫有思想，没理就只有想死。

在东京历史悠久的商业区都港区西新桥的一个街角有一块指甲盖大小的空地，它属于一个叫Araun 的小公司（图3）。

图3

指甲盖大小到底是多小呢？具体说就是140 m²。这个面积都比不过一套大点儿的住宅。

但麻雀再小也是只鸟，基地再小也得盖楼，Araun 公司就打算在这里新建自己的办公"大"楼。

基地东、南两面临街，西侧紧邻一栋8层办公楼，北侧紧邻一栋14层办公楼。根据任务书要求，新办公楼需要容纳商店、对外租赁办公、业主办公、住宅，总共约 900 m² 的功能区（图4）。顺应基地轮廓，升起一个8层的体量，正好能满足任务书的面积要求（图5）。

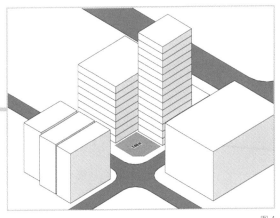

图4

285

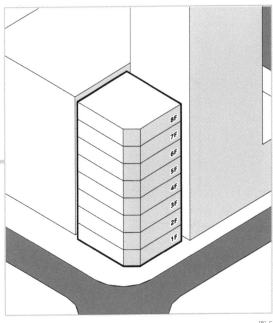

图5

对 8 层体量进行功能分区，按照 4 种功能的私密程度，将商店分 2 层放在最下边，上面 3 层为对外租赁的办公区，再往上面 2 层是业主的办公区，顶层为住宅（图 6）。

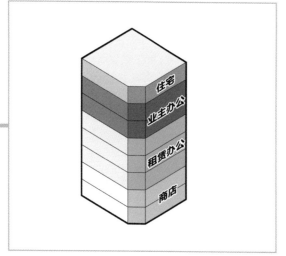

图 6

建筑各层面积均为约 120 ㎡，由于基地北侧、西侧紧邻周围建筑，将电梯、卫生间、疏散楼梯等附属空间都布置在这两侧，各层的主体空间放置在采光视野较好的街边两侧（图 7）。

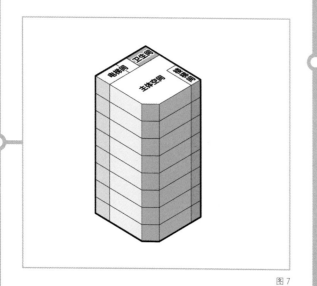

图 7

按理说，都这条件了还要什么自行车？但面对以社为家的日本员工，好歹得给点儿透气放风的地方吧，也算人道主义关怀了。所以，为每个功能块加入一组小型中庭，中庭底层设置沙发座椅，形成非正式的休闲空间（图 8、图 9）。

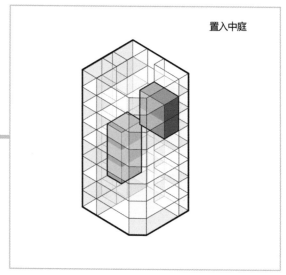

置入中庭

图 8

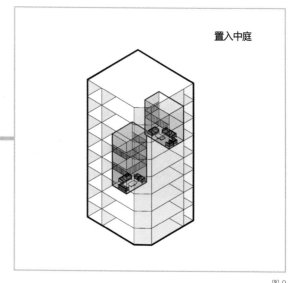

置入中庭

图 9

功能排好后，再给临街面安排一个玻璃幕墙，收工回家（图10）。

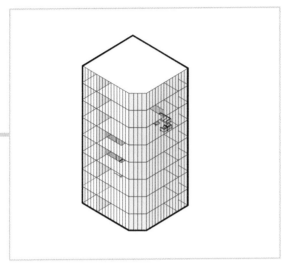

图 10

等一下，虽然办公楼里挖出中庭是正常操作，但是，你确定在 120 m² 的办公楼里挖出中庭也正常吗？你能想象在自己两室一厅的家里挖出个中庭的操作吗？然后再招一帮人回来唠嗑、蹦迪、打游戏，你觉得你爹在里屋还能睡着觉吗？或者你爹在里屋睡觉，你敢在外面蹦迪（图11）？

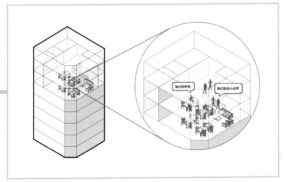

图 11

那么，问题来了：怎样才能在狭小的空间里面让工作、休闲两不误呢？换个问法就是：你在你家哪里蹦迪最不会挨揍？最好的选择大概就是阳台了。翻译成行话叫：打开城市界面，使公共空间向城市空间延伸。

城市空间通常是无组织、无纪律的，而建筑空间肯定有组织、有纪律。我们现在想要的公共空间是与建筑有物理上的联系，同时又具备城市内公共空间的无束缚感，形成有组织、无纪律的空间（图12）。

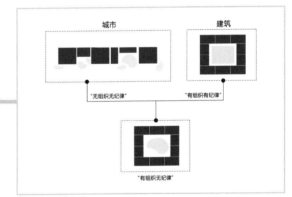

图 12

说白了，就是把整栋楼的阳台都连成一个公共空间系统，削弱了与原有功能空间的联系，形成一个独立的非正式空间（图13）。

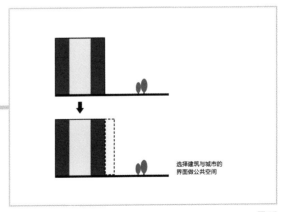

图 13

这个公共空间也进一步提高了社交行为的多样性，增强了建筑中人群和城市中人群的双向互动（图 14）。话说回来，这个界面公共空间其实与内部公共空间并不矛盾，如果家大业大，完全可以让两者共同存在（图 15、图 16）。

图 16

但我们这个小办公楼面积有限，只能选择做界面上的公共空间，建筑内部主体空间都用来办公（图 17）。内部功能空间与界面公共空间的联系主要靠交界位置的门来连接（图 18）。

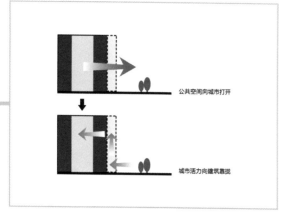

图 14

图 15

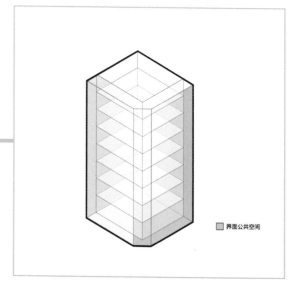

图 17

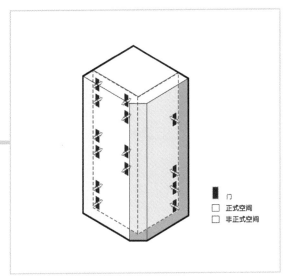

图 18

□ 门
□ 正式空间
□ 非正式空间

构建界面上的非正式空间最简单的方法就是在各层伸出平台，但这样建筑只有水平联系，人与人的交流只能同层进行，更不用说将城市的人群吸引到界面空间活动了（图 19）。所以，这个公共空间必须是连续的，也就是水平维度和垂直维度都应当有联系。

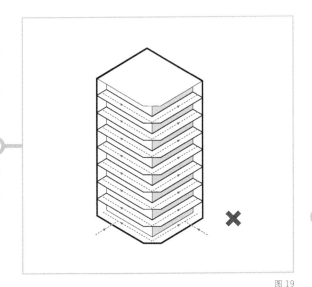

图 19

聪明如你，一定想到了楼梯连接。楼梯是一个很灵活的建筑元素，你可以连出 108 种丰富的形式（图 20）。

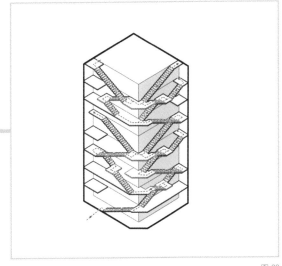

图 20

由于这个边界空间占用了较大的正式空间面积，因此将正式空间的疏散楼梯间也直接移到外部，也就是外界面上的公共空间除了承载公共交流功能外，还需要承担疏散功能（图 21）。

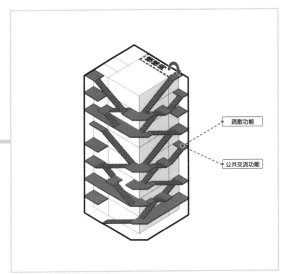

疏散功能

公共交流功能

图 21

进一步调整楼梯形式，多采用直跑并且形成相对较短的疏散路径（图22、图23）。调整好后，将空间进一步融合，把楼梯系统里不再需要设置功能的空间归入内部主体空间，增加内部面积（图24、图25）。通过实体空间的见缝插针式限定，两个体系最终紧密联系在了一起（图26）。

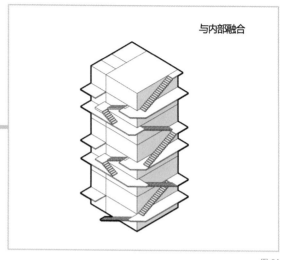

与内部融合

图 24

调整楼梯

图 22

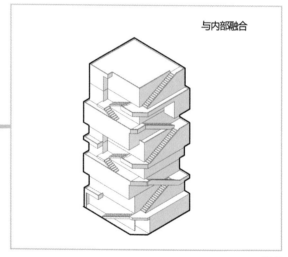

与内部融合

图 25

调整楼梯

图 23

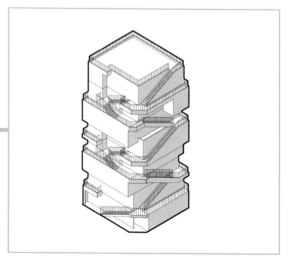

图 26

上天总是会眷顾有理的人。由于建筑内缩，外围是用楼梯的轮廓塑造出的建筑体量，保证了周围环境的充足采光，因此，建筑高度可以从8层增加到9层，恭喜业主又额外获得了一层的建筑面积（根据日本规范，为保证采光，8层以上有各种体形限制）。将住宅挪到顶层，业主办公区扩充成了三层面积，并在顶层设屋顶平台，有电梯直通（图27、图28）。

至此，平平无奇的办公楼在边界开拓出一个连续的公共空间，不同层的员工可以在整个建筑界面上互动，城市人群理论上也可以像爬山一样在界面上活动——当然，这需要公司方面配合并加强管理（图29～图32）。

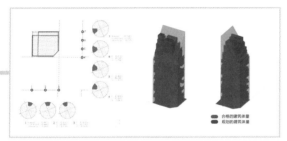

图 27

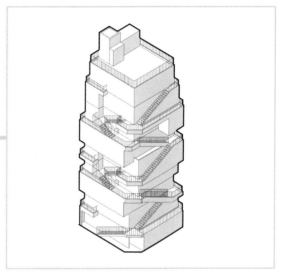

图 29

图 28

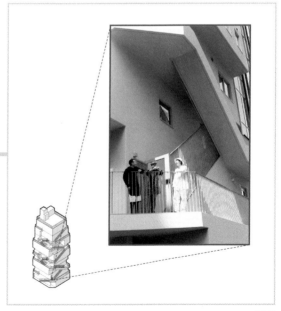

图 30

图 31

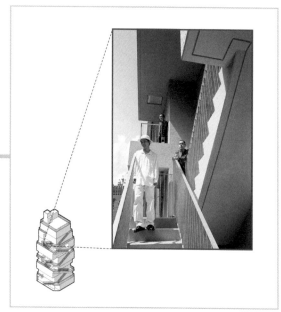

图 32

由于建筑的每一层都有不同的占用空间形状，因此为了避免结构构件分割空间，采用平梁系统来跨越空间的长轴。

每层平梁的位置不同，因此，东南角的柱子根据连接平梁的位置而变换形状。此外，隔墙及楼梯也作为支撑构件，进一步加强建筑结构（图33）。最后，为建筑开窗，赋予材质，收工（图34）。

图 33

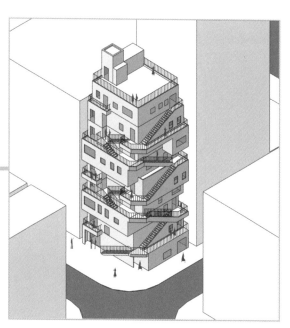

图 34

这就是日建设计设计的东京荒川大厦（图35、图36）。

图 35

敲黑板: 当建筑内部公共空间被建筑本体功能束缚, 或者内部没有面积再做公共空间时, 请记住瞄准建筑的界面, 搞一个三维立面来增加层次。在界面上做空间需要注意两点: 第一要有面儿, 第二要有楼梯。

不同的项目遇到的能操作的面的数量肯定不同, 但最重要的是确定内部正式空间与外部非正式空间的关系, 也就是门(平台)的位置。其实也没有什么了不得的原则, 主要就是楼梯可以控制住整个界面空间系统(图 37)。

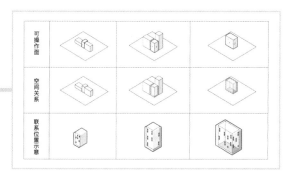

图 37

无独有偶, 伊朗 Awe 工作室也意识到了建筑界面公共空间的优势。伊朗亚兹德市的 Zamin 公司最近打算换个新的办公楼, 基地选在了兹德市老城区内, 西侧是一条主要城市干道(图38)。用地依旧紧张, 总用地面积为 250 m², 而且这次建筑只有一个面临街(图 39)。

图 36

图 38

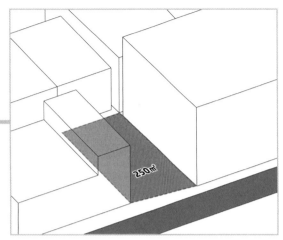

图 39

根据任务书要求，需要提供车库、管理区、销售区、会计区，建筑面积总共约 700 m^2。基地除南侧外，都紧邻已有建筑，由于亚兹德市为半沙漠性气候，因此干热季节长，为了使建筑能良好通风，南侧一部分面积用作院子。除去院子，可用基地面积为 180 m^2，大概可做 4 层建筑（图 40、图 41）。

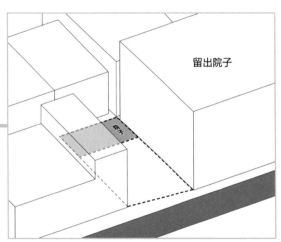

图 40

进行简单的功能分区：一层设置车库和建筑主入口，二层设置管理区，三层为销售区，四层为会计区。员工活动主要在三、四层进行（图 42）。再细化各层平面（图 43）。

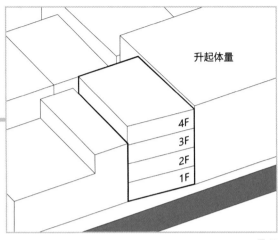

图 41

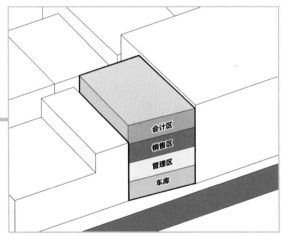

图 42

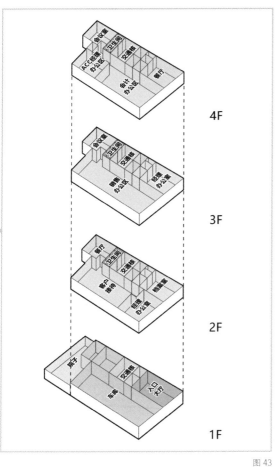

图 43

办公楼依然特别需要一个供员工交流放松的地方，内部依然没有多余面积可用，那么，依然选择在界面处做公共空间（图 44）。

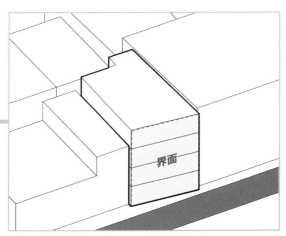

图 44

现在建筑仅有一个界面，临街面的一层要作为车库入口，且二层布置的是档案馆及管理室，根本无法做公共空间。因此，将界面空间向 Z 轴延伸，选取三层、四层界面以及屋顶界面作为公共空间（图 45）。

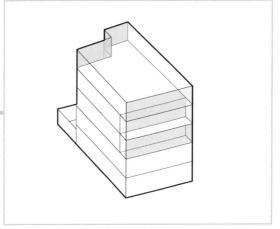

图 45

现在界面空间和使用空间是上下咬合的关系，二者的联系同样是在相交位置开门，在屋顶界面上，通过建筑内的交通核与这两种空间联系（图 46）。

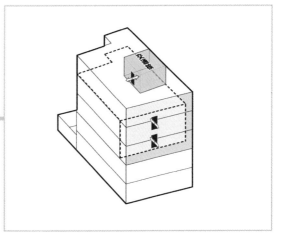

图 46

接下来，同样加入楼梯系统进行联系。由于界面较窄，最多只能容纳两部双跑楼梯，因此，用双跑楼梯将三、四层与屋顶连接（图 47）。

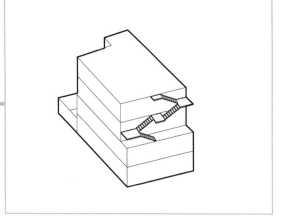

图 47

上一个方案由于楼层较多，可以形成连续的楼梯系统，但现在我们只有干巴巴的两部楼梯，就只能利用墙体与楼梯共同限定空间。将墙体向屋顶延伸，形成屋顶休息区，并与屋顶交通核围合出院落空间（图 48 ~ 图 50）。

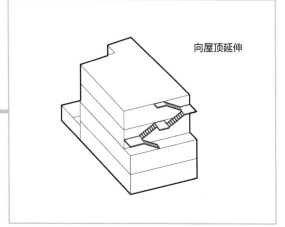

向屋顶延伸

图 48

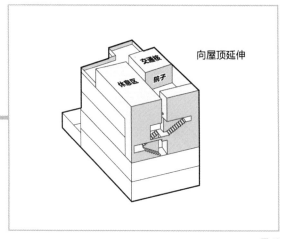

向屋顶延伸

图 49

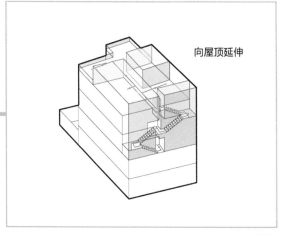

向屋顶延伸

图 50

为了让整个界面看起来更加连续、整体，将两侧山墙升高，限定住由立面延续至屋顶的界面空间。将外延的墙体与两侧山墙分开一段距离，形成缝隙平台空间，营造更加丰富的空间层次（图 51 ~ 图 53）。

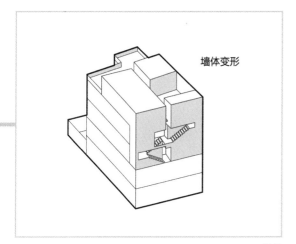

墙体变形

图 51

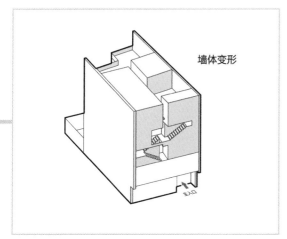

墙体变形

主入口

图 52

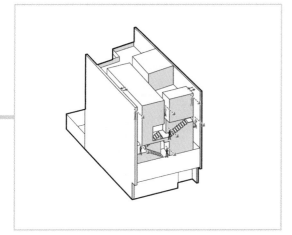

图 53

局部调整界面形式，将屋顶的休息区改成弯曲形状，并将墙体向二层延伸，挖洞作为二层的窗户（图 54）。

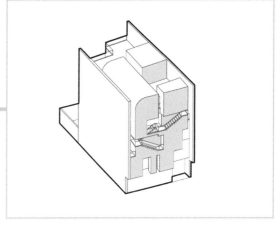

图 54

至此，形成了一条从三层到达屋顶的公共空间，城市人群可以在一层大厅直接乘坐电梯到达各层公共空间（图 55 ~ 图 58）。

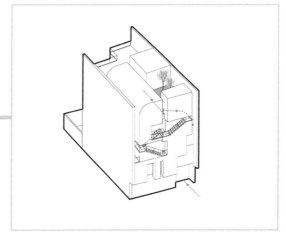

图 55

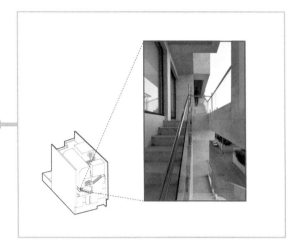

图 56

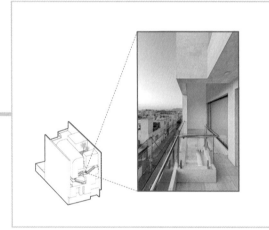

图 57

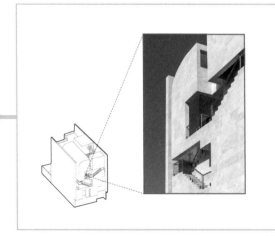

图 58

最后，为整个建筑开窗，外立面赋予白色石灰华石材质。收工（图 59）。

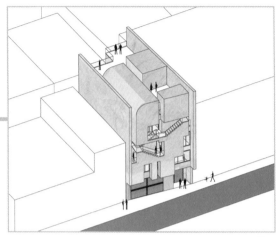

图 59

这就是 Awe 工作室设计的伊朗 Zamin 办事处大楼（图 60 ~ 图 62）。

图 60

图 61

所谓建筑师，就是刻意把可有可无变成必不可缺的人。这个"可有可无"不是什么众人皆醉我独醒的理想，就是个让设计成立的理由，还是个自圆其说的理由。就算是理想，也分两种情况：一种是我实现了我的理想，还有一种是理想通过我得到了实现。建筑师明明是后者，却往往在前者中迷失。

图片来源：

图 1、图 30 ~ 图 32、图 35、图 36 来自 https://www.archdaily.cn/cn/957479/dong-jing-huang-chuan-da-sha-jiao-die-lou-ti-nikken-sekkei，图 2、图 56 ~ 图 58、图 60 ~ 图 62 来自 https://www.archdaily.com/945454/iran-zamin-office-building-amir-shahrad-plus-awe-office，其余分析图为作者自绘。

END

图 62

居家隔离结束后，
你学建筑开窍了吗

图1

名　称：德黑兰 Sarvestan 大楼（图1）
设计师：Saffar 工作室
位　置：伊朗·德黑兰
分　类：住宅
标　签：空间原型
面　积：15 000 m²

唯物辩证法告诉我们：事物是普遍联系的。比如，因为居家隔离，所以我学会了建筑设计，居家隔离与建筑设计之间的普遍联系就是——我。具体说，是一个闲着的我。反正闲着也是闲着，我就顺手做了几个方案——那是不可能的。我就是单纯地闲着，偶尔去阳台放放风，偶尔和家人唠唠嗑，尽情享受这段美好时光。万万没想到，就这么开了窍。

伊朗的豪华房地产开发商 NEXA Group 最近也比较闲，但开发商的觉悟还是比较高的，在你闲着的时候，人家都是在琢磨怎么能让你不闲着。正是：再闲不能闲设计，再苦不能苦自己。

开发商大手一挥就搞了个竞赛，让你设计个更适合居家隔离的住宅。基地就选定了伊朗首都德黑兰北部的 Darya 街区内一块矩形用地，面积约 1614 m²，南北两侧紧邻道路，基地北高南低，有 3.76 m 的高差。开发商搞竞赛的优势就是，一言不合可能就真的给你开发出来了（图 2）。

图 2

住宅的产品定位是精品住宅，楼下有咖啡厅、泳池、健身房、游戏室、电影院等业态，以及停车场、办公室、设备间等辅助功能。总建筑面积约 15 000 m²，户型自己定（图 3）。

图 3

什么叫居家隔离？就是别出去瞎溜达，只能在家里瞎溜达。纵观家里的旅游路线，深度游就是卧室—卫生间，躺着不动；亲子游就是餐厅—客厅—书房—卫生间，鸡飞狗跳；而顶级的打卡地有且只有一个，那就是阳台。老父亲们能去阳台抽根烟，老母亲们能在阳台做个瑜伽，娃们能在阳台蹦个高——最重要的是能呼吸呼吸新鲜空气，顺便和上下、左右、对面楼喊个麦，证明世界还在。但通常情况下，阳台数量有限，空间局限（大多数是个长条），极大地限制了人类行为的丰富性与多样性。平时也就算了，反正天大地大，都是舞台，但在居家期间，阳台就成了唯一的舞台（图 4）。

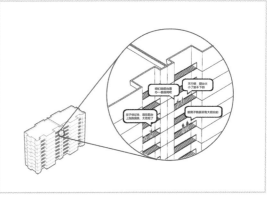

图 4

301

于是，一个新的住宅设计目标就这么恍恍惚惚
地出现了——多做阳台，多做能唱歌、跳舞、
后空翻的阳台。首先，常规操作，顺应基地，
根据面积要求升起建筑体量，大概需要地上 12
层、地下 4 层（图 5）。

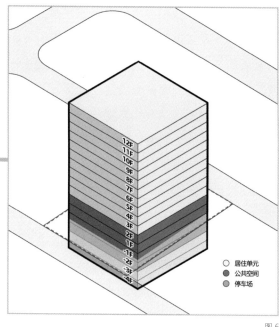

图 6

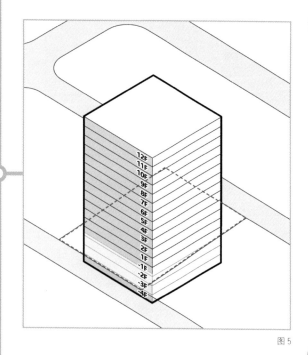

图 5

对体量进行简单的功能分区，商业公共空间放
置在一、二两层及地下层，二层以上就全是
住宅（图 6）。既然要多做阳台，那不如全都
做成阳台——将建筑内缩在外围形成一圈阳台
（图 7）。

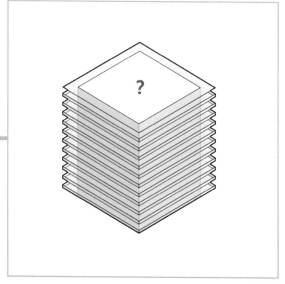

图 7

然后，恭喜你得到了 1600 m² 的豪宅大平层 10
套，因为这一圈阳台除了做成一层一户的大平
层，根本就不能保证私密性。虽说在每户的阳
台处加入隔墙能勉强解决私密性问题，但是这
种一圈出挑的阳台势必会导致内部房间的采光
不好（图 8、图 9）。

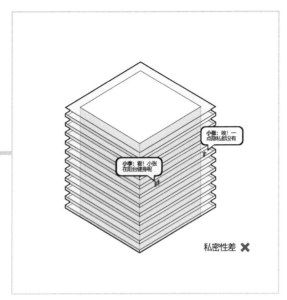

图 8

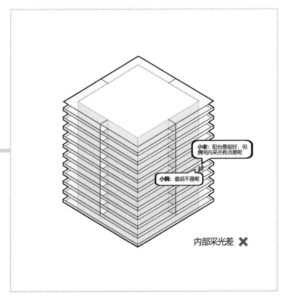

图 9

而且现在一圈的做法形成的阳台都是长条形的,空间不符合 1 : 1 ~ 1 : 2 的最佳活动长宽比(图 10)。

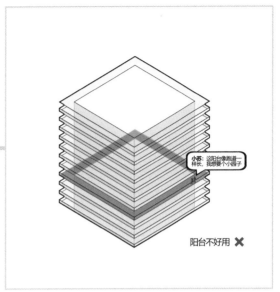

图 10

所以,问题就转化成怎样保证阳台在最大化的同时还能好用。来自伊朗的本土建筑事务所 Saffar 工作室(我们就叫它 SS 吧)想到了一个居家期间闲时玩的小游戏,估计很多人都玩过——层层叠,也叫叠叠乐。拆房部队游戏科普: 3 根木块为一层,交错叠高成塔,然后轮流抽取木块,抽取的木块要放在木塔的顶层,在抽取和放木块的过程中,木塔倒塌则算输。这个游戏最重要的动作就是抽。通过抽,积木中形成了两种关系:木块和它们之间的缝隙(图 11)。

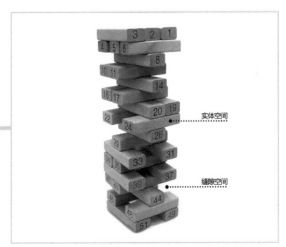

图 11

将这两种关系运用到建筑中，木块是建筑实体，它们之间的缝隙则是外部空间，也就是产生阳台的空间。从每层抽取不同位置的木块，将形成多种多样的阳台形式以及不同的空间关系（图12）。

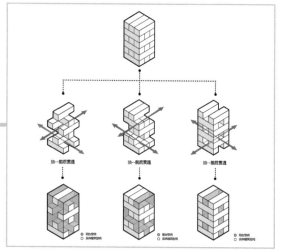

图12

下面，我们就将层层叠积木运用到这个住宅建筑中。每层三块，为了避免层叠次数太多，两层建筑为一个单元，形成6个单元，交错叠放在场地中（图13）。

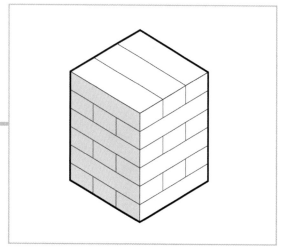

图13

接下来的关键操作就是"抽"了。请注意：是抽积木，不是抽风。别一激动给抽塌了。方形体量交通核一般都是放在正中间，也就是说上下贯通的交通核导致各层中间一根都不能抽离，而且由于跨数太少，形成的空间关系不够丰富（图14～图16）。

■ 交通核位置

图14

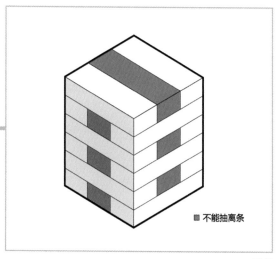

■ 不能抽离条

图15

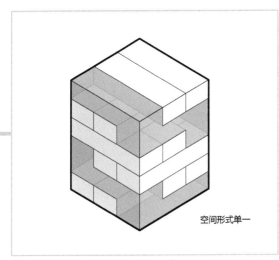

空间形式单一

图 16

抽掉中间条原本可以形成院落和平台两种户外空间，但由于中间没法抽，所以只能形成平台这一种户外空间（图 17）。因此，对空间结构进行变形，减小单元条的宽度，使单元条之间形成等距的缝隙，这样，中间的单元条不需要被抽掉也可以形成内部贯通的室外空间（图18、图 19）。

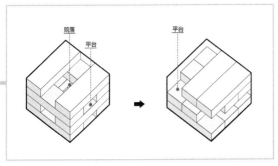

图 17

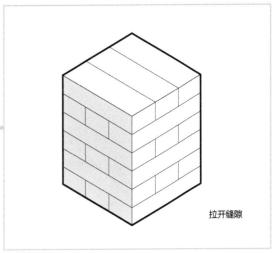

拉开缝隙

图 18

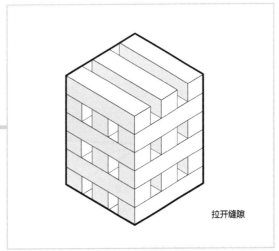

拉开缝隙

图 19

至此，我们就形成了基本的空间关系：实体空间、平台、院落（图 20）。这一空间原型其实可以适用于任何建筑类型，但现在咱们的项目是住宅，就先甭管别的了。

305

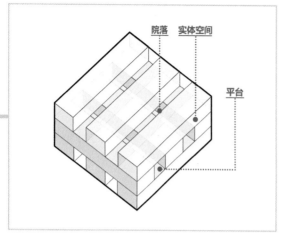

图 20

因为是高端住宅，SS 将户型定为一层两户，并且每户都有独立的垂直交通，保证各户互不干扰。围绕核心筒局部填充，使各层能够入户（图 21）。

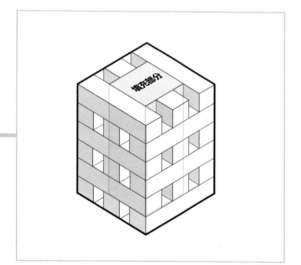

图 21

但是问题来了：这样一填充，中间的缝隙空间就被堵死了，也就是通高的中庭没有了，少了一种空间形式不说，中间缝隙也不通透了（图 22）。别慌，别忘了积木游戏的关键操作——抽！抽哪儿哪儿贯通！既然中间堵死了，那就将贯通部位转移。既然只有中间不能抽，那就可以随意地抽取旁边的条条了。随意抽就是想怎么抽就怎么抽。

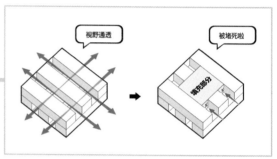

图 22

SS 经过比较，各层顺时针或逆时针依次抽掉一条形成的空间最为丰富。至此，形成最终的住宅空间原型（图 23、图 24）。然后将单元条分别向两侧延伸一段距离，延伸出的部分将来作为端头房间的阳台（图 25、图 26）。

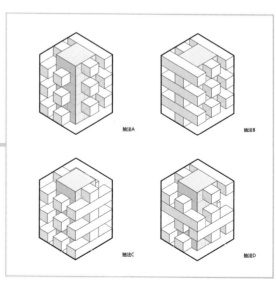

图 23

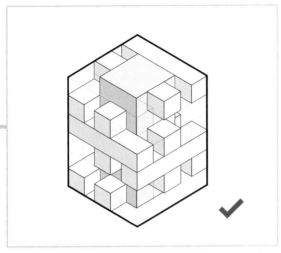

图 24

单元条延伸

图 25

单元条延伸

图 26

空间原型确定后，接下来开始细化建筑。第一层在两个单元条之间塞实体功能，一端平齐，另一端留出院落，在中间位置填充实体空间（图 27）。

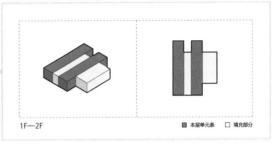

1F—2F　　　　　■ 本层单元条　□ 填充部分

图 27

第二层在两个单元条中间塞实体功能，两侧留出院落，抽离侧顺应第一层平台，形成两个平台（图 28）。

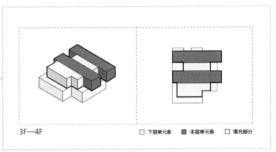

3F—4F　　□ 下层单元条　■ 本层单元条　□ 填充部分

图 28

第三层在两个单元条中间塞实体功能，一侧与下层平台平齐，另一侧后退形成院落，抽离侧与底层凹入平齐，形成两个平台（图 29）。

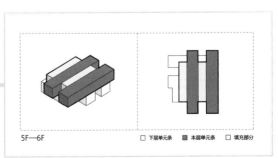

5F—6F　　□ 下层单元条　■ 本层单元条　□ 填充部分

图 29

第四层、第五层一样，在两个单元条中间塞实体功能，一端平齐，另一端留出院落，抽离侧形成两个平台（图30、图31）。

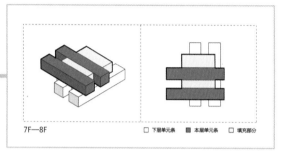

7F—8F　　　　□ 下层单元条　■ 本层单元条　□ 填充部分

图 30

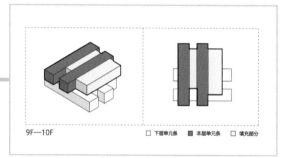

9F—10F　　　　□ 下层单元条　■ 本层单元条　□ 填充部分

图 31

第六层在两个单元条中间塞实体功能，一侧平齐于下层平台，另一侧后退形成院落，抽离侧与底层凹入平齐，形成两个平台（图32）。

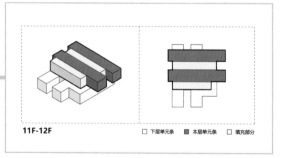

11F-12F　　　　□ 下层单元条　■ 本层单元条　□ 填充部分

图 32

将各层合体，并对形体局部进行微调，将南侧顶部单元条向上延伸，使得形体更加丰富（图33、图34）。

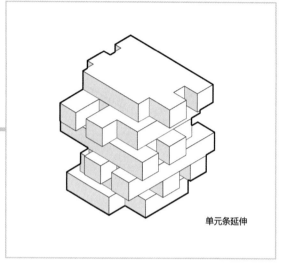

单元条延伸

图 33

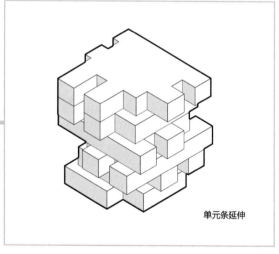

单元条延伸

图 34

将体块放到场地中，由于底部南北侧有 3.76 m 的高差，因此，为了让地下层也有自然采光，假设北侧地面标高为 ±0.000，将一层放置在 1.640 m 的高度，这样地下一、二层公共部分都能有采光。体块继续向下扩展，形成最终的体量关系（图35）。

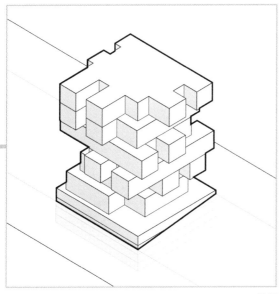

图 35

接下来，根据形体关系细化各层平面。公共部分保证建筑南北两侧的通畅性，在东、西侧边界设外墙建筑夹出通道，加强视线联系（图 36）。

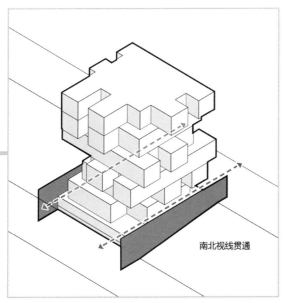

南北视线贯通

图 36

接下来加入台阶，解决南北高差问题，实现路线的通畅。在西南角加入台阶，形成负一层的建筑入口；南侧台阶从地面层继续向下连接，形成地下二层的入口。在东南侧形成通向地下停车场的坡道，在西侧墙体和建筑的夹缝中加入台阶到达一层，西侧一层体块凹入，形成一层的入口空间，东北角设置台阶到达建筑一层（图 37）。

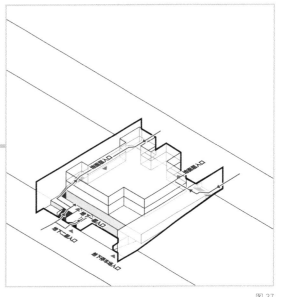

图 37

一层主要布置为接待大厅，中间为交通核，西北角为办公空间。室外除入口处的平台以外设为绿地，南侧地面到地下二层的剩余部分设为阶梯绿地（图 38）。二层在西侧局部设咖啡厅，咖啡厅南侧设室外平台，北侧设为管理室（图 39）。

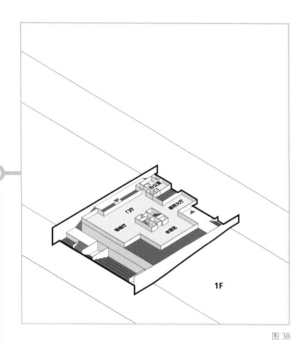

图 38

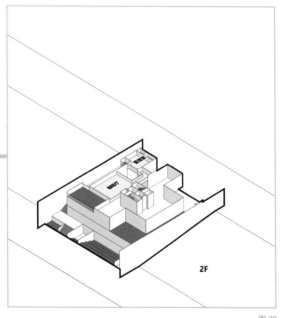

图 39

然后，依次布置公共部分的地下层平面。地下一层为游泳馆和健身房，东侧局部挖院落；地下二层为游泳馆设备层及游戏室和电影院；地下三、四层为停车场（图 40）。

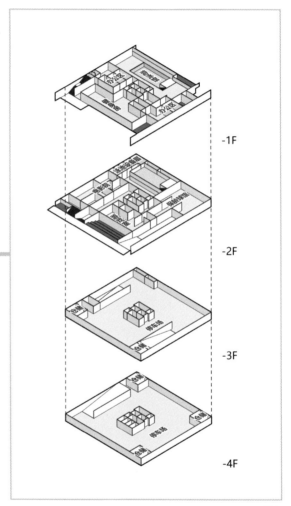

-1F

-2F

-3F

-4F

图 40

住宅部分围绕交通核将各层分成两个户型。单元条的端头设为客厅、卧室等功能，在条状端部后退形成阳台。由于每个条中有两层，因此在第二层处继续加设阳台（图 41 ~ 图 50）。

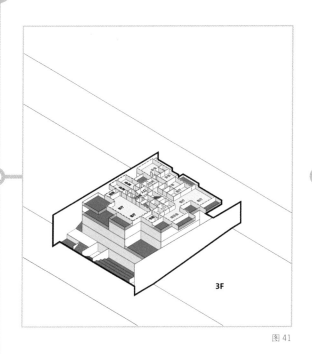

3F

图 41

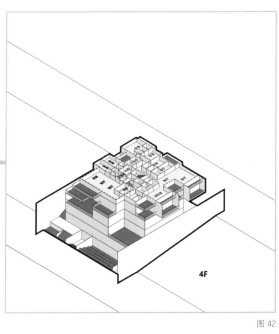

4F

图 42

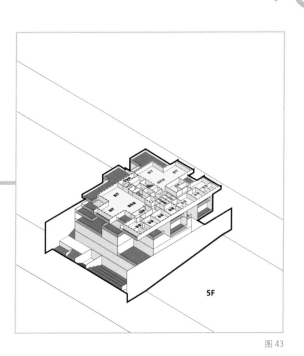

5F

图 43

311

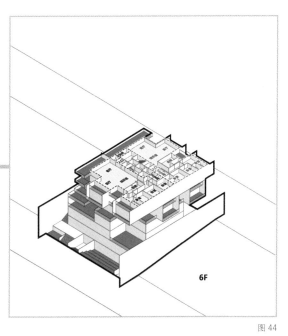

6F

图 44

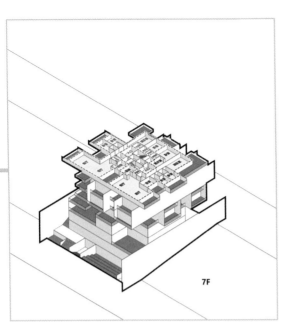

7F

图 45

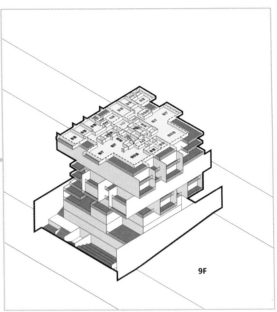

9F

图 47

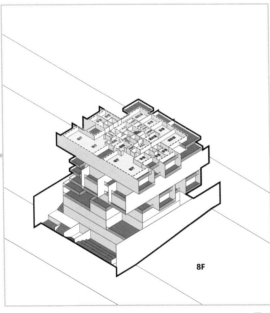

8F

图 46

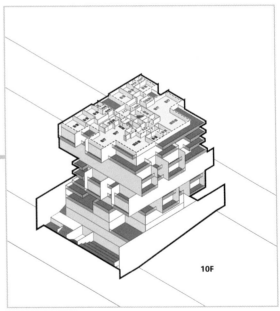

10F

图 48

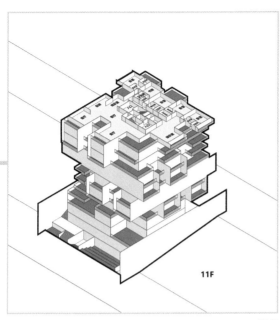

11F

图 49

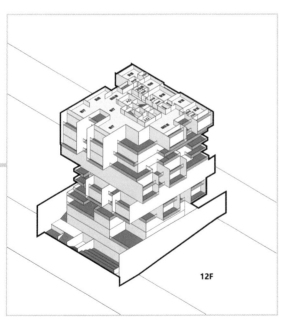

12F

图 50

至此，建筑内部细化完毕（图 51）。在屋顶设置平台，并加入游泳池。每个单元条墙体向上延伸，强化条形感，屋顶层墙体全部向上延伸作为栏板（图 52）。最后加入框架结构，在抽离部分将梁柱结构暴露出来（图 53），开窗并赋予材质。收工（图 54）。

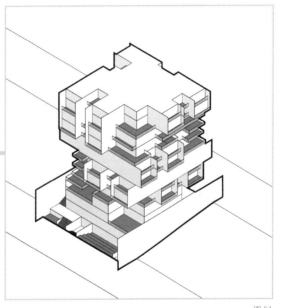

图 51

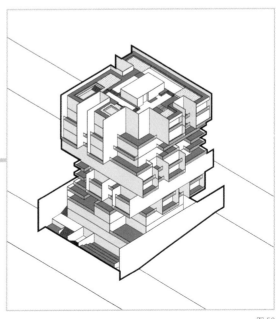

图 52

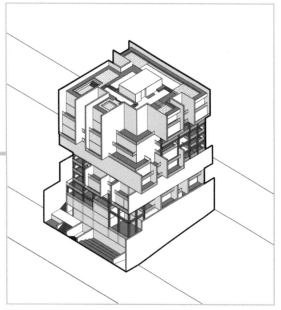

图 53

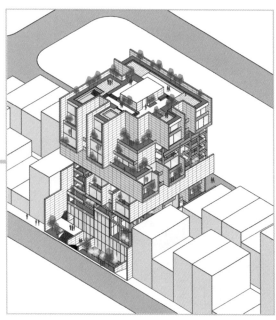

图 54

图 55

这就是 Saffar 工作室设计的德黑兰 Sarvestan
大楼,一座为居家隔离而设计的多层住宅楼(图
55 ~ 图 59)。

图 56

图 57

图 58

图 59

设计就是玄学，有时候努力不如"隔离"，但隔离结束了，还得继续努力。我是说这个层层叠空间原型还可以接着用。层层叠在"抽"的过程中，会形成 3 种空间——管子空间、平台空间和中庭（院落）空间。

只要掌握了三者的空间关系，就可以按照实际需要，通过抽取不同位置，强化所需要的空间（图 60）。而由于抽取的方向及位置不同，所以形成的空间的丰富度也不同（图 61）。

实际需求	管子空间	平台	院落	平台+院落
操作	空间原型	抽旁边	抽中间	抽旁边+中间
空间关系				

图 60

操作	不抽	抽一个方向	抽两个方向位置投影相同	抽两个方向位置投影不同
空间丰富度	•	••	•••	•••••
空间关系				
顶视图				

图 61

拿走不谢，按需取用。

图片来源：

图 1、图 55 ~ 图 59 来自 https://www.amazingarchitecture.com/residential-building/sarvestan-building-in-tehran-iran-designed-by-saffar-studio，其余分析图为作者自绘。

END

别瞎花钱了，真正的设计工具并不是你高价置办的电脑、绘图板、触控笔、素材库、软件包、草图纸、比例尺

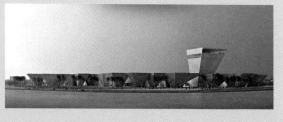

图1

名　称：埃及开罗科学城竞赛方案（图1）
设计师：PETRAS 建筑事务所
位　置：埃及·开罗
分　类：综合体
标　签：模块变化
面　积：125 000 m²

焦虑是焦虑者的定心丸，糊弄是"糊弄子"的防护甲，但建筑师却是个异类。热闹是别人的，吵闹是甲方的，建筑师们只有满头的问号。应该没有比建筑师更爱收集工具的了，从墨线笔、马克笔、美工笔、触控笔，到草图纸、硫酸纸、素描纸、绘图纸，再到平板电脑、台式电脑、笔记本电脑，还有各种软件包、素材库、字体库、模型库——每一个建筑师的黑色T恤都是被无底洞的工具坑给染黑的。不过令人略感欣慰的是，就算收集再多工具，也改变不了做设计时大脑一片空白的现状，因为这一堆杂七杂八顶多算是炫耀的工具，而不是设计工具。

埃及最近打算新建一座科学城，响应科技兴国的号召。这座科学城将是埃及21世纪第一个科学博物馆和学习、研究中心。意义如此重大的项目必须要搞个竞赛盘盘方案啊。

基地选在了埃及开罗市西部的十月六日城，是一个面积约120 000 m²的梯形地块（图2）。根据任务书要求，科学城由8个部分组成（图3）。

图2

功能组成	面积要求(m²)	具体功能
展览空间	32 000	信息大厅、科学展厅、收藏展览、互动展览、临时展览、剧院(350座)
会议中心	8000	礼堂、两个演讲厅、一个多功能厅、四个会议室
天文馆	1000	—
科学园	—	一个主题娱乐户外空间
研究中心	20 000	收藏部、研究共享设施、多个研究室
天文台	8400	提供天文和观测的设备
行政办公空间	5000	科学城总办公室、财务部、法律部、信息部、人事部、通信技术部、工程部
技术与服务空间	12 000	仓储、工作坊、服务部、技术安全部

图3

这样的豪华配置是妥妥的地标了。来自希腊的建筑事务所PETRĀS（我们就叫他小P吧）也报名参加了竞赛。先不管地标不地标，在这一片巨大且荒无人烟的黄沙地里搞什么科学城，是要研究荒漠化防治原理和技术吗（图4）？

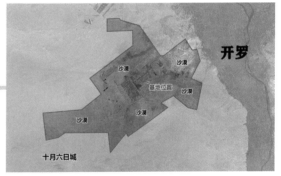

图4

也不能说不是，反正第一要务都是要把荒无人烟搞成人声鼎沸。然而，头顶火辣辣的太阳告诉你，打败你的不是天真，而是天真热。在沙漠里搞人声鼎沸，首先要解决的就是遮阳防晒。天真的小P第一反应是在场地上搞个大亭子（图5）。

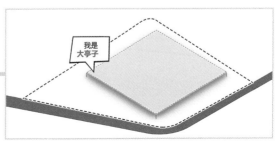

图5

317

但是，这不就是个超级大黑屋吗？更重要的是，任务书注明要分三期施工，一整个大亭子显然是无法分期完成的。小 P 继续天真思路，大亭子不行，那就切成多个小亭子，既解决了采光，也利于实现分期建设（图 6）。

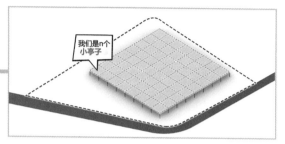

图 6

小亭子实现分期建设最简单的方法肯定就是模块化了。我们知道，模块化产生的建筑形体具备自由生长的潜力。但仅能自由生长不行，还得时刻保证完整的状态，这样才能使每个施工阶段都是完整的。既然每个阶段的建筑都需要独立且完整地使用，那么每个施工阶段里都应该包含任务书里的各大功能，最理想的状态是每个模块单元里均包含这些功能。

任务书里的功能大概能分为 3 类——科研区、会议研讨学习区以及展览区，这 3 类功能的开放程度各不相同（图 7）。因为每个模块都需要包含这 3 类开放度不同的空间，所以将最开放的展览区放在模块底层，私密性较强的科研区放在顶层，会议研讨学习区则放置在中间层（图 8）。

图 7

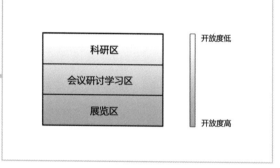

图 8

话已至此，我们的小亭子就需要变身了。先将小亭子内部变成实体功能空间，分成三层，实体空间外围是由亭子顶部限定的遮阳空间（图 9）。

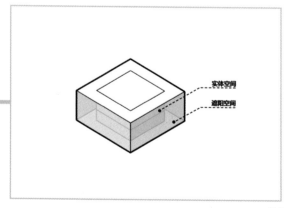

图 9

模块单元外围的一圈除了遮阳，还可以作为交通空间。这个空间不承载实际功能，简直就是保证建筑完整状态的锁边神器（图 10～图 12）。

小亭子单元

图 10

单元组织

图 11

锁边完成 ✔

图 12

虽然现在的小模块能遮阳、能分期，但是对于不同开放度空间的限定不太理想。比如，底层是展览空间，可是模块单元层高固定，不能适应不同高度的展品。又比如，模块间的缝隙空间只能是个走廊，既浪费空间又枯燥无聊（图 13）。

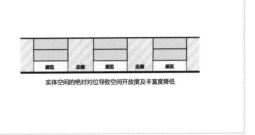

实体空间的绝对对位导致空间开放度及丰富度降低

图 13

一层全都是展览区，可以将模块单元内的空间和模块间的空间都用于展览，消解掉原来的线性走廊（图 14）。

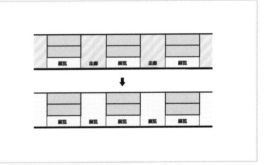

图 14

然后，小 P 又将模块变形，将底层面积缩小与顶面相连，形成倒锥台。这样模块之间的走廊空间就被放大成具有三层高度的斜向展览空间，同时模块的遮阳作用仍旧成立（图 15）。至此，小 P 就选定了最终的模块单元——倒锥台（图 16）。

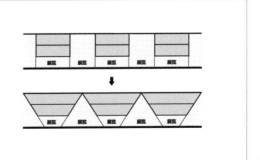

图 15

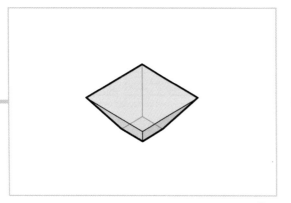

图 16

那么，问题来了：模块单元的尺度应该多大呢？先选择 7.2 m 的正常结构网格铺满场地（图 17）。

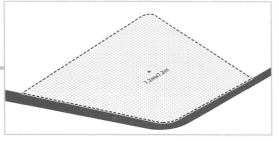

图 17

由于场地面积有 120 000 ㎡，因此，模块单元不能过小而导致密集恐惧。经过比较，最终选择 4×4 网格（也就是 28.8 m×28.8 m）作为锥台顶部尺度；1.5×1.5 网格（也就是 10.8 m×10.8 m）作为锥台底部尺度（图 18）。将最终的模块单元顺应梯形场地铺满（图 19）。

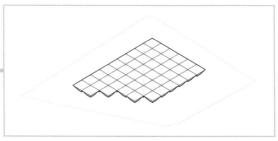

图 18

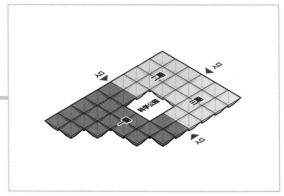

图 19

因为要分三期进行建设，所以将整个项目分成 3 个部分和 1 个科学公园。将科学公园放在场地中心，3 个部分围绕核心展开。将中间的单元挖掉作为科学公园，然后确定 3 个部分所属单元块，交界处形成入口（图 20）。

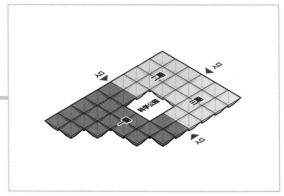

图 20

整个科学城分为8个主题：一期包括"起源""史前构造""农业进化""伟大的文明"4个主题；二期包括"伟大的发明""科学革命"两个主题；三期包括"信息革命""创新"两个主题。每两个主题围绕一个中心，形成4个次核心。此外，由于南侧紧邻城市主要干道，于是将最高的天文台作为地标，放置在南侧靠近主入口的位置（图21）。

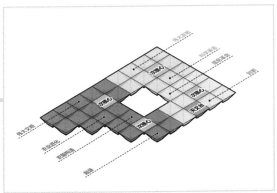

图21

至此，就形成了三期的总体规划。在现在的布局中，各个单元块紧密连接。换句话说，整个建筑内部都将是小黑屋。小P将每个单元顶部偏移0.5 m，各个单元块之间就形成了一个1 m的缝隙。在缝隙上加入天窗，底部就有采光啦。因为倾斜墙体具有遮阳作用，而且缝隙较小，所以内部也不至于太热（图22、图23）。

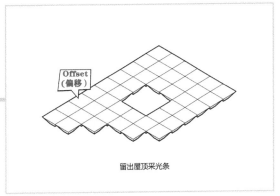

留出屋顶采光条

图22

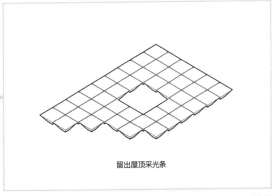

留出屋顶采光条

321

图23

问题又来了：由于各个模块单元一模一样，底层形成的展览空间也完全一样，因此，基本自带进去就出不来的迷宫属性（图24）。而且，任务书还要求了剧院空间，你拿倒锥体拼一个剧院我看看（图25）？

图24

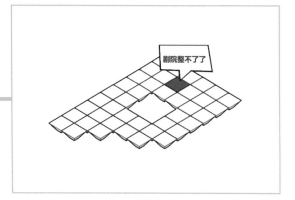

图 25

也就是说，现在统一尺度的模块单元既不能满足正式空间的变化，也不能满足非正式空间的变化。那我们为什么还要选择模块化设计呢（图 26）？

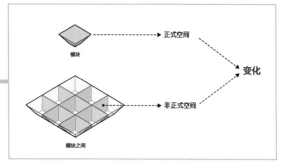

图 26

倒锥台内部承载的是正式空间，而倒锥台模块之间则承载非正式空间，两类空间都需要形成变化，以适应更丰富的空间需求。至少，正式空间的尺度变化要通过调整模块的尺度来实现（图 27）。

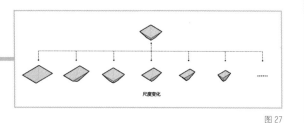

图 27

所以，"模块"了半天就是模块了个寂寞吗？敲黑板！模块设计方法是设计工具，而不是设计目的。就好像你的雨伞也可以拄着当拐棍，挑着当扁担，关键时候还能当武器横扫八方。雨伞就是工具，怎么用在于你，遮阳挡雨不是雨伞的使用目的。

同理，我们知道模块最基本的功能是统一尺度，但是使用模块作为设计工具时，统一尺度并不是唯一目的——很显然，统一尺度不适用于咱们这个设计。在这里，我们使用模块是为了统一变化。让模块继续变化，将倒锥台的底部从正中心向外侧不同方向偏移，偏移位置的不同将会限定出不同尺度的更加丰富的非正式空间（图 28）。将正式空间的两种变化合体，然后进行模块的组织，我们将得到一个连续而变化的非正式空间（图 29）。

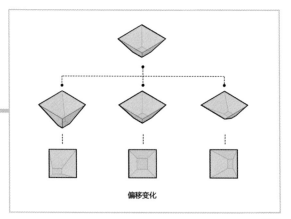

图 28

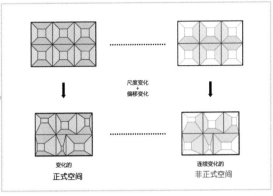

图 29

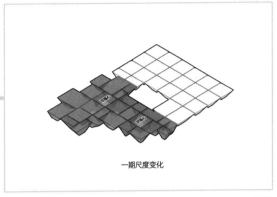

一期尺度变化

图 31

至此，小P通过模块化的统一变化得到了一个变化的正式空间和一个连续而变化的非正式空间。

在一期北侧次核心旁边去掉一个单元格形成庭院，庭院形成4个小单元格，完成室内外的过渡（图32、图33）。

再次敲黑板！模块是工具，不是目的，基于此，重新调整现在的布局。一期围绕两个次核心，调整模块单元形状，使单元格之间形成十字相接或者丁字相接。锥体单元的底部均向远离中心的一侧偏移（图30、图31）。

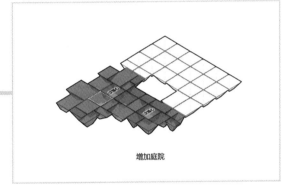

增加庭院

图 32

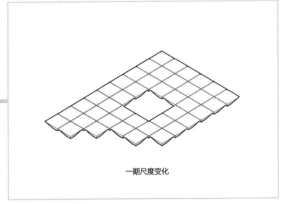

一期尺度变化

图 30

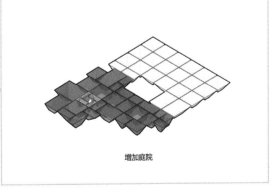

增加庭院

图 33

二期、三期采用同样的处理方式，三期的天文台单元抬升，满足高度要求（图34～图36）。

接下来深化三期之间的空间。先通过删减改变三期之间的单元格形成入口，然后在中间的核心公园及东侧入口处加入更小的单元格，实现室内外过渡（图37～图39），最终形成完整的布局。

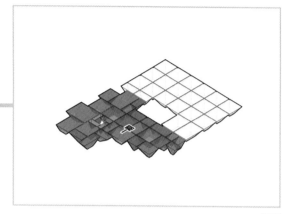

图 34

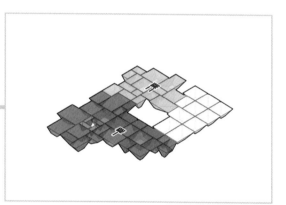

图 35

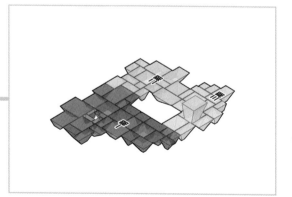

图 36

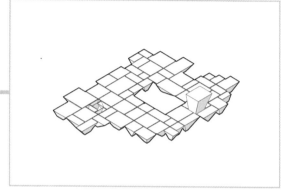

图 37

删减单元 留出入口

图 38

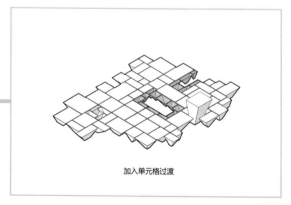

加入单元格过渡

图 39

现在底层的单元体之间还是室外，为了让它们之间的空间成为室内空间，在整个建筑外围的单元锥体之间加一圈玻璃（图40、图41）。为了防止过大的玻璃面太晒，在外围加入空的单元壳体，遮阳的同时作为多个室外主题展示及绿化区。这些空壳体也是将来内部空间延伸拓展的基础（图42）。至此，形成最终的模块组织。这大大小小的，哪还有模块的样子（图43）？

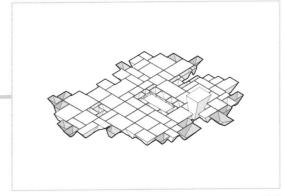

图42

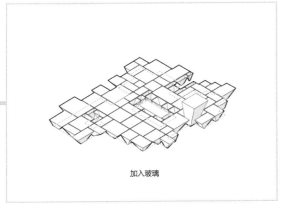

加入玻璃

图40

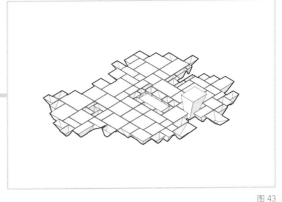

图43

接下来，细化各层平面。先在同一标高的位置加入二层、三层楼板（图44）。因为各个单元体除了底层以外，上层空间均是独立的，在每个单元体都加入交通核不太现实，因此需要确定多个交通核位置，以满足疏散及使用要求。

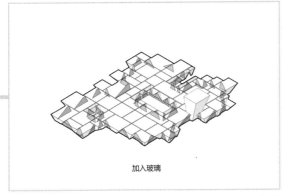

加入玻璃

图41

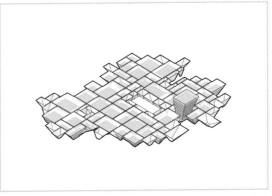

图44

先确定交通核所在的单元体及交通核位置（图
45），然后深化一层平面，根据8个主题的展
览加入内部玻璃进行分割（图46）。

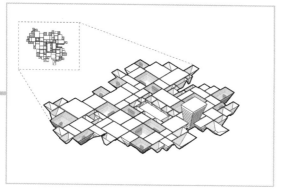

图 45

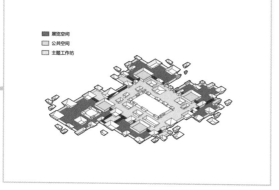

图 46

细化底部的锥体内部空间，在较大的锥体内部
加入隔墙，而较小的锥体内部利用斜墙形成
台阶式休闲空间或者两层通高的展览空间，
通过切割单元体墙体体现内部的公共性（图
47 ~ 图49）。

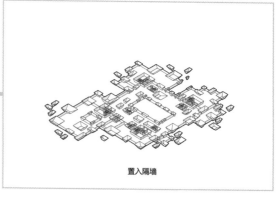

置入隔墙

图 47

墙体切割、置入台阶

图 48

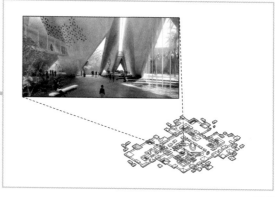

图 49

二层删减掉一些展览区通高位置的平面，然后
确定好会议研讨学习区的功能分区，用连廊连
接各个空间（图50 ~ 图53）。三层确定好科
研区的功能分区，加入连廊连接各个平面（图
54 ~ 图56）。

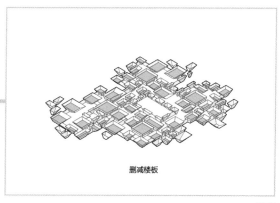

删减楼板

图 50

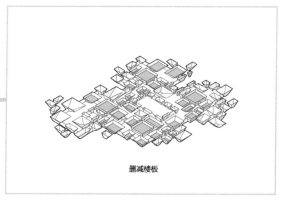

删减楼板

图 51

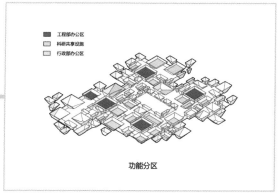

■ 工程部办公区
□ 科研共享设施
□ 行政部办公区

功能分区

图 52

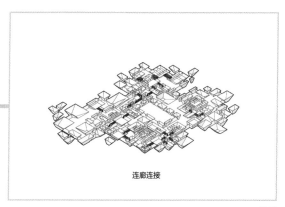

连廊连接

图 53

删减楼板

图 54

■ 研究终端
□ 研究共享设施
□ 研究室

功能分区

图 55

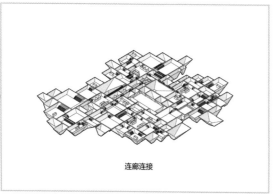

连廊连接

图 56

二、三层平面连起来后还有一个很棘手的问题，那就是采光。底层可以通过侧面玻璃和顶部缝隙天窗采光，但是二、三层的采光显然是不够的。如果在内部给墙体开窗，势必会影响展览空间展墙的布展问题。因此，将靠近外侧的单元体一侧墙体偏移形成双层墙，在内部一层墙体上加入玻璃，这样就不会破坏墙体的整体形式以及底层的布展问题了（图57）。

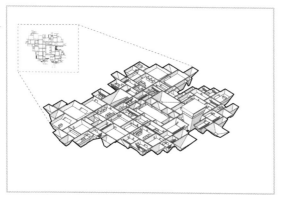

图 57

内侧的墙体不可再偏移，否则就会影响底层的展览空间，因此采用开天窗的方式。埃及气候炎热，直接开天窗简直是要人命。选取中间屋顶抬升，形成侧窗进行采光，屋顶下面挖中庭，使两层均可采光（图58）。

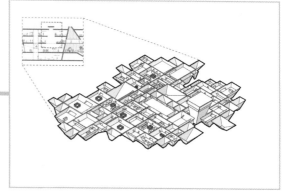

图 58

至此，各层平面深化完毕（图59～图61）。最后，为建筑赋予材质并进行场地设计。收工（图62）。

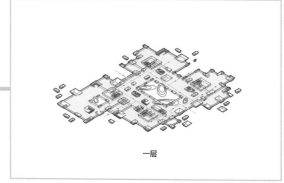

一层

图 59

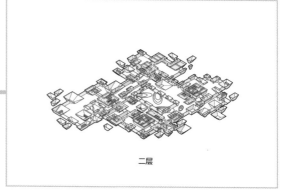

二层

图 60

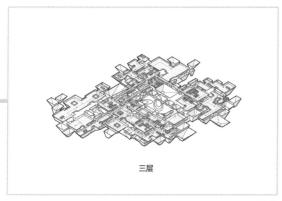

三层

图 61

图 62

这就是 PETRĀS 建筑事务所设计的埃及开罗科学城竞赛方案，这个竞赛的中标方案我们已经拆过了，小 P 这个也不错，进入了最后的前五名决选（图 63 ~ 图 66）。

图 63

图 64

图 65

图 66

真正的设计工具是我们学习过的每一种设计方法、设计手法、设计套路，你花钱置办的那些其实只是装备。高级装备能让你看起来很厉害，但也仅仅是看起来。真僧只说家常话，高手从来不拔刀。

图片来源：

图 1、图 49、图 63 ~ 图 66 来自 http://petras-architecture.com/work?fbclid=IwAR2SB_H4uQnftd03ABgarOkPRLc2cSEgz4mukNhFDU6zSH1OD8gFTDw4Y0c#/cellular-canopy/，其余分析图为作者自绘。

抄作业的最高境界：
照着语文抄数学

图1

名　称：波尔图电车博物馆竞赛方案（图1）
设计师：OODA 事务所，Lencastre 建筑事务所
位　置：葡萄牙·波尔图
分　类：博物馆
标　签：复杂空间，图案赋形
面　积：12 000 m²

严谨一点儿讲，"抄作业"这个词就不太严谨，抄作业其实不叫抄作业：语文上叫借鉴；数学上叫类比；英语上叫 copy；地理上是迁移；生物上是转入；物理上是参考系；历史上就叫文化大统一；而在建筑上，叫《国家建筑标准设计图集》——要抄就给我抄正确答案。

全班共抄一本作业的完美结果就是全班并列第一名；不完美结果就是，抄着抄着，B 成了 13，q 成了 9，ƒ 成了 f，全班罚站一节课。但这给某些建筑系同学打开了新世界的大门：做方案没灵感怎么办？照着语文抄数学，就是灵感。

"有轨电车"这个词连同这个物件都已经功成身退，进入历史书了，始建于 1872 年的波尔图有轨电车线也不例外。2000 年后，仅有 1 号线、18 号线、22 号线这 3 条线路作为历史遗产还在运行中（图 2）。

图 2

2010 年，波尔图交通运输协会 STCP 翻出了压箱底的宝贝——1872—1959 年的多辆有轨电车，并决定为此建一座博物馆。馆址就选在了 1915 年建成的马萨雷洛斯热电厂原址上——位于波尔图市中心南侧，紧邻杜罗河河畔的一块约 12 600 m² 的场地上，基地东侧的道路北高南低，最高处与最低处地面相差 10 m 左右（图 3、图 4）。

图 3

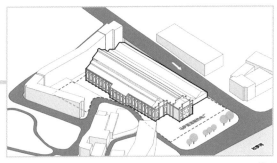

图 4

说白了，就是要把这个热电厂改造成电车博物馆。热电厂由两个部分组成，分别是为电车供电的变电站大楼和辅助电车运输的运输维修车间。变电站大楼早已停用，而运输维修车间现在仍正常运营，作为现存 18 号线路的电车停靠点，并为现存的 3 条线路的电车提供维修服务（图 5）。

图 5

331

整个建筑由四跨构成，均为双坡屋，但四跨各有不同。第一跨是曾经的变电站机房，为一个 16.5 m×96.6 m 的大空间，屋顶由桁架结构支撑。桁架结构跨度为 4.6 m，屋顶最高处为 20.4 m（图 6）。

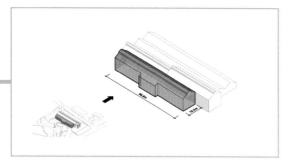

图 6

第二跨是一个 17.7 m×123 m 的大空间，屋顶也由桁架结构支撑，南北两端屋顶高度不同（图 7）。第三、四跨为现存的运输维修车间，由两个双坡屋顶构成，均为 15 m×116 m 的空间，同样使用桁架结构支撑，屋顶最高处为 10.6 m（图 8）。

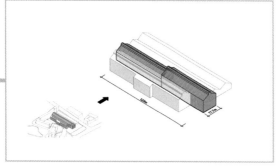

图 7

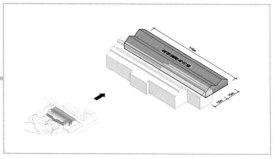

图 8

根据甲方的要求，除了保留东侧两跨的运输维修车间继续使用外，还要保留原有机房作为展览空间，同时需要增加电车展览、教育空间（包括儿童教育空间和活动室）、办公空间（档案室、管理室、办公室），以及商店、咖啡厅、餐厅等休闲空间，此外还要提供约 90 个车位的停车空间。林林总总算下来，总建筑面积约 12 000 m²。另外，甲方又说了：建筑立面不能动，建筑结构也不能动。

这儿也不能动，那儿也不能动，四跨有两跨不能动，能动的还要保留机房来展览——甲方，您要不要考虑直接把招标改成室内装修？刚刚成立不久的波尔图本地事务所 OODA（就叫它小 O 吧）和他们的小伙伴 Lencastre 建筑事务所开动脑筋逆向思考了一下：如果只是做一个室内设计，甲方何必大张旗鼓搞一场国际竞赛？！

小 O 觉得，事情肯定、必须没那么简单。现在内部的空间可以说是一目了然，就是两个通高 20 m 的大长条。不想搞装修，就要搞一个复杂空间（图 9）。

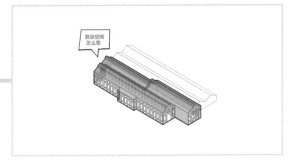

图9

老厂房要被改造为一个博物馆，博物馆中最核心的当然是展览空间，而展览空间设计的本质是创造一个合适的观展环境。电车博物馆就是要展示电车及轨道电车的发展史，博物馆最主要的展品就是1872—1959年的多辆有轨电车实物（图10）。

图10

通常情况下，展品在展厅里就像一个个圣物，与人保持一定的观赏距离。所谓观赏距离，就是"莫挨老子"的文明说法（图11）。

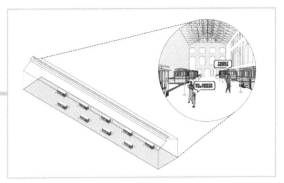

图11

有一说一，你要是三星堆的金面具，让我挨我也不敢挨，但是电车嘛，作为土生土长的波尔图人，小O记忆里的电车就是沿着轨道缓缓地在大街小巷与人擦肩而过，熙熙攘攘、叮叮当当，是最日常的烟火背景音（图12）。

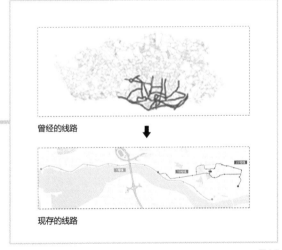

曾经的线路

现存的线路

图12

所以，小O觉得电车博物馆需要展示的不仅是留存的电车本身，更应该是人们对电车的记忆，也就是在城市街道环境里的电车、与人没有距离的电车（图13）。而这个真实存在电车的街道便是小O想要的复杂展览空间。换句话说，小O想要的复杂空间，就是城市街道空间（图14）。

图 13

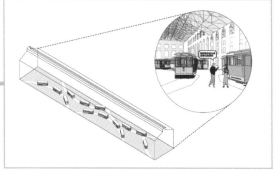

图 14

那么，问题来了：城市街道空间怎么构建？当然是抄作业啊！照着语文抄数学——把街道路网抄进建筑里不就行了（图 15）？

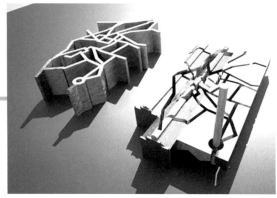

图 15

小 0 将波尔图市最辉煌时期的电车线路放到整个建筑中，成为建筑里的路径，也形成了整个建筑的空间骨架。然后，让我们恭喜小 0，给自己强行搞了个大麻烦（图 16）。

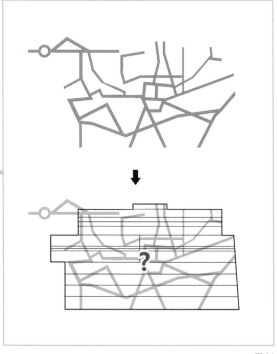

图 16

东边两跨底部是保留的电车运输维修部分，也就是这部分不能动。换句话说，抄的电车路线就无法落到这部分上面——本来就没多大，再给去一半？这是打算出师未捷身先死了？虽然不能改动地面，但是官方允许加建呀！小 0 决定在东边两跨顶部进行整层加建，加建的这部分屋顶为平屋顶，可以做屋顶平台，用于观景休闲。顺便再把第二跨后面部分屋顶抬升至和其余部分平齐，方便后期统一操作（图 17 ~图 19）。

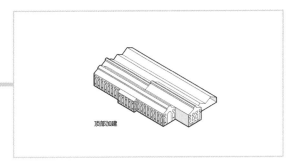

顶部加建

图 17

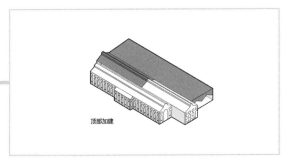

顶部加建

图 18

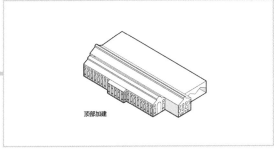

顶部加建

图 19

加建之后，整个建筑都可以被用来抄路网了。将设置好的路网系统放进建筑中，微调位置，保证路网宽度满足人体穿行的舒适度（图 20）。

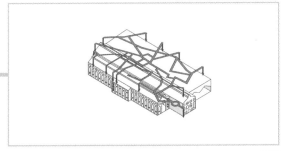

图 20

那么，问题又来了：路网以什么形式存在于建筑中呢？再说白一点儿：是实墙还是裂缝？如果是实墙，空间就会被切得稀碎，立体街道马上变成鸽子笼（图 21）。但问题是，虚的裂缝同样会把空间切得稀碎（图 22）。

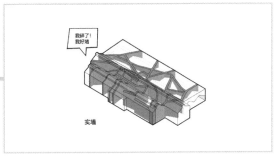

我碎了！我好墙

实墙

图 21

335

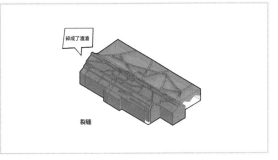

碎成了渣渣

裂缝

图 22

两头堵，怎么办？小 0 倒是很机灵：你两头堵，我就两头分开处理，也就是分出屋顶层和空间层，然后分别处理（图 23）。

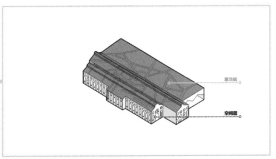

屋顶层

空间层

图 23

屋顶层：用整个路径切割屋顶，路径切割过的屋顶成为天窗。白天，外部光线通过天窗照射进建筑内部；晚上，内部光线通过天窗反射出明晰的路径。

空间层：内部则以平台和台阶的形式表示，将路网变成楼梯或连廊，连接各层平台（图24）。

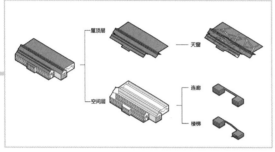

图24

屋顶层好说，全部切割即可。而内部空间分别对应哪种形式，怎么处理就需要考虑对立体街道的具体构想了。首先将建筑分成4层（图25）。

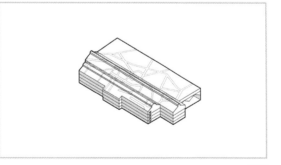

图25

现在已知的是最西侧一跨的北侧部分是原变电站的机房位置，将作为机房展览空间；东侧两跨的屋顶两层，最下面均有坡度，用作设备层。由于北侧位置与道路高度一致，因此，将顶层作为室内停车场。然后，建筑内部剩余部分才是电车博物馆主体空间（图26）。

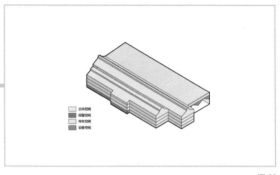

图26

现在西侧第二跨地面部分可使用空间很完整，所以第二跨将是立体街道营造的主体空间。确定第二跨为南侧主入口。由于空间较狭长，为了让人在空间内感知复杂的立体街道，采用多层、多平台的形式，而平台则设置在长条空间的两头以及靠边的位置。平台位置中间部分在低层（其中一个平台利用机房展览的屋顶），两边部分在高层，形成视线可见的各层连接（图27）。

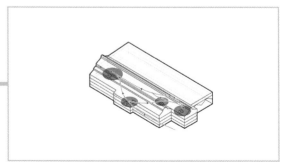

图27

用路网形式切割空间的投影作为平台的形状，确定主体平台的位置，然后用相应趋势的楼梯及连廊连接各个平台（图 28～图 30）。

路网形式

图 28

确定平台

图 29

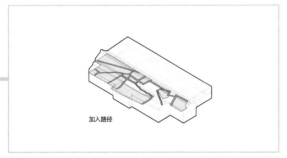

加入路径

图 30

机房展览切割

图 31

机房展览切割

图 32

增加连廊

图 33

增加连廊

图 34

机房空间由于路网的切割变成了 3 个部分，同样加入相应的楼梯连接地面层和平台层（图 31、图 32）。西侧一跨最上面一层加入连廊连通不同侧的平台，并且将连廊通向室外，环绕一个标志塔，人们可以通过该连廊直接到达室外（图 33、图 34）。

至此，对立体街道的路线规划就有了雏形，但是还缺街道上的"房子"，也就是功能空间（图35）。

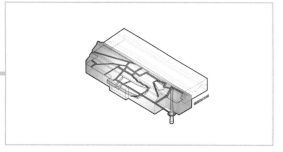

图35

路网都有了，地块还能乱画吗？同理，这儿也是见缝插针地往建筑里插功能，形状什么的直接按路网切好的来。先确定交通核位置，满足疏散的要求（图36）。

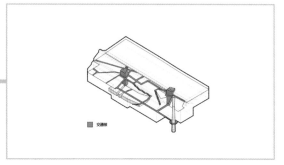

图36

电车的展览空间都放置在首层，活动室等教育空间放在北侧，商店放在南侧入口处，咖啡厅、多功能厅放在南侧顶层，接待、服务、办公等空间则在中间形成的平台附近布置（图37）。

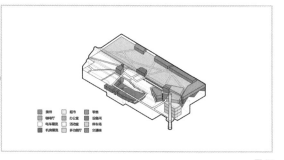

图37

有了"房子"加持，小O想要的立体街道式复杂空间也就慢慢呈现出来了。盖上屋顶，将电车摆进来，在建筑内的不同位置，都能感受到以往街道的亲切感（图38～图42）。

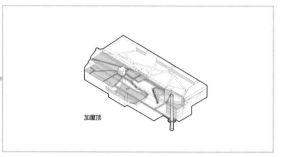

图38

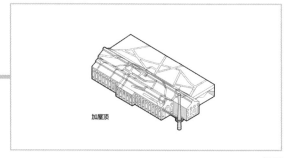

图39

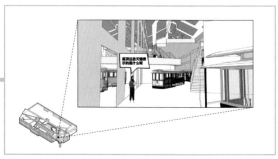

图40

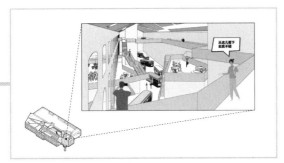

图 41

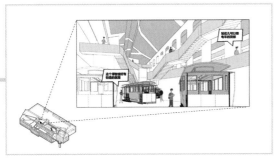

图 42

接下来,细化建筑内部。需要细化的主要是四层部分:南侧交通核中间打通,形成贯通的路径。将多功能厅按要求设计坡度倾斜,下部入口形成一个喇叭口空间。加建的屋顶停车场选好入口,并进行车位设计,剩余的平台就是休闲活动区域(图 43)。

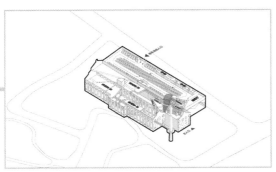

图 43

至此,建筑内部的立体街道塑造完毕。人们能通过路径引导,到达建筑中任何想要去的位置(图 44)。

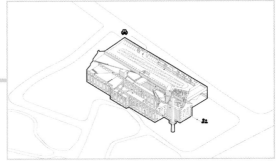

图 44

再处理一下屋顶层。将东侧两跨平屋顶作为屋顶休闲平台,并将底部体块局部抬升,形成屋顶层的零售空间和餐厅。人们可以在屋顶俯瞰线路,也可以遥望杜罗河(图 45、图 46)。

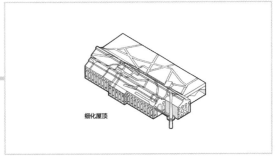

细化屋顶

图 45

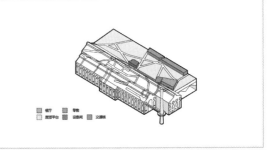

图 46

最后，调整一下屋顶局部切割程度。屋顶平台
局部天窗位置改为连桥，连通各个碎化的区域，
去掉入口处两个原始片墙相夹的屋顶，形成入
口院落（图47、图48）。收工（图49）。

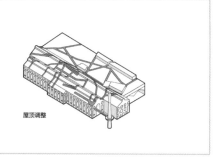

图 47

图 48

图 49

这就是 OODA 事务所和 Lencastre 建筑事务所设
计的波尔图电车博物馆竞赛方案（图50～图
55）。但人类永远逃不过"真香定律"，甲方
最终真的只是装修了一下就开张了（图56）。

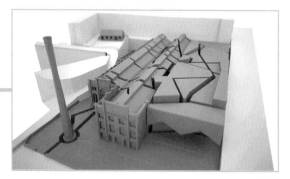

图 50

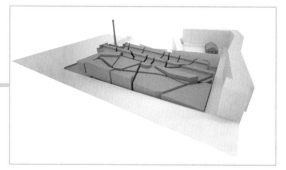

图 51

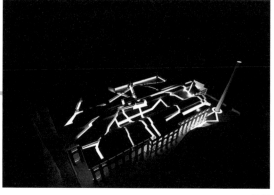

图 52

图 53

图 54

图 55

图 56

图片来源:

图 1、图 15、图 50 ~ 图 55 来自 https://oodarchitecture.
wordpress.com/2010/07/14/its-tram-museum-design/amp/,
图 10 改绘自 https://www.museudocarroelectrico.pt/museu-
carro-electrico/museu.aspx, 图 56 来自 https://www.google.
com/maps/@41.1478483,-8.6327544,17z?hl=zh-cn, 其余分
析图为作者自绘。

END

但小 0 这个方法,还是值得拿小本本记下来
的。很多时候,复杂都不是简单的反向,而是
简单的叠加。复杂空间不是万能的,但这年头,
好歹脑子里都得装几个复杂空间的模式防身
不是?

健康的建筑师需要『无聊』和零食

图 1

名　称：德黑兰 Farmanieh 住宅楼（图 1 ）
设计师：ZAAD 事务所，FMZD 事务所
位　置：伊朗·德黑兰
分　类：住宅
标　签：多层地坪
面　积：33 000 m²

建筑师的人生可能很无聊，除了画图就是画图，但建筑师的人生过程绝对不无聊，除了画图还得画图，哪有工夫无聊？有时间无聊去补个觉好不好？但建筑师半夜熬图也不是盯着电脑干熬。熬图有"三宝"：抽烟、喝茶、听电影。有没有发现建筑师画图时很少吃零食？因为吃零食油了手，容易弄脏键盘。所以，建议吃完零食再做方案，不但能长胖，还能长心眼。

德黑兰的某土豪最近有点儿钱多烫手，就准备进军房地产市场去挥金如土一把。什么叫房地产？就是得有房，还得有地。钱能盖房，但不一定能搞来地。很可惜，我们初来乍到的土豪先生就没有地，不过这点儿事浇灭不了他烧钱的热情。

土豪先生显然很熟悉业内套路，他将自家私人花园和果园腾出来，随后委托伊朗咨询集团 Barzanegar Pouya 发起了一场高层住宅建筑的竞赛。基地位于德黑兰北部的 Farmanieh 地区，是毫无疑问的富人区，毕竟是自留地嘛（Farmanieh 是位于德黑兰北部 Shemiran 地区的一个富裕地区，它位于 Shemiranat 县内，也是德黑兰市的第一区）（图 2）。项目的具体位置是在街角一块不规则的场地上，总面积为 5558 m²。甲方要求保留 30% 左右的场地作为公共绿地（图 3、图 4）。

图 2

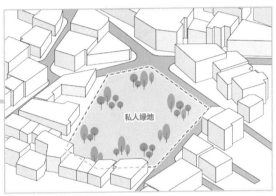

图 3

343

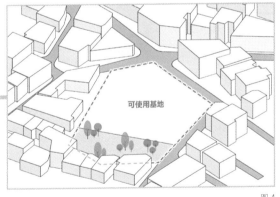

图 4

任务书也很简单，要求住宅楼包含 24 000 m² 的住宅面积（约 100 户）、5400 m² 停车场、3600 m² 的公共功能，总共约 33 000 m² 的建筑面积。然后，就没有然后了。户型什么的就交给建筑师自由发挥。

听着很容易是不是？但"细思极恐"。24 000 m² 的面积只有 100 户，平均每户 240 m²，你打算给住 240 m² 大别墅的业主们复制粘贴个十几层的商品楼吗？何况，这地界本身就是德黑兰的第一富人区（图5）。

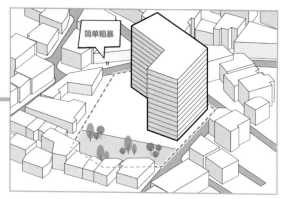

图5

ZAAD 事务所拉着好朋友 FMZD 事务所（就叫他们 Z 和 F 吧）一起参加了这个竞赛。两人一合计，果断认为这是一个在富人区里盖豪宅的故事，更准确地说是盖一个垂直别墅区。那么啥是垂直别墅区呢？咱们也见过不少豪宅开发项目，要么是超大面积外加豪华阳台（图6），要么是造型别致附送空中花园，如 BIG 建筑事务所设计的 79&PARK 住宅区（图7）。

图6

图7

但无论是面积超大的还是造型别致的，这些豪宅都有一个天然缺陷，就是标准化。先不说但凡统一开发就肯定有几个标准户型，就算开发商下了血本，每户户型都不一样，可你的大别墅也还是和别人共用楼板、屋顶、墙体。说白了，你真正拥有的只有内部空间，而没有外部的房子。这实在不符合土豪啥都要限量、定制，巴不得空气都和别人不一样的气质（图8）。

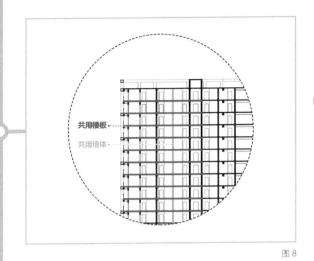

图 8

所以，独栋住宅或者大别墅代表的不是面积大，而是自由，一砖一瓦一草一木都是自己的，都可以按照自己的喜好来定！总结一下，别墅的特质就是：一块土地 + 一栋个性化的房子（图 9）。

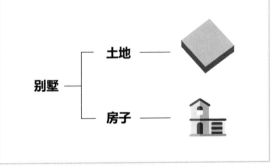

图 9

垂直别墅也是别墅。至少 Z 和 F 就是这么觉得的。他俩认为，要设计垂直别墅，就得保证真的是个别墅——也就是有独立地板、独立屋顶的房子，不能只拿"别墅"当概念（图 10）。

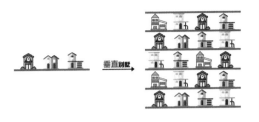

图 10

那么，问题来了：怎样在一个高层建筑里保证每户都拥有独栋住宅？好了，朋友们，零食时间到！或许 Z 和 F 很喜欢吃奥利奥，反正黑色的饼干也比较符合建筑师的品位。<u>画重点：垂直别墅就可以理解为多层夹心奥利奥，饼干皮就是地坪层，饼干芯就是房子。</u>

这是两套系统：作为饼干芯的房子有独立的地板和屋顶，与地坪层脱开；饼干皮则帮助饼干芯完成竖向叠加。而饼干芯可以是草莓味、牛奶味或者最新出的青梅味（图 11）……

图 11

首先，确定饼干皮的形状。饼干皮的形状要考虑多个方面的要素：饼干皮是将来各个住户凭栏远眺的垂直"地坪"，需要良好的景观视野。然后，将来放进来的"别墅"会与平台形成各种形状的阳台。再然后，饼干皮的承载力要好。

符合这么多条件，其实也就有了唯一答案——圆形。圆形平台不仅可以形成 360° 无死角的观景视野，而且圆形的均质、无棱角特性也避免了将来房子和平台夹出尴尬形状。此外，建筑各层面积不大，将来有一个交通核就行，也就是要用核心筒来支撑整个平台，圆形受力更加均匀（图 12）。

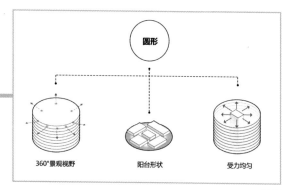

图 12

根据住宅总面积要求确定圆形平台直径为 50 m，并向上复制 13 层（图 13、图 14）。毕竟是住宅，得先要解决住宅的交通、采光，还有私密性问题。

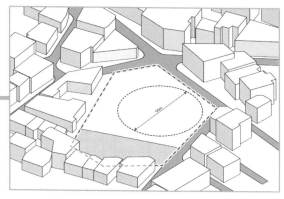

图 13

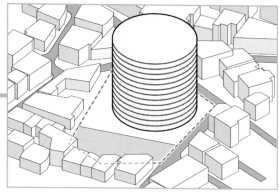

图 14

在圆盘中间加入交通核，同时作为建筑承重的核心筒。除此以外，周围还要加入柱子，具体尺寸之后根据房子再细调（图 15）。

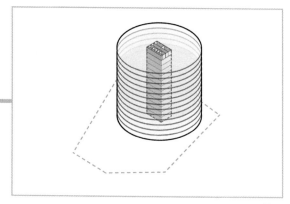

图 15

其次，是采光问题。作为夹心饼干的芯儿，房子都将处在顶部平台的屋檐之下。虽说这样做形成了很多阳台，但是采光也或多或少会受到影响（图 16）。因此切割圆盘局部，让房子的上一层平台减少对直接采光的遮挡（图 17）。

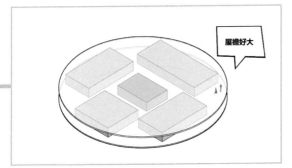

图 16

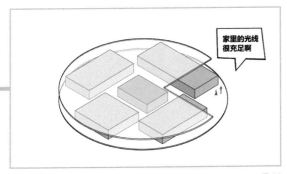

图 17

对圆盘的切割可以有多种形式，如同向切、对角切、对半切、三面切，等等（图 18 ~ 图 23）。而且，我们可以转着切，不同层、不同位置的切割在组合后形成更加丰富的形态（图 24 ~ 图 28）。

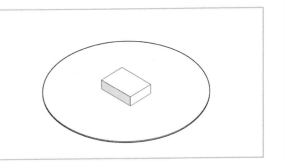

图 18

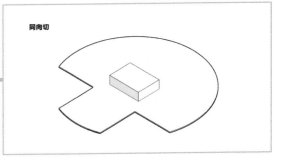

图 19

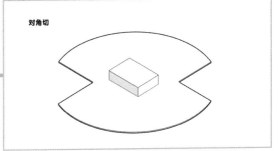

图 20

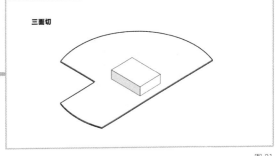

图 21

348

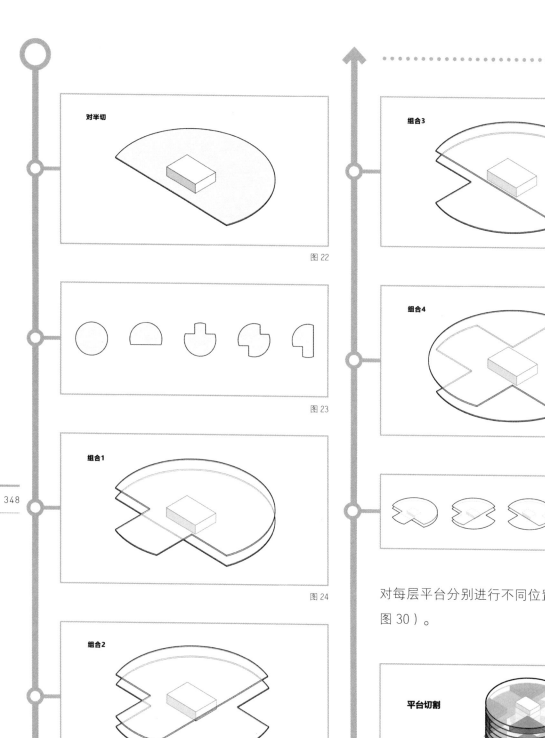

对半切

图 22

图 23

组合1

图 24

组合2

图 25

组合3

图 26

组合4

图 27

图 28

对每层平台分别进行不同位置的切割（图 29、图 30）。

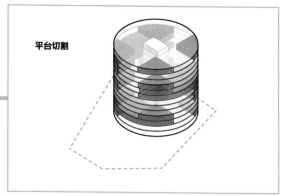

平台切割

图 29

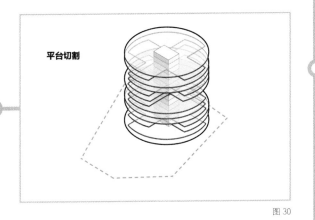

平台切割

图 30

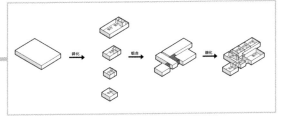

图 32

再次，是私密性问题，这就涉及饼干芯了。当一块土地上有多个别墅时，通常来说能够提供私密性的便是庭院，通过庭院以及间隔将一栋栋别墅分开（图 31）。而这个庭院和间隔空间具体长啥样，还需要进行具体的别墅设计，也就是我们这里的户型设计。

Z 和 F 组合开发出了多种基本户型（图 33、图 34）。当然，如果想要面积更大的户型，还可以继续组合（图 35、图 36）。

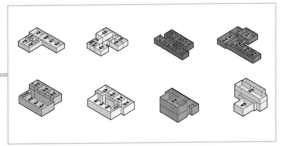

图 33

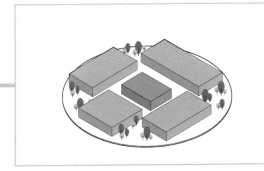

图 31

通过前面的分析，我们的饼干芯，也就是别墅必须是个性化的。将一户以单个房间作为单独体块，各个体块相互分离，通过不同程度的滑动以及体块组合，形成多样的户型并且错出多尺度的庭院（图 32）。

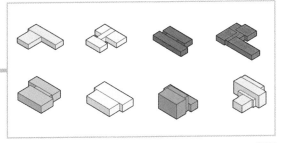

图 34

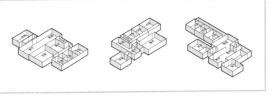

图 35

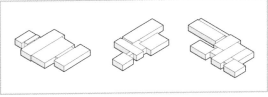

图 36

把户型放到圆盘上并对应不同切角的平台，
Z 和 F 又提供了基本的参考形式（图 37、图
38）。此外，如果想要复式户型，可以在三层
平台的中间层平台切掉的地方设置（图 39），
然后为每层平台设计相应的户型组合（图
40～图 53）。

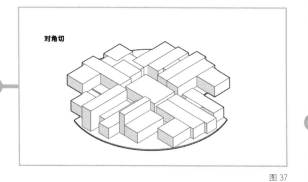

对角切

图 37

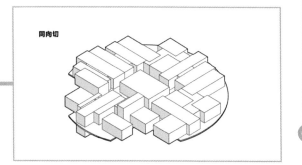

同向切

图 38

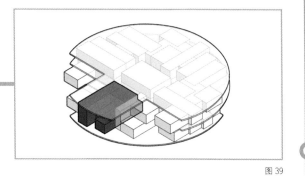

图 39

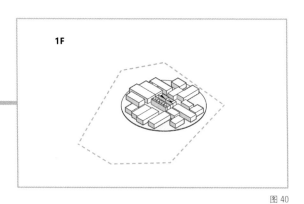

1F

图 40

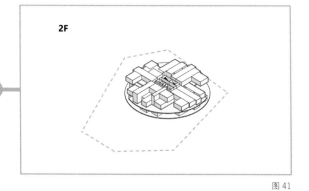

2F

图 41

3F

图 42

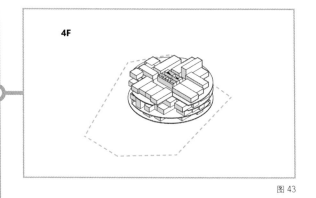

4F

图 43

5F

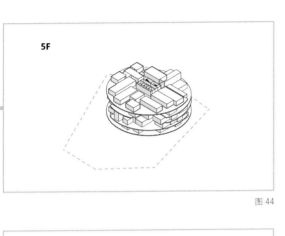

图 44

6F

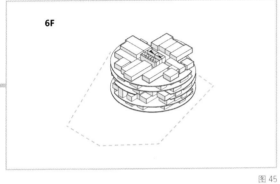

图 45

7F

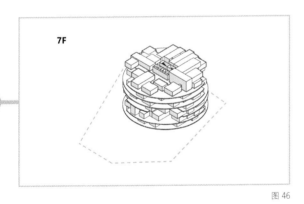

图 46

8F

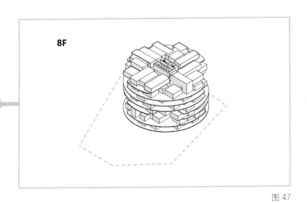

图 47

9F

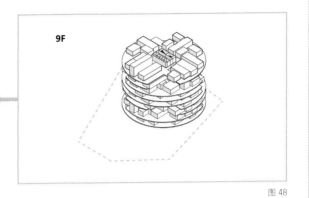

图 48

10F

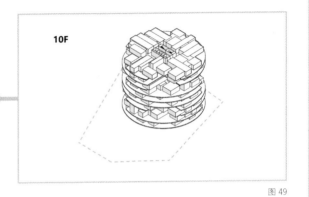

图 49

11F

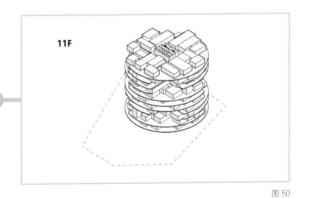

图 50

12F

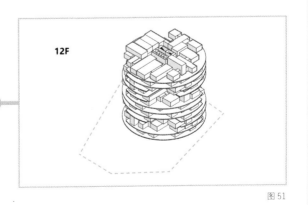

图 51

351

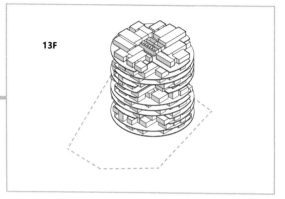

13F

图 52

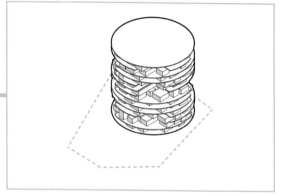

图 53

聪明如你，应该已经发现了，户型具体怎么设计，其实还是有可以调整的余地的。比如，单个户型不同小块之间形成的缝隙空间，多少用作室内，多少成为室外庭院，都可以根据住户意愿调整。这也是别墅自由特质的另一处体现（图 54、图 55）。

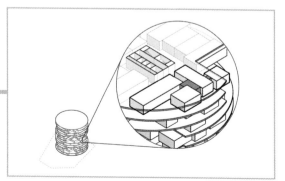

图 54

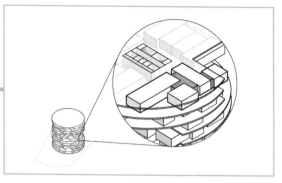

图 55

整个建筑未来的营销模式也是边卖边改：先盖好平台进行"土地预售"，然后等待用户选地、买地，再根据住户需求确定户型，直到房子住满人（图 56 ~ 图 59）。

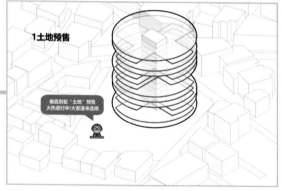

1土地预售

垂直别墅"土地"预售
火热进行中！大家速来选地

图 56

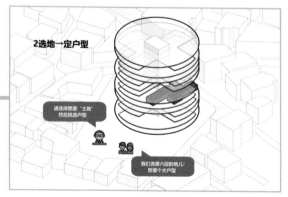

2选地→定户型

请选择想要"土地"
然后挑选户型

我们选第六层的地儿！
想要个大户型

图 57

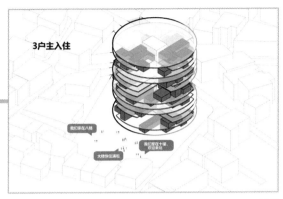

图 58

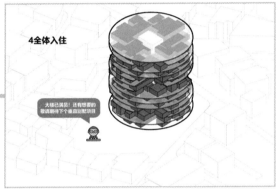

图 59

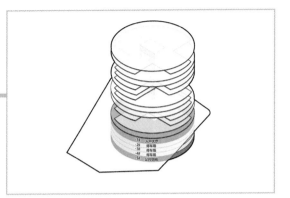

图 60

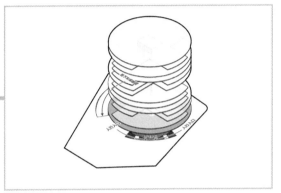

图 61

至此，住宅部分设计完毕。接下来，需要对其余功能进行排布。为了保证别墅造型的纯粹性，将停车场以及公共活动空间放在地下层，形状沿用顶上的圆盘大小。地下一层为入口大厅；地下二层至地下四层为地下停车场；地下五层是公共活动空间（图60）。设置环形坡道和环形楼梯连接上下层(图61)，最后深化各层平面。

地下层：地下一层同样沿用住宅层设计逻辑，将接待室、办公室等正式空间放在盒子中，围绕交通核错位布置，圆形平面与剩余空间夹出休闲空间。此外，在弧形楼梯外侧设庭院强化入口（图62）。

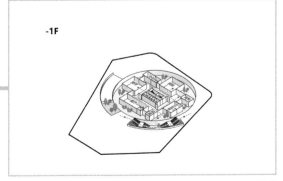

图 62

地下二层至地下四层停车场围绕交通核形成闭合环道（图63），地下五层则设置游泳馆、健身房、电影院等公共空间（图64）。至此，整个建筑内部处理完成（图65～图68）。

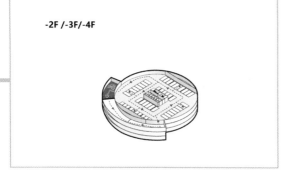

-2F /-3F/-4F

图 63

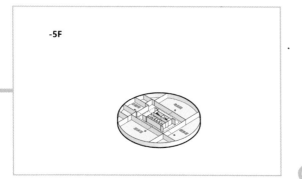

-5F

图 64

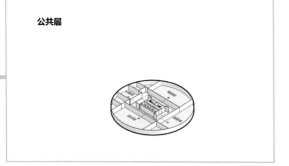

公共层

图 65

停车层

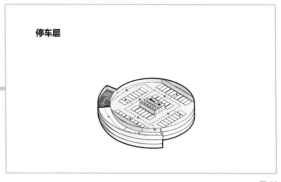

图 66

入户层

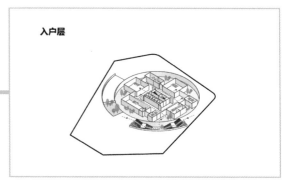

图 67

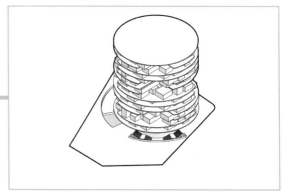

图 68

最后，加入一点儿细节。为户型的不同块在不同方向开窗，赋予建筑木头材质，并且为各层圆盘加入玻璃栏板（图69）。收工（图70）。

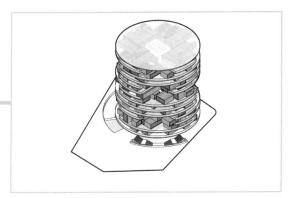

图 69

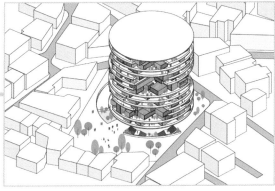

图 70

这就是 ZAAD 事务所和 FMZD 事务所共同设计的
德黑兰 Farmanieh 住宅楼（图 71 ～图 73）。

图 71

图 72

图 73

很多时候，你觉得你不会做设计，其实是不
会做你想象中的那种完美设计——那种理念高
深、手法高级、空间高效的设计。你觉得这样
的方案才叫惊才绝艳，而你的方案只有无聊透
顶。可这个世界上多数逃避无聊的努力，最后
都被证明比无聊本身更加无聊。一个人无聊时
所做的一切，才是他灵魂的样子。你与画图机
器唯一的不同是，你会无聊，想吃零食。

图片来源：

图 1、图 71 ～图 73 来自 https://aasarchitecture.
com/2016/05/farmanieh-residential-tower-zaad-studio.
html/farmanieh-residential-tower-by-zaad-studio-01/,
图 7 来自 https://www.gooood.cn/79park-by-big.htm，其余分
析图为作者自绘。

END

设计工作的一半是没办法，
另一半是没法办

图1

名　称：Mesterfjellet 学校（图 1 ）
设计师：CEBRA 建筑事务所，SPINN 建筑公司，Various 建筑事务所
位　置：挪威·拉尔维克
分　类：学校
标　签：社区共享
面　积：6000 m²

汇报完毕——天黑请闭眼，甲方请睁眼。请问，哪个方案让你最有改图的欲望？哪个报价让你有信心能砍到骨折？哪个单位让你觉得能拖黄了设计费……天亮了，请问甲方弄死了哪位建筑师？

我最近发现了一个秘密：甲方改套路了。原来，甲方是走自己的路，让乙方哭着画去吧；现在，甲方是走乙方的路，让乙方无路可走。原来，甲方说："我想要个热闹的体育馆。"乙方说："行，给你配点商业，搞个综合体。"现在，甲方说："我想要个热闹的体育馆，你给我配着商业、社区、学校、礼堂、影院、托儿所、图书馆，搞个综合体。"乙方："啊？"就挺突然的。

最近，挪威拉尔维克地区的一所混凝土校舍由于老破小，被拉尔维克政府嫌弃了。政府大手一挥，决定推倒重建。基地位于挪威拉尔维克一片居住区的附近，北侧街对面是拉尔维克特有的岩石山（Master Mountain），而西南部则是一个历史遗址公园，这个公园曾经是挪威第一个，也是最大的一个巴洛克式花园的一部分（图2）。

图2

此外，基地上现有一栋V形布局的体育馆和游泳馆"Farrishallen"，而南侧狭小的校舍已被拆除。基地内靠近体育馆一侧存在高差（图3、图4）。

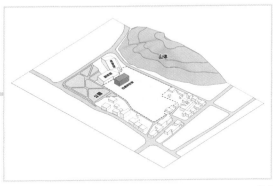

图3

357

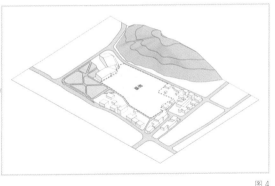

图4

新的学校要求设置1—10年级共20个班级，预计容纳学生550人左右。除了教室外，图书馆、实验室、兴趣教室（美术教室、音乐教室、手工教室、计算机教室、培育种植教室）、礼堂、多功能厅、餐厅一个也不能少，都要配备齐全。此外，新的学校还需要包括一个家庭中心，这个中心为该地区提供重要的医疗保健和社会服务。家庭中心还要设有婴儿健康站和开放日托（图5）。

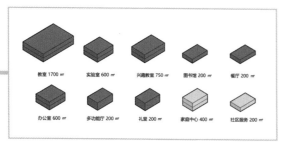

图5

别着急吵吵，甲方还没动手呢。甲方白纸黑字地告诉你，这不是一座单纯的学校，更是拉尔维克的市民活动中心，学校的一切资源都要向城市开放——就是一切，包括外面的操场、活动场地，都要开放，再加上原本的体育馆和游泳馆，形成一个高端、大气、上档次的综合体（图6）。

图6

什么？你问是什么综合体？那就随便吧，社区综合体、学校综合体、体育综合体，反正都是综合体。不得不说，甲方就是这么贴心。小孩子在教室上课，教室外面跳着广场舞？倒是方便接孩子放学。所以，这个设计最关键的是如何在共用学校资源的同时互不干扰。

先看看整个学校有哪些资源可以共用。其实也不用看，甲方都说了"一切"嘛。除了上课的教室，其余都得拿出来共用（图7）。于是就形成了三个功能块：学校独立使用部分、共用部分、社区独立使用部分（图8）。

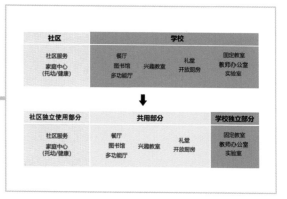

图7

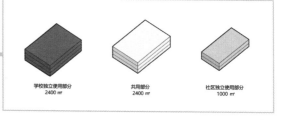

图8

既然要互不干扰，那就各回各家不好吗？3个体块分散布置在基地上，与原体育馆、游泳馆连接起来，再加上小花园，收工（图9）？

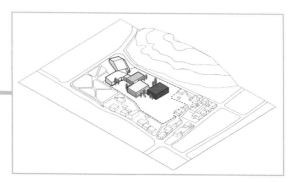

图9

但是，甲方早就帮你把路堵了：要留出足够大的面积给操场和户外活动的空间。所以，压根就没有条件分散布置！惊不惊喜？

那就只能竖向拔高、集中布置，也就是3个部分只能布置在一栋楼里。根据总建筑要求，升起一座5层高的矩形体量，并在靠近体育馆、游泳馆的一侧布置，其余场地用作操场及户外活动场地（图10）。

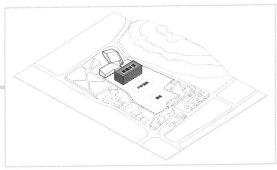

图10

既然将来所有建筑是一个整体，那么干脆将旧建筑与新建部分用一个门厅连接起来，3个部分围合出建筑主入口以及公园附近的次入口。由于体育馆一侧与南侧场地存在高差，因此门厅部分设定为两层，最下面一层为负一层（图11）。

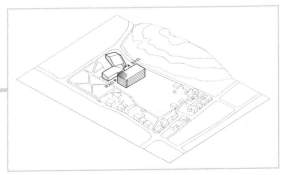

图11

但是，不管你是各回各家还是合租一屋，都是各过各的日子，就算在一个楼里，你也得让小孩和大妈互不打扰，该上课上课，该跳舞跳舞。也就是说，你可以集中布置，但必须分散使用，即在保证独立使用的同时，整个建筑又是开放的。因此，将相互独立的两个部分先在物理上保证不干扰：将学校独立使用部分放在顶上3层，社区独立使用部分放在底下，共用部分则放在另一侧占用5层的高度（图12）。

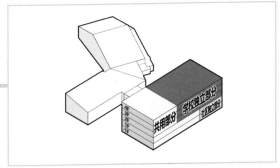

图12

现在的布局保证了学生和市民可以最大限度地共用南侧的公共空间，但是由于每层都有共用空间，也就意味着每层的使用人群都有市民和学生两种（图13）。说白了，除非你砌个墙卖票，否则你根本拦不住大人、小孩互相干扰（图14）。

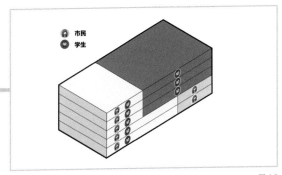

图13

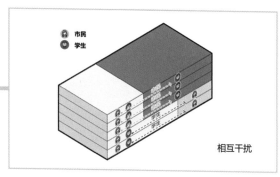

图 14

那么，怎样能保证互不干扰呢？真的要砌道墙吗？但是不管多厚的墙，你拦得住人，拦不住心，但凡有个门就有能偷偷溜过去的。横竖这是综合体，不是个综合监狱。所以，加墙并不能解决干扰问题，反而会让整个空间变得割裂（图15）。

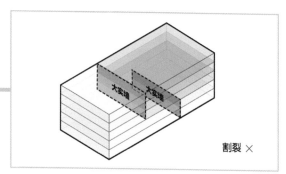

图 15

有一件事，建筑师们就算没达成共识，心里也应该有点儿数了，这年头的设计工作，一半是没办法，另一半是没法办。所以，如果你不把它当成个设计工作呢？这里，CEBRA 建筑事务所就玩起了心理战术。大人和小孩是两个差异肉眼可见的群体。而人与人也是有安全界限的。换句话说，大人不想和小孩玩，小孩也不想和大人玩。当这边的大人能够清楚地看到那边都是一群群的小孩子在活动，自然会意识到那边是孩子的场所，也就不想过去了。这和你逛街时自动略过儿童区的状态差不多（图16）。

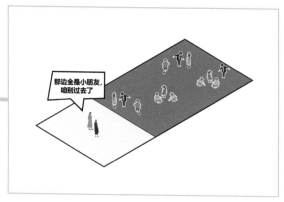

图 16

说白了就是消灭好奇心，就好比两拨人中间有一道墙，那么墙这边的想过去，墙那边的想过来。但如果两拨人中间是一道河，这边看着那边吃饭、睡觉，那边看着这边睡觉、吃饭，也就懒得过去了——反正也没钱建桥。敲黑板！不是不让你过去，而是让你不想过去（图17）。

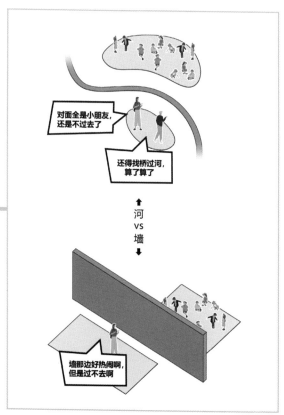

图 17

再次敲黑板！通而不畅才是正解！为了在各层实现两种使用人群的互不干扰，就需要在空间中加入这样一条河。这条"河"对应到空间中便是开放的非正式空间——在保证水平方向的两种人群视线畅通的同时，通过非正式空间进行限定（图18）。

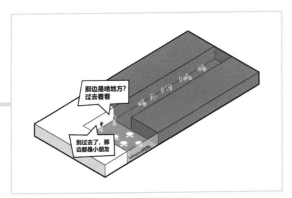

图18

非正式空间自然是要包含在共用部分里，除了用"通而不畅"进行空间限定外，还得加入开放技能，也就是吸引市民朋友到各层的共用部分自由活动。为了让共用部分更加开放，非正式空间自然不能层层自娱自乐，在共用部分开洞，形成以中庭为核心的非正式空间（图19）。

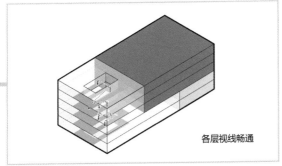

各层视线畅通

图19

那么，问题来了，洞开在哪里呢？由于学校独立使用部分面积较大，而社区独立使用部分较小，导致形成的共用部分难以挖一个尺度适宜的洞。因此，重新调整体块布局，将学校独立使用部分的办公室挪到西侧，整个共用部分则挪到靠近户外场地的一侧，保证体块的竖向完整性（图20～图22）。

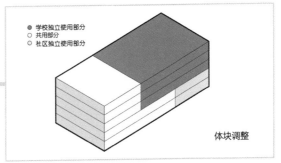

- ● 学校独立使用部分
- ○ 共用部分
- ○ 社区独立使用部分

体块调整

图20

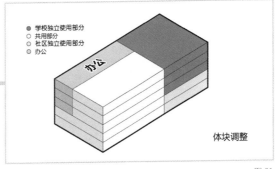

- ● 学校独立使用部分
- ○ 共用部分
- ○ 社区独立使用部分
- ○ 办公

体块调整

图21

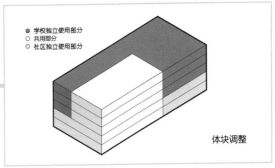

- ● 学校独立使用部分
- ○ 共用部分
- ○ 社区独立使用部分

体块调整

图22

将洞开在共用部分中间形成边庭，通过楼梯引导到达两侧的非正式空间里（图23）。接下来，就是具体安排共用功能以及引导到达各层的楼梯了，楼梯既是引导流线的主体，也是承载活动的主体。

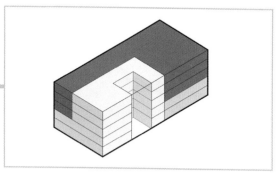

图 23

先将共用部分开放程度较高的功能紧挨边庭布置（图24）。负一层边庭非常适合加入大台阶，作为公共活动的重要场所。台阶对面设置舞台。台阶下作为连接南侧户外活动的门厅，舞台后面则是表演准备室和音乐教室（图25）。

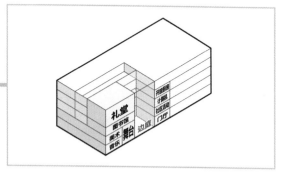

图 24

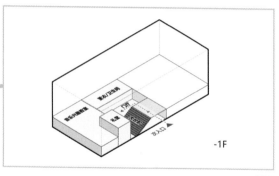

-1F

图 25

舞台部分两层通高，在一层的大台阶平台处布置市民活动大厅，西侧围绕边庭布置餐厅以及美术教室（图26）。

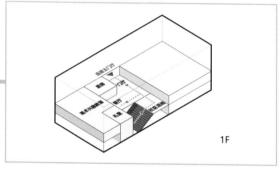

1F

图 26

二层南侧加入开放阅览区，经由一层的斜向楼梯直接到达。阅览空间对侧则是开放的计算机教室，可由紧挨边庭的走廊到达（图27）。

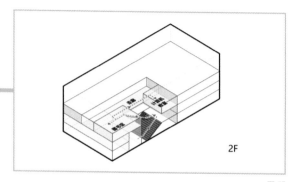

2F

图 27

三层北侧为开放厨房，南侧为礼堂。二层到达三层的开放厨房，为了避免楼梯元素的重复，将半圆平台作为停留节点，并连接图书馆对侧的休闲平台（图28）。

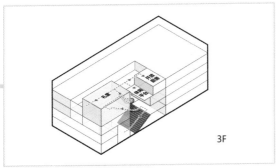

图 28

礼堂由于有坡度，会占用两层空间。切掉礼堂台阶下未使用部分，紧靠礼堂墙体加入直跑楼梯到达四层的礼堂入口（图29、图30）。至此，连续的楼梯和开放功能形成的非正式空间设计完毕（图31～图33）。

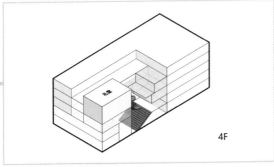

图 29

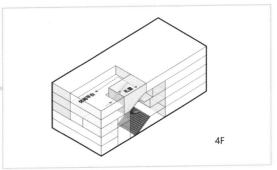

图 30

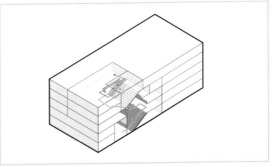

图 31

图 32

图 33

接下来，细化建筑内部。一层北侧为主入口。为了强化主入口，将一层北侧家庭中心部分进行切割，形成喇叭口。门厅部分设直跑楼梯与负一层连接。向西引导进入体育馆与游泳馆的次门厅，向东引导进入餐厅，并在靠近大台阶的一侧开洞，以此分隔餐厅和多功能台阶（图 34）。

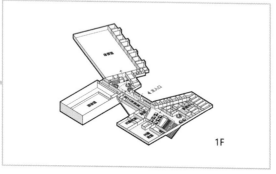

图 34

由于负一层北侧部分存在高差，因此，社区服务只占用一小部分面积。内部环绕一圈内走廊，中间连接部分作为游泳馆和体育馆的补充（图 35）。

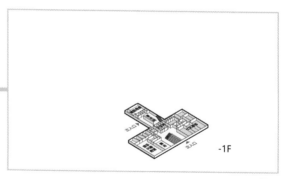

图 35

上面 3 层的教室和办公室朝两侧布置，中间形成较宽的走廊。在走廊中间加分散的小型公共盒子，作为学生活动的次级公共空间（图 36 ~ 图 38）。

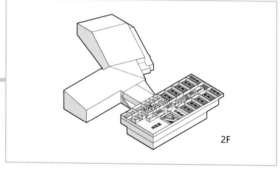

图 36

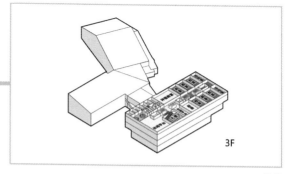

图 37

364

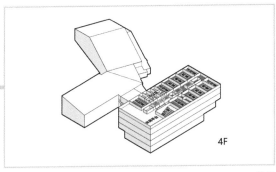

图 38

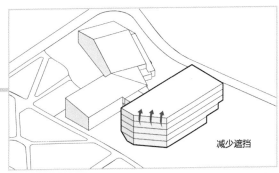

减少遮挡

图 41

至此，内部功能布置完毕。现在规规矩矩的矩形块略显普通，那就对外形再动点刀。首先切割南侧，引导公园的人流进入室外活动场地（图39、图40）。

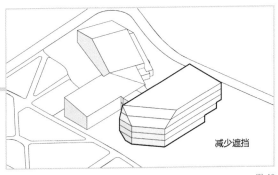

减少遮挡

图 42

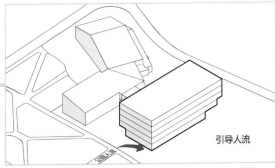

引导人流

图 39

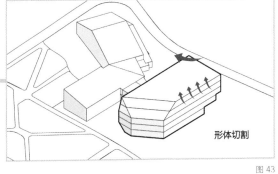

形体切割

图 43

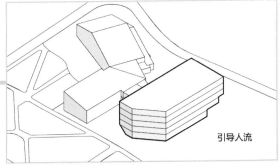

引导人流

图 40

毕竟5层的体量很大，为了避免对远处岩石山的遮挡，继续切割南侧屋顶（图41、图42）。为了保证形式统一，北侧和东侧也照猫画虎切几刀（图43、图44）。

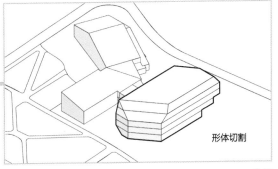

形体切割

图 44

至此，建筑体块塑造完毕。再回来调整内部空间，适应切割导致的局部变化（图45、图46）。

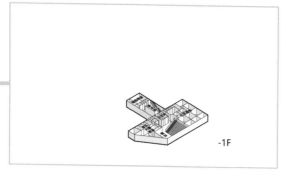

图 45

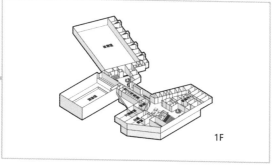

图 46

由于切割在南北两侧形成了不太好用的三角形空间，所以将北侧的三角空间开放作为公共空间使用，并在三层挖边庭加强上下两层的联系。

屋顶部分切割后，导致斜面处使用高度不够，所以三层切割楼板形成上下层通高。顶层的三角区直接变成室外，并局部打开切割屋顶，满足室外使用高度（图47～图49）。

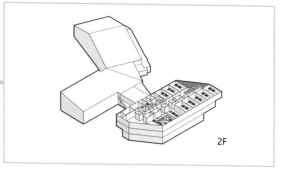

图 47

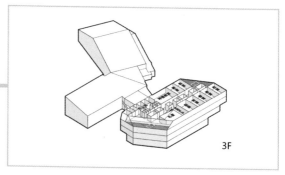

图 48

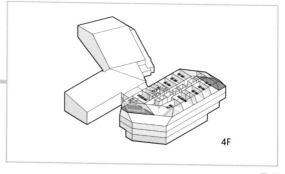

图 49

最后，建筑外部采用木头材质并开窗（图50），细化户外场地。收工（图51）。

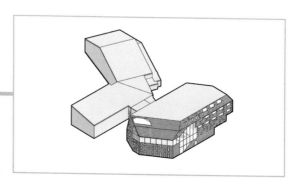

图 50

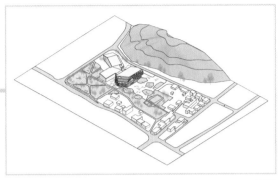

图 51

这就是 CEBRA 建筑事务所、SPINN 建筑公司和
Various 建筑事务所设计的 Mesterfjellet 学校
（图 52 ~ 图 56）。

图 52

图 53

图 54

图 55

图 56

建筑学的问题，已经不能只用建筑学的方法解
决了。换个山头，你就会发现，原来爬不过的
山竟然是个坑。就好像设计做不好，你以为是
天分不够，运气不行，其实，不要谈什么天分、
运气，给你一个交图日，以及一个不交图就能
打爆你的人，然后你就会被自己的才华吓到。
转个身，世界上最远的距离，就在你身后。

图片来源：

图 1、图 55、图 56 来自 https://www.archdaily.
com/608922/mesterfjellet-1-10-school-and-family-
centre-cebra?ad_medium=gallery，图 32、图 33、
图 52 ~ 图 54 来自 https://www.archdaily.com/146139/
mesterfjellet-school-cebra-various-architects-and-
%25c3%25b8stengen-bergo，其余分析图为作者自绘。

367

END

建筑师与事务所作品索引